Springer-Lehrbuch

Wolfgang Kohn • Riza Öztürk

Statistik für Ökonomen

Datenanalyse mit R und SPSS

2., überarbeitete Auflage

Wolfgang Kohn
Riza Öztürk

Fachbereich Wirtschaft und Gesundheit
Fachhochschule Bielefeld
Bielefeld, Deutschland

ISSN 0937-7433
ISBN 978-3-642-37351-0
ISBN 978-3-642-37352-7 (eBook)
DOI 10.1007/978-3-642-37352-7

Die Deutsche Nationalbibliothek verzeichnet diese Publikation in der Deutschen Nationalbibliografie; detaillierte bibliografische Daten sind im Internet über http://dnb.d-nb.de abrufbar.

Mathematics Subject Classification (2010): 00A05

Springer Gabler

Gedruckt auf säurefreiem und chlorfrei gebleichtem Papier

Springer Gabler ist eine Marke von Springer DE. Springer DE ist Teil der Fachverlagsgruppe Springer Science+Business Media.
www.springer-gabler.de

Für

Coco, Hannah, Sophia und Leonhard

meine Familie Güzel, Gülbahar und Serpil Öztürk
meinen Freund Beyhan Polat

Vorwort

Vorwort zur 2. Auflage

In der 2. Auflage des Buches haben wir an vielen Stellen Ergänzungen eingefügt. Leider mussten wir an wenigen Stellen auch kleine Fehler korrigieren. Einige Abschnitte sind neu hinzu gekommen, wie das $S20/S80$-Quantilsverhältnis, eine erweiterte Residuenanalyse und der Erwartungswert, die Varianz und Kovarianz linear transformierter Zufallsvariablen. Zusätzlich steht in Anhang D eine Liste der verwendeten R-Befehle.

Bielefeld, Februar 2013 Wolfgang Kohn und Riza Öztürk

Vorwort zur 1. Auflage

Die Statistik ist ein enorm umfangreiches Wissensgebiet. Jedes Wissenschaftsgebiet benötigt zum Teil eigene statistische Verfahren und es sind auch Kenntnisse aus den Fachgebieten erforderlich, um die Anwendung und die Ergebnisse der Verfahren zu verstehen. So werden z. B. bei einer Datenerhebung per Fragebogen oder Interview u. a. psychologische Kenntnisse und für die Datenverarbeitung und Anwendung der statistischen Verfahren Mathematik- und Informatikkenntnisse benötigt.

Die Interpretation der Ergebnisse setzt wiederum sehr gute Fachkenntnisse der entsprechenden Wissensgebiete voraus. Von daher ist es schwierig, in einem Text alle Aspekte gleichermaßen zu berücksichtigen. Wir haben uns bemüht, die Eigenschaften und Zusammenhänge wesentlicher statistischer Verfahren aufzuzeigen und ihre Anwendung durch zahlreiche Beispiele und Abbildungen verständlich zu machen.

Das Buch wendet sich an all diejenigen, die sich im Rahmen eines ökonomisch bezogenen Studiums (wie BWL, Wirtschaftsinformatik, Wirtschaftspsychologie oder Wirtschaftsrecht) mit Statistik befassen. Das Buch hat zum

Ziel, alle wesentlichen Schritte einer deskriptiven und induktiven statistischen Analyse zu erklären. Dies geschieht mit vielen Beispielen, Übungen und Programmanweisungen. Die Analyse metrischer Daten steht dabei im Vordergrund. Dies liegt daran, dass dieser Datentyp im Zentrum der klassischen Statistik steht.

Eine statistische Analyse wird heute mit dem Computer als Analysewerkzeug durchgeführt; allein schon wegen der Möglichkeit, Grafiken zu erzeugen. Die Anwendung der Statistikprogramme R und SPSS wird für alle wichtigen Analyseschritte erklärt. Beide Programme sind grundsätzlich verschieden in ihrer Anwendung. R wird durch Skriptbefehle gesteuert, d. h. es werden Befehlsfolgen eingegeben, die sich auch zu einem Programm ausweiten lassen. Hingegen werden in SPSS die Befehle durch Menüs eingegeben. Im vorliegenden Buch wird überwiegend R verwendet, da es sich besser zur Beschreibung einzelner Analyseschritte einsetzen lässt.

Die Daten, die wir im Buch verwenden, können unter

`http://www.fh-bielefeld.de/fb5/kohn`

und

`http://www.fh-bielefeld.de/fb5/oeztuerk`

heruntergeladen werden. Sie sind dort als Textdateien und im SPSS-Format hinterlegt. Ferner werden auf der Webseite auch, wenn nötig, Korrekturen hinterlegt.

Das Buch wäre in dieser Form nicht ohne die hervorragenden Programmerweiterungen relax (R Editor for Literate Analysis and LaTeX) von Prof. Dr. Peter Wolf und sweave von Prof. Dr. Friedrich Leisch [16] für R möglich gewesen. Wir bedanken uns bei Dr. Dirk Martinke und Serpil Öztürk sowie insbesondere bei Coco Rindt für die vielen guten Hinweise und wertvollen Korrekturen, die zum Gelingen des Buches beitrugen.

Bielefeld, Oktober 2010 Wolfgang Kohn und Riza Öztürk

Inhaltsverzeichnis

Teil I Einführung

1 Kleine Einführung in R ... 3
1.1 Installieren und Starten von R ... 3
1.2 R-Konsole ... 4
1.3 R-Workspace ... 5
1.4 R-History ... 5
1.5 R-Skripteditor ... 5

2 Kurzbeschreibung von SPSS ... 7
2.1 SPSS-Dateneditor ... 8
2.2 Statistische Analysen mit SPSS ... 9

3 Die Daten ... 11

4 Grundlagen ... 15
4.1 Grundbegriffe der Statistik ... 15
4.2 Datenerhebung und Erhebungsarten ... 16
4.3 Messbarkeitseigenschaften ... 18
4.4 Statistik, Fiktion und Realität ... 19
4.5 Übungen ... 20
4.6 Fazit ... 21

Teil II Deskriptive Statistik

5 Eine erste Grafik ... 25

6 Häufigkeitsfunktion ... 27
6.1 Absolute Häufigkeit ... 27
6.2 Relative Häufigkeit ... 31

6.3 Übungen 32
6.4 Fazit 33

7 Mittelwert 35
7.1 Arithmetisches Mittel 35
7.2 Getrimmter arithmetischer Mittelwert 37
7.3 Gleitendes arithmetisches Mittel 39
7.4 Übungen 41
7.5 Fazit 41

8 Median und Quantile 43
8.1 Median 43
8.2 Quantile 46
8.3 Anwendung für die Quantile 48
8.4 Übungen 50
8.5 Fazit 51

9 Grafische Darstellungen einer Verteilung 53
9.1 Boxplot 53
9.2 Empirische Verteilungsfunktion 56
9.3 Histogramm 59
9.4 Übungen 63
9.5 Fazit 64

10 Varianz, Standardabweichung und Variationskoeffizient 67
10.1 Stichprobenvarianz 67
10.2 Standardabweichung 69
10.3 Variationskoeffizient 70
10.4 Übungen 72
10.5 Fazit 72

11 Lorenzkurve und Gini-Koeffizient 73
11.1 Lorenzkurve 74
11.2 Gini-Koeffizient 77
11.3 Übungen 78
11.4 Fazit 79

12 Wachstumsraten, Renditeberechnungen und geometrisches Mittel 81
12.1 Diskrete Renditeberechnung und geometrisches Mittel 81
12.2 Stetige Renditeberechnung 83
12.3 Übungen 86
12.4 Fazit 86

13 Indexzahlen und der DAX ... 89
13.1 Preisindex der Lebenshaltung nach Laspeyres ... 89
13.2 Basiseffekt bei Indexzahlen ... 91
13.3 Der DAX ... 92
13.4 Übungen ... 93
13.5 Fazit ... 94

14 Bilanz 1 ... 95

Teil III Regression

15 Grafische Darstellung von zwei Merkmalen ... 99
15.1 QQ-Plot ... 99
15.2 Streuungsdiagramm ... 100
15.3 Übungen ... 102
15.4 Fazit ... 102

16 Kovarianz und Korrelationskoeffizient ... 103
16.1 Kovarianz ... 103
16.2 Korrelationskoeffizient ... 105
16.3 Übungen ... 107
16.4 Fazit ... 108

17 Lineare Regression ... 109
17.1 Modellbildung ... 109
17.2 Methode der Kleinsten Quadrate ... 110
17.3 Regressionsergebnis ... 111
17.4 Prognose ... 115
17.5 Lineare Regression bei nichtlinearen Zusammenhängen ... 118
17.6 Multiple Regression ... 120
17.7 Übungen ... 121
17.8 Fazit ... 121

18 Güte der Regression ... 123
18.1 Residuenplot ... 123
18.2 Erweiterte Residuenanalyse ... 125
18.3 Streuungszerlegung und Bestimmtheitsmaß ... 127
18.4 Übungen ... 131
18.5 Fazit ... 131

19 Bilanz 2 ... 133

Teil IV Wahrscheinlichkeitsrechnung

20 Grundzüge der diskreten Wahrscheinlichkeitsrechnung 137
20.1 Wahrscheinlichkeit und Realität 137
20.2 Zufallsexperimente 139
20.3 Ereignisoperationen 140
20.4 Zufallsstichproben 141
20.5 Wahrscheinlichkeitsberechnungen 142
20.6 Kolmogorovsche Axiome 150
20.7 Bedingte Wahrscheinlichkeit und Satz von Bayes 152
20.8 Übungen 160
20.9 Fazit 162

21 Wahrscheinlichkeitsverteilungen 163
21.1 Diskrete Zufallsvariablen 163
21.2 Stetige Zufallsvariablen 165
21.3 Erwartungswert 168
21.4 Varianz 169
21.5 Kovarianz 171
21.6 Erwartungswert, Varianz und Kovarianz linear transformierter Zufallsvariablen 172
21.7 Chebyschewsche Ungleichung 174
21.8 Übungen 176
21.9 Fazit 177

22 Normalverteilung 179
22.1 Entstehung der Normalverteilung 179
22.2 Von der Normalverteilung zur Standardnormalverteilung ... 182
22.3 Berechnung von Wahrscheinlichkeiten normalverteilter Zufallsvariablen 184
22.4 Berechnung von Quantilen aus der Normalverteilung 186
22.5 Anwendung auf die parametrische Schätzung des Value at Risk für die BMW Aktie 189
22.6 Verteilung des Stichprobenmittels 192
22.7 Übungen 192
22.8 Fazit 193

23 Weitere Wahrscheinlichkeitsverteilungen 195
23.1 Binomialverteilung 195
23.2 Hypergeometrische Verteilung 203
23.3 Geometrische Verteilung 207
23.4 Poissonverteilung 212
23.5 Exponentialverteilung 217
23.6 Übungen 223
23.7 Fazit 224

24 Bilanz 3 225

Teil V Schätzen und Testen

25 Schätzen 229
25.1 Schätzen des Erwartungswerts 230
25.2 Schätzen der Varianz 232
25.3 Schätzen der Varianz des Stichprobenmittels 234
25.4 Übungen 235
25.5 Fazit 235

26 Stichproben und deren Verteilungen 237
26.1 Verteilung des Stichprobenmittels in einer normalverteilten Stichprobe 237
26.2 Schwaches Gesetz der großen Zahlen 238
26.3 Hauptsatz der Statistik 239
26.4 Zentraler Grenzwertsatz 241
26.5 Hauptsatz der Stichprobentheorie 243
26.6 Übungen 245
26.7 Fazit 248

27 Konfidenzintervalle für normalverteilte Stichproben 249
27.1 Konfidenzintervall für den Erwartungswert μ_X bei bekannter Varianz 249
27.2 Schwankungsintervall für das Stichprobenmittel $\bar{X}_n$ 251
27.3 Konfidenzintervall für den Erwartungswert μ_X bei unbekannter Varianz 252
27.4 Approximatives Konfidenzintervall für den Erwartungswert μ_X 254
27.5 Approximatives Konfidenzintervall für den Anteilswert θ 254
27.6 Konfidenzintervall für die Varianz σ_X^2 255
27.7 Berechnung der Stichprobengröße 256
27.8 Übungen 257
27.9 Fazit 258

28 Parametrische Tests für normalverteilte Stichproben 259
28.1 Klassische Testtheorie 260
28.2 Testentscheidung 266
28.3 Gauss-Test für den Erwartungswert μ_X 269
28.4 t-Test für den Erwartungswert μ_X 270
28.5 t-Test für die Regressionskoeffizienten der Einfachregression 273
28.6 Test für den Anteilswert θ 278
28.7 Test auf Mittelwertdifferenz in großen Stichproben 279
28.8 Test auf Mittelwertdifferenz in kleinen Stichproben 280
28.9 Test auf Differenz zweier Anteilswerte 281

28.10 Test auf Gleichheit zweier Varianzen 283
28.11 Gütefunktion eines Tests 284
28.12 Übungen 288
28.13 Fazit 291

29 Einfaktorielle Varianzanalyse 293
29.1 Modell 294
29.2 Test auf Gleichheit der Mittelwerte 298
29.3 Test der Einzeleffekte 299
29.4 Übungen 302
29.5 Fazit 302

30 Analyse kategorialer Daten 303
30.1 Kontingenztabelle 304
30.2 Randverteilungen 306
30.3 Bedingte Verteilungen 307
30.4 Logistische Regression 312
30.5 Quadratische und normierte Kontingenz 315
30.6 Unabhängigkeitstest 317
30.7 Übungen 319
30.8 Fazit 319

31 Bilanz 4 321

Teil VI Anhang

Lösungen zu ausgewählten Übungen 325

Tabellen 353
B.1 Normalverteilung 353
B.2 t-Verteilung 354
B.3 χ^2-Verteilung 355
B.4 F-Verteilung 356

Literaturverzeichnis 361

Glossar 363

Liste der verwendeten R-Befehle 367

Sachverzeichnis 373

Teil I

Einführung

1

Kleine Einführung in R

Inhalt

1.1 Installieren und Starten von R ... 3
1.2 R-Konsole ... 4
1.3 R-Workspace ... 5
1.4 R-History ... 5
1.5 R-Skripteditor ... 5

1.1 Installieren und Starten von R

Das R-Programm können Sie kostenlos für verschiedene Betriebssysteme von der R-Projektseite `www.r-project.org` herunterladen. Die Installation von R unter Windows erfolgt mit `R-x.x.x-win.exe`. Die Versionsnummer `x.x.x` ändert sich regelmäßig. Ein Menü führt durch die Installation. Das R-Programm wird durch das R-Symbol gestartet. Es handelt sich dabei um die GUI (graphical user interface) Version. Es existiert auch eine Terminalversion auf die hier nicht eingegangen wird.

Zusätzlich zum Basisprogramm können eine Vielzahl von Paketen dazu installiert werden, die den Funktionsumfang erweitern. In der Windows Version kann unter dem Menüeintrag `Pakete -> installieren` dies sehr einfach vorgenommen werden. Wir verwenden im Text für die Datenstruktur z. B. das Paket `zoo`. Es stellt zusätzliche Funktionen für indexgeordnete (z. B. zeitlich geordnete) Daten zur Verfügung.

Die einzelnen Befehle werden im Text erläutert. Mehr Informationen zur Installation, Einrichtung und Verwendung des Programms finden Sie auf der oben genannten Internetseite und z.B. bei [5] und [22]. In Anhang D sind alle im Buch verwendeten Funktionen und Bibliotheken aufgelistet.

1.2 R-Konsole

In der Konsole des R-Programms können Befehle direkt eingegeben werden.

R-Anweisung

```
> x <- c(33.6, 33.98, 33.48, 33.17, 33.75, 33.61)
```

6 Werte werden der Variablen x zugewiesen. Der Dezimalpunkt kennzeichnet den Übergang zur Dezimalstelle; das Komma trennt die Zahlen. Mit der `Enter`-Taste wird der Befehl ausgeführt. Der Inhalt der Variablen kann durch Eingabe von x und `Enter` ausgegeben werden.

```
> x

[1] 33.60 33.98 33.48 33.17 33.75 33.61
```

Wird die Anweisung, bei der eine Zuweisung auf eine Variable vorgenommen wird, geklammert, so wird das Ergebnis der Anweisung auch auf der Konsole ausgegeben.

```
> (x <- c(33.6, 33.98, 33.48, 33.17, 33.75, 33.61))

[1] 33.60 33.98 33.48 33.17 33.75 33.61
```

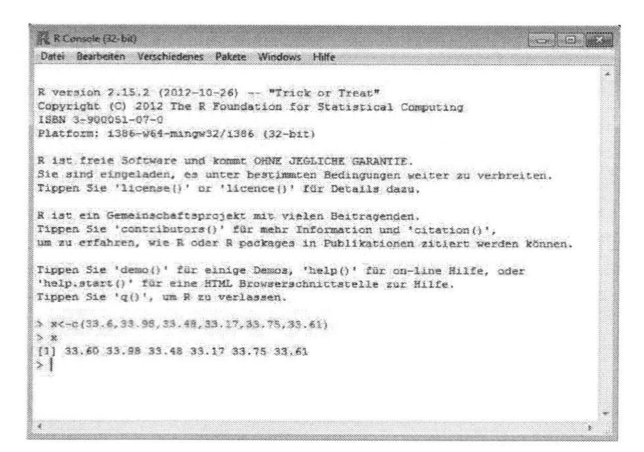

Zu jedem Befehl kann mit `?Befehl` (z. B. `?c`) ein Hilfetext aufgerufen werden. In der GUI Version von R stehen unter dem Menü `Hilfe` Handbücher zur Verfügung, die die wichtigsten Befehle erläutern.

1.3 R-Workspace

Mit der Speicherung des «Workspace» (Arbeitsbereich) (`Datei -> Sichere Workspace`) werden alle Variablen und definierten Funktionen mit ihren Inhalten, die in die R-Konsole eingegeben wurden, gespeichert. Die erzeugte Datei kann mit dem Befehl `Datei -> Lade Workspace` bei einem erneuten Start von R eingelesen werden. Die Befehlsfolgen werden jedoch nicht gesichert. Dazu steht der folgende Befehl `History sichern` zur Verfügung.

1.4 R-History

Mit der Sicherung der «History» (Befehlseingaben) (`Datei -> Speichere History`) werden die in die R-Konsole eingegebenen Befehle als Datei gesichert. Mit dem Befehl `Datei -> Lade History` können die Befehle wieder in R eingelesen werden. Die Datei kann mit jedem Editor (auch mit dem R-Skripteditor) bearbeitet werden.

1.5 R-Skripteditor

Unter dem Menüeintrag `Datei -> Neues Skript` wird eine Datei erstellt, in die R-Befehle eingetragen werden. Mit dem Befehl `Strg-R` können die Befehlszeilen in der Datei zur Ausführung in die Konsole übergeben. Die Datei kann mit dem Befehl `Datei -> Öffne Skript` geöffnet und bearbeitet werden.

2

Kurzbeschreibung von SPSS

Inhalt

2.1 SPSS-Dateneditor ... 8
2.2 Statistische Analysen mit SPSS ... 9

SPSS ist eine kommerzielle Statistiksoftware für Windows und MacOS, für die an vielen Hochschulen eine Campuslizenz existiert. Die Installation erfolgt entweder über eine CD/DVD oder als Netzwerkinstallation durch das Hochschulrechenzentrum. Das Basismodul der Software ermöglicht eine Datenverwaltung und umfangreiche statistische und grafische Analysen, die vor allem für die Sozialwissenschaften ausgelegt sind. Wir verwenden die IBM SPSS Version 20.

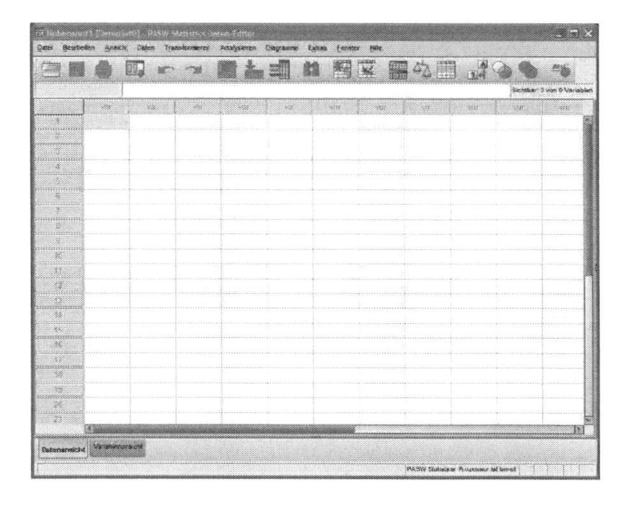

SPSS wird in der Regel menügesteuert. Die Menüaufrufe sind im Text angegeben. Das Programm verfügt aber auch über eine eigene Befehlssyntax, auf die in diesem Buch nicht eingegangen wird.

2.1 SPSS-Dateneditor

Nach dem Programmstart erscheint der so genannte SPSS-Dateneditor auf dem Bildschirm. Es ist eine Tabelle, in der Daten eingegeben werden können. Eine neue Datendatei wird über das Menü `Datei > Neu > Daten` angelegt. Eine bereits existierende SPSS Datendatei wird über den Menüpunkt `Datei > Öffnen > Daten` geöffnet. Über das gleiche Menü kann auch ein vorhandener Datensatz mit einem anderen Dateiformat (z. B. Excel) importiert werden. Es kann immer nur eine Datendatei zur Zeit im Dateneditor bearbeitet werden. SPSS speichert die Daten mit der Endung `sav`. Der Dateneditor stellt zwei Ansichten der Daten bereit.

Die Datenansicht zeigt die Tabelle mit den Daten. In den Zeilen stehen die Beobachtungen; in den Spalten stehen die Variablen. Zwischen den Zellen kann man mit der Maus oder mit den Pfeiltasten auf der Tastatur wechseln. Es besteht keine Möglichkeit in der Datentabelle selbst Berechnungen durchzuführen oder Formeln einzugeben. Der Wert in den Zellen kann durch Anklicken der Zelle oder Drücken der `F2`-Taste auf der Tastatur verändert werden.

In die Variablenansicht wechselt man durch Auswahl des Registers `Variablenansicht` unten links im Programmfenster. Die Variablenansicht enthält Informationen zu den Variablen. Unter `Name` wird der Name einer Variable eingegeben. Dabei ist zu beachten, dass Variablennamen in SPSS maximal 8 Zeichen lang sein, keine Sonderzeichen enthalten dürfen und mit einem Buchstaben beginnen müssen. In den weiteren Spalten werden weitere Details zu den Daten festgelegt. In vielen Fällen sind Voreinstellungen von SPSS ausreichend. Folgende Datentypen stehen unter `Typ` zur Verfügung:

- Numerische Variablen sind Variablen, deren Werte Zahlen sind. Unter `Dezimalstellen` kann angegeben werden, wie viele Dezimalstellen gespeichert und im Dateneditor angezeigt werden.
- Es können verschiedene Datumsformate ausgewählt werden. Bei zweistelligen Jahresangaben wird das Jahrhundert durch die Einstellung in den Optionen bestimmt. Dieses kann im Menü `Bearbeiten > Optionen` im Register `Daten` verändert werden.
- String-Variablen (Zeichenketten) können sowohl Buchstaben als auch Ziffern enthalten. Sie können nicht für Berechnungen verwendet werden.
- Punkt-Variablen verwenden einen Punkt zur Tausender-Trennung und ein Komma als Dezimaltrennzeichen.
- Komma-Variablen verwenden ein Komma zur Tausender-Trennung und einen Punkt als Dezimaltrennzeichen.

- In der wissenschaftlichen Notation werden die Werte in der Exponentialdarstellung (einem E und einer Zehnerpotenz mit Vorzeichen) angezeigt.
- Spezielle Währung

In der Variablenansicht können noch weitere Variableneigenschaften festgelegt werden. Unter Spaltenformat wird angegeben, wie viele Zeichen eine Variable hat (z. B. 8 Ziffern). Da die kurzen Variablennamen in SPSS nicht sehr aussagekräftig sind, ist es möglich, für jede Variable ein Variablenlabel (bis zu 120 Buchstaben) zu vergeben. Ob im Dateneditor die Variablennamen oder die Variablenlabels angezeigt werden, wird über den Menüpunkt Bearbeiten > Optionen im Register Allgemein festgelegt. Auch für die codierten Ausprägungen kategorialer Variablen können Wertelabels vergeben werden. Hier muss man auf den kleinen Pfeil klicken, damit sich die entsprechende Dialogbox öffnet. Über das Menü Ansicht > Wertelabels wird bestimmt, ob im Dateneditor die Originalwerte oder die Wertelabels angezeigt werden. In der Datenansicht kann weiterhin die Ausrichtung der Werte in der Spalte festgelegt werden, sowie das Messniveau. Außerdem können einzelne Merkmalsausprägungen als fehlende Werte definiert werden (z. B. 99 = keine Angabe).

2.2 Statistische Analysen mit SPSS

Die Analysemethoden werden im Menüpunkt Analysieren ausgewählt. Bei manchen Analysen ist eine Transformation der Daten notwendig. Die Ausgabe der Analysen erfolgt in einem neuen Programmfenster, dem Ausgabefenster. In diesem Fenster stehen ebenfalls die Menüpunkte zur Datenanalyse zur Verfügung. Die einzelnen Anweisungsschritte werden im Text angegeben.

3

Die Daten

Ohne Daten ist in den meisten Fällen eine statistische Analyse nicht möglich. Zur anschaulichen und realistischen Beschreibung der hier eingesetzten statistischen Verfahren werden die Schlusskurse der BMW Aktie (Börsenplatz Frankfurt) vom 09.08. bis 16.11.04 als Grundlage verwendet. Sie stammen von der Internetseite des Handelsblattes.

Warum diese Daten? Es sind «echte» Daten, also kein erfundener Datensatz und liefern daher eine realistische statistische Analyse. Ferner sind Aktienkurse sicherlich für Ökonomen interessanter als Körpermaße. Die Daten eignen sich für viele statistische Methoden, die wir hier vorstellen. Daher wird dieser Datensatz, da wo es sinnvoll ist, auf eine statistische Methode angewendet.

Bevor die Daten in den Programmen verfügbar sind, müssen sie von einer Datei eingelesen oder per Hand eingegeben werden. Die Datendateien können verschiedene Formate besitzen. Wir haben für beide Programme Datendateien vorbereitet [1]. Anhand der folgenden Werte werden wir viele statistische Analysetechniken erklären und interpretieren.

R-Anweisung

Schauen Sie sich zuerst mit einem Editor (in Windows z. B. Notepad) die Datei `bmw.txt` an. Aus der Datei wollen wir die Schlusskurse der BMW Aktie in R übernehmen.

Mit dem Befehl `read.table()` können unformatierte Textdateien (CSV-, ASCII-Dateien) in das R Programm eingelesen werden, die in R einen so genannten data frame erzeugen. Dies ist eine Tabelle der eingelesenen Werte.

---

[1] Die Daten können von der Internetadresse, die im Vorwort genannt ist, heruntergeladen werden.

Die erste Angabe in dem `read.table` Befehl ist der Dateiname, der in den Anführungszeichen angegeben wird. Da in unserer Datendatei die Werte durch ein Semikolon getrennt sind, wird mit `sep=";"` die Trennung (Separation) zwischen den Zahlen eingestellt. Ferner ist die Datei dadurch gekennzeichnet, dass die erste Zeile die Variablennamen (und keine Werte) enthält. Mit der Option `header=TRUE` wird die Kopfzeile mit den Variablennamen übernommen. Der `read.table` Befehl stellt eine Vielzahl von Optionen zur Verfügung mit denen das Einlesen der Werte ermöglicht wird.

Wichtig ist, dass vorher über `Datei > Verzeichnis wechseln` auch der Pfad zum entsprechenden Verzeichnis (Ordner) eingestellt wird.

```
> bmw <- read.table("bmw.txt", sep = ";", header = TRUE)
> s.bmw <- bmw$Schluss
> (s.bmw <- rev(s.bmw))
```

Aus der Datentabelle `bmw` benötigen wir erst einmal nur die Spalte mit den BMW Schlusskursen. Die Werte der einzelnen Spalten können durch Anfügen eines $ und dem Spaltennamen (z. B. `bmw$Schluss`) extrahiert werden.

Der letzte Befehl `rev()` kehrt die Reihenfolge der eingelesenen Werte um, damit der älteste Wert zuerst und der neuste Wert zuletzt ausgegeben wird. Das ist hier notwendig, da auf Internetseiten häufig aktuelle Werte vorne (oben) zugefügt werden. Damit entsteht die zeitverkehrte Reihenfolge $x_n, \ldots, x_1$, die umgekehrt werden sollte.

```
 [1] 33.60 33.98 33.48 33.17 33.75 33.61 33.61 33.45 33.25 33.87
[11] 34.14 34.19 34.47 34.55 34.31 33.89 34.25 34.46 34.58 34.76
[21] 34.82 34.96 34.48 34.56 35.30 35.38 34.72 35.21 35.23 35.11
[31] 34.78 34.25 33.60 33.79 33.59 33.36 33.71 33.10 34.02 34.65
[41] 34.81 34.67 34.82 34.30 34.23 33.53 33.75 33.69 33.85 33.66
[51] 34.00 33.56 33.54 33.35 32.38 32.72 33.69 33.15 33.73 33.80
[61] 33.01 32.40 32.35 32.57 32.55 32.89 32.76 32.49
```

Mit dem Befehl `names()` werden die Variablennamen der Datentabelle angezeigt. Die Variablennamen in der Kopfzeile der Datentabelle können auch mit dem Befehl `attach()` direkt für den Aufruf in R verfügbar gemacht werden. Dies ermöglicht einen direkten Zugriff auf die Variablennamen in der Datentabelle. So muss dann nur noch `Schluss` statt `bmw$Schluss` eingegeben werden. Mit `detach()` wird der Zugriff aufgehoben. Wir haben die Schlusswerte der Tabelle unter `s.bmw` gespeichert und benötigen den `attach` Befehl hier nicht.

```
> names(bmw)
> attach(bmw)
> detach(bmw)
```

Die Datentabelle kann mit dem `Bearbeiten -> Dateneditor` angesehen und bearbeitet werden. Soll eine neue Datentabelle erstellt werden, so muss zuerst mit `y <- data.frame()` ein leere Datentabelle erzeugt werden. Als Name für die Datentabelle wurde hier `y` gewählt.

SPSS-Anweisung
In SPSS starten Sie das Einlesen der ASCII Datei `bmw.txt` unter dem Menüpunkt `Datei > Textdatei einlesen`. Folgen Sie den Menüanweisungen. Die Datei besitzt kein vordefiniertes Format und in der ersten Zeile stehen die Variablennamen. Der Variablen `Datum` muss das Format `Datum` mit `tt.mm.jjjj` zugewiesen werden. Die verbleibenden Variablen sind vom `Kommatyp`, d. h. die Dezimalstelle wird als Punkt ausgewiesen, die Tausenderstelle wird durch ein Komma angezeigt. Speichern Sie die eingelesen Werte ab. Unter dem Menüpunkt `Daten > Fälle sortieren` werden die Werte nach der Variablen `Datum` aufsteigend sortiert.

Es liegen 68 Werte vor. Die **Anzahl der Werte** wird im allgemeinen mit n bezeichnet. Warum so viele Werte? Statistische Analysen sollten sich niemals nur auf wenige Werte stützen, weil statistische Aussagen erst verlässlich werden, wenn viele Beobachtungen vorliegen. Daher wurde hier ein Zeitraum von etwa 100 Tagen gewählt. Die Wochenenden und Feiertage entfallen; danach verbleiben 68 Werte. Die Anzahl der Werte n ist eine wichtige statistische Angabe.

4

Grundlagen

Inhalt

4.1 Grundbegriffe der Statistik 15
4.2 Datenerhebung und Erhebungsarten 16
4.3 Messbarkeitseigenschaften 18
4.4 Statistik, Fiktion und Realität 19
4.5 Übungen 20
4.6 Fazit 21

4.1 Grundbegriffe der Statistik

Die Grundbegriffe der Statistik dienen dazu, das Vokabular und die Symbole festzulegen, um Beobachtungen zu beschreiben.

Die Analyse fängt mit der Beobachtung eines Objekts an. In unserem Fall sind es die Börsenkurse der BMW Aktie. Das einzelne Objekt, das beobachtet wird, wird **statistische Einheit** genannt und mit ω_i bezeichnet. Der Index i nummeriert die statistischen Einheiten von 1 bis n. Der Index i ist eine natürliche Zahl. Die Anzahl der statistischen Einheiten wird mit n bezeichnet. Es wird die Folge der statistischen Einheiten betrachtet.

$$\omega_1, \omega_2, \ldots, \omega_n$$

Die Folge ist Gegenstand einer statistischen Untersuchung. Die statistischen Einheiten müssen **sachlich**, **zeitlich** und **räumlich** abgegrenzt sein. Wird z. B. eine Aktie beobachtet, so muss eindeutig bezeichnet werden, welche Aktie beobachtet wurde, wann und wo (welcher Börsenplatz). Die so gewonnene Menge der statistischen Einheiten wird als **Stichprobe** mit Ω_n bezeichnet.

$$\Omega_n = \{\omega_1, \omega_2, \ldots, \omega_n\}$$

Sie stammt aus einer übergeordneten Menge, die als **Grundgesamtheit** Ω bezeichnet wird. Sie ist die Menge aller statistischen Einheiten. In statistischen Untersuchungen werden in der Regel Stichproben untersucht. Besitzt man eine Stichprobe, also z. B. die Kurse einer Aktie, so sind meistens nicht alle Eigenschaften der statistischen Einheit (bei einer Aktie z. B. Kurs, Börse, Typ) interessant, sondern nur bestimmte, z. B. der Aktienkurs.

Eine Eigenschaft der statistischen Einheit wird als **Merkmal** $X(\omega_i)$ bezeichnet und häufig mit X abgekürzt. Die möglichen Werte, die das Merkmal annehmen kann, werden **Merkmalsausprägungen** genannt. Die Beobachtung einer Merkmalsausprägung wird als **Merkmalswert** oder **Beobachtungswert** mit x_i bezeichnet.

Die BMW Aktie ist die statistische Einheit, die in einem bestimmten Zeitraum an einem bestimmten Börsenplatz beobachtet wird. Der Aktienkurs ist das Merkmal und die einzelnen Werte sind die Merkmalswerte. Jede Beobachtung ist eine Realisation des Merkmals X. Das Merkmal X ist eine Funktion der statistischen Einheit. In Tab. 4.1 sind die eben erklärten Begriffe zusammengestellt.

Tabelle 4.1: Grundbegriffe

Begriff	Symbol	Erklärung	Beispiel
statistische Einheit	ω	Informationsträger	Personen, Institutionen, Objekte
Merkmal	X	interessierende Eigenschaft einer statistischer Einheit	Alter, Börsenwert, Gewicht, Körpergröße, Kosten, Beurteilung, Produktanzahl, Farbe
Merkmalsausprägung	x	Werte, Zustände, Kategorien, die ein Merkmal annehmen kann	Euro, kg, cm, Befinden, Noten, ja und nein, schwarz, weiß, blau, ...
Merkmalswert	x_i	der beobachtete Wert einer Merkmalsausprägung	31 Jahre, 1300 Euro, 23 cm, 73 kg, schwarz

4.2 Datenerhebung und Erhebungsarten

Grundlage jeder Statistik sind Daten. Hierbei muss zwischen der Datenerhebung und der Erhebungsart unterschieden werden.

Mit der Datenerhebung wird die Art und Weise der Datengewinnung beschrieben. Erfolgt die Datenerhebung durch eine direkte Befragung in Form von Fragebogen oder Interview, dann handelt es sich um eine **Primärstatistik**. Werden die Daten aus bestehenden Statistiken gewonnen, dann spricht man von einer **Sekundärstatistik**.

Hiervon zu unterscheiden ist die Erhebungsart. Die Erhebungsart beschreibt, wie die statistischen Objekte ausgewählt werden. Werden die Objekte mit einem Zufallsprinzip ausgewählt, so spricht man von einer Zufallsstichprobe. Diese können unterschiedlich ausgestaltet sein.

Um eine **Zufallsstichprobe** (siehe auch Abschnitt 20.4) ziehen zu können, müssen die Elemente der Grundgesamtheit nummerierbar sein. Hierfür wird häufig das so genannte **Urnenmodell** verwendet. Es wird eine Urne angenommen, die n gleiche Kugeln enthält, die sich nur durch ein Merkmal z. B. eine Zahl oder Farbe unterscheiden. Es gibt mindestens zwei Arten von Kugeln in der Urne. Die Kugeln werden als gut durchmischt angenommen. Die Entnahme der Kugeln kann auf zwei verschiedene Arten erfolgen: **mit** und **ohne Zurücklegen**. Zieht man die **Stichprobe mit Zurücklegen**, dann liegt eine **einfache Zufallsstichprobe** vor. Die einzelnen Stichprobenzüge sind voneinander **unabhängig**. Werden die gezogenen Elemente nicht mehr in die Urne zurückgelegt, wie beim Ziehen der Lottozahlen, so handelt es sich auch um eine **Zufallsstichprobe ohne Zurücklegen**, bei der aber die einzelnen Züge **abhängig** voneinander sind. Mit jedem Zug verändert sich die Zusammensetzung in der Urne.

Je größer die Urne ist, desto schwieriger ist eine gleich wahrscheinliche Auswahl der einzelnen Kugeln. Daher werden für größere Zufallsstichproben meistens Zufallszahlen erzeugt. Für viele Zufallsstichproben muss vorher festgelegt werden, aus wie vielen Elementen sie gezogen werden sollen. Dies setzt die Kenntnis der Grundgesamtheit voraus. Sie ist aber manchmal nicht oder nur mit großem Aufwand feststellbar.

Ein anderes Problem kann die Suche nach einer bestimmten statistischen Einheit sein, die durch den Zufallsprozess ausgewählt wurde. Ist diese statistische Einheit eine Person, so verursacht die Suche nach ihr datenschutzrechtlich Probleme. Daher wird in der Praxis häufig eine nicht zufällige Stichprobe gezogen. Diese sind einfacher und häufig kostengünstiger zu gewinnen.

Eine **nicht zufällige Stichprobe** liegt vor, wenn ein Stichprobenplan, z. B. bestimmte **Quoten**, eingehalten werden müssen. Man spricht dann häufig auch von **repräsentativen Stichproben**. Für die Wahrscheinlichkeitsrechnung und die schließende Statistik sind diese Stichproben der Theorie nach aber ungeeignet.

Bei allen Erhebungsarten sind die Rechtsvorschriften des **Datenschutzes** zu beachten. Die Datenerhebung und die Erhebungsart ist immer sehr sorgfältig zu planen, da sie die Grundlage jeder weiteren statistischen Analyse sind.

4.3 Messbarkeitseigenschaften

Merkmale weisen im Wesentlichen drei verschiedene Messbarkeitseigenschaften auf. Das einfachste Messniveau ist die Unterscheidung der Merkmalsausprägungen der Art nach. Es wird als **nominales Messniveau** bezeichnet. Das Geschlecht ist z. B. ein nominales Merkmal, da es nur der Art nach unterschieden werden kann. Die Merkmalsausprägungen werden als **Kategorie** bezeichnet.

Kann eine eindeutige Reihenfolge in den Merkmalsausprägungen erzeugt werden, so liegt ein **ordinales Messniveau** vor. Zensuren sind z. B. ein ordinales Merkmal, da es geordnet werden kann, jedoch ist ein Abstand zwischen den Zensuren nicht definiert. Auch die Zensuren stellen nur Kategorien dar.

Die BWM Aktienkurse werden in 3 Kategorien (niedrig, mittel, hoch) unterteilt, um ordinale Daten zu erzeugen. Der Bereich von 32 bis 33 wird willkürlich als niedriger Kurs festgelegt. Der Bereich von 33 bis 34.5 als mittlerer Kurs und über 34.5 als hoher Kurs festgelegt. Diese Daten sind jetzt also nur noch in Kategorien verfügbar. Ein messbarer Abstand ist nun nicht mehr definiert.

R-Anweisung
Mit den folgenden Anweisungen werden die Kurse in die drei Kategorien eingeteilt. Der Vektor `c('niedrig','mittel','hoch')` weist die Bezeichnungen der 3 Kategorien der Variablen `bmw.levels` zu. Der Befehl `cut` teilt die Kurse in die 3 Bereiche ein: von 32 bis einschließlich 33, von 33 bis einschließlich 34.5 und von 34.5 bis einschließlich 35.5 (siehe hierzu Seite 29f). Mit dem Befehl `factor` werden den Kurskategorien die Namen zugewiesen. Also ein Kurs von 33.6 wird als «mittel» ausgewiesen.

```
> bmw.levels <- c("niedrig", "mittel", "hoch")
> bmw.cut <- cut(s.bmw, breaks = c(32, 33, 34.5, 35.5))
> (bmw.factor <- factor(bmw.cut, labels = bmw.levels))

 [1] mittel  mittel  mittel  mittel  mittel  mittel  mittel
 [8] mittel  mittel  mittel  mittel  mittel  mittel  hoch
[15] mittel  mittel  mittel  mittel  hoch    hoch    hoch
[22] hoch    mittel  hoch    hoch    hoch    hoch    hoch
[29] hoch    hoch    hoch    mittel  mittel  mittel  mittel
[36] mittel  mittel  mittel  mittel  hoch    hoch    hoch
[43] hoch    mittel  mittel  mittel  mittel  mittel  mittel
[50] mittel  mittel  mittel  mittel  mittel  niedrig niedrig
[57] mittel  mittel  mittel  mittel  mittel  niedrig niedrig
```

```
[64] niedrig niedrig niedrig niedrig niedrig
Levels: niedrig mittel hoch
```

Ist der Abstand zwischen den Merkmalsausprägungen definiert, so wird von einem **metrischen Messniveau** gesprochen. Zum Beispiel kann der Abstand zwischen zwei deutschen Aktienkursen in Euro gemessen werden. Manchmal wird das metrische Messniveau weiter unterteilt in Intervall-, Verhältnis- und Absolutskala, auf die wir hier nicht weiter eingehen wollen. In Tab. 4.2 sind die verschiedenen Messeigenschaften zusammengefasst.

Im vorliegenden Text wird die statistische Analyse vorwiegend mit metrischen Werten erläutert. Für dieses Messniveau existieren die meisten Verfahren. Die Analyse kategorialer Daten (nominales und ordinales Messniveau zusammengefasst) wird an geeigneten Stellen in den Kapiteln immer wieder aufgegriffen. In Abschnitt 30 werden Verfahren zur Analyse kategorialer Merkmale beschrieben.

Tabelle 4.2: Messbarkeitseigenschaften

Begriff	Erklärung	Beispiel
Nominalskala	Merkmalswerte beschreiben nur einen Zustand oder Status, keine Ordnung	Farbe, Geschlecht, Herkunft, Beruf
Ordinalskala	Merkmalswerte können geordnet werden, eine Reihenfolge kann hergestellt werden, z. B. etwas ist besser oder schlechter, aber kein Abstand messbar	Einstellungen, Befinden, Noten
Metrische Skala	Merkmalswerte können geordnet werden, man kann die genauen Abstände zwischen den Merkmalswerten messen	Geldeinheiten, Temparaturen, Stückzahlen, Längenmaß, Gewichtsmaß

4.4 Statistik, Fiktion und Realität

Die Statistik wird häufig als eine Form der Lüge bezeichnet. Diese Unterstellung hat vermutlich da ihren Ursprung, als festgestellt wurde, dass die in der Statistik mit Prozentzahlen und Mittelwert beschriebenen Sachverhalte die Realität nicht oder zumindest nicht korrekt wiedergegeben werden.

Die Ursache liegt zum einen in dem Begriff der Realität. Was ist Realität? Ist nicht jede Beobachtung eine Fiktion und damit jede Statistik? Mit der Beobachtung wird ein Abbild vom Urbild erzeugt und dieses Abbild kann nicht dem Urbild entsprechen. Von daher liegt hier ein grundsätzliches Problem vor. Das Abbild ist eine Fiktion und wir glauben ihr, wenn sie uns realistisch erscheint, also «der direkt erfahrenen Welt an Kohärenz entspricht» (vgl. [7, Seite 19]).

Die andere Ursache liegt oft – vor allem in ökonomischen und gesellschaftswissenschaftlichen Fragestellungen – in dem Messvorgang selbst. Zum Beispiel die Frage nach dem Alter wird in der Regel in Jahren beanwortet. Dabei wird aber nicht berücksichtigt, ob die Person vor wenigen Tagen das neue Lebensjahr begonnen hat oder bereits kurz vor der Vollendung des Lebensjahrs steht. Die Zahl 30 Jahre suggeriert aber ein exaktes Alter. Wird nun ein Durchschnittsalter von 30 Jahren ausgewiesen, so glauben wir dieser Aussage, wenn sie mit unseren Erfahrungen überstimmt und stellen sie bei gegenteiligen Erfahrungen infrage. Es gilt wohl häufig der Aristoteles'sche Satz: «Das glaubwürdige Unmögliche sei dem unglaubwürdigen Möglichen vorzuziehen.» [7, Seite 13]

Das Messen einer Beurteilung ist weitaus schwieriger. Was wird mit der Frage «Wird der Sachverhalt verständlich erklärt?» gemessen? Hier wird scheinbar die Lehre beurteilt. Tatsächlich jedoch wird weit mehr erfasst: Ein Studierender mit Desinteresse an dem Fach wird kaum eine gute Beurteilung abgeben. Woher rührt das Desinteresse? Wurde ein Studium gewählt, das zwar eine hohe Wahrscheinlichkeit einer Beschäftigung ermöglicht, aber nicht der Neigung entspricht? Oder besteht eine grundsätzliche Abneigung gegenüber der Statistik? Ist die Studiensituation (Gruppengröße, Wohnung, Finanzierung, etc.) zufriedenstellend? All diese Faktoren werden bei der Beantwortung der Frage mit eingehen.

Trotz der Probleme bei der Beschreibung der Realität ist es wichtig mit der Statistik eine fiktive Realität zu schaffen mit der Entscheidungen vorbereitet und durchgeführt werden. Ohne eine fiktive Realität kann keine begründete Entscheidung getroffen werden, obwohl klar ist, dass sie möglicherweise auf nicht der realen Realität entsprechenden Fakten getroffen wurde.

4.5 Übungen

Übung 4.1. Warum sind statistische Einheiten abzugrenzen?

Übung 4.2. Was ist der Unterschied zwischen Merkmal und Merkmalswert?

Übung 4.3. Ist die repräsentative Stichprobe eine Zufallsstichprobe?

Übung 4.4. Um welches Messniveau handelt es sich bei den Aktienkursen?

Übung 4.5. Durch welche Informationen unterscheiden sich metrische, ordinale und nominale Merkmale?

4.6 Fazit

In diesen Abschnitten wurden verschiedene Grundlagen für die Statistik erläutert. Die Grundbegriffe legen ein Vokabular für die Statistik fest. Die Datenerhebung und Erhebungsart zeigen verschiedene Aspekte zur Gewinnung von Werten auf. Eine Stichprobe (Datenerhebung und Erhebungsart) ist immer sehr sorgfältig zu planen. Denn jede weitere statistische Analyse greift auf diese Werte zurück. Der Datenschutz ist eng mit der Erhebung der Stichprobe verbunden und muss unbedingt beachtet werden. Die Messbarkeitseigenschaften von Merkmalen legen die späteren statistischen Analyseverfahren fest. Oft sucht man auch nach geeigneten Merkmalen, um bestimmte Verfahren anwenden zu können.

Teil II

Deskriptive Statistik

5

Eine erste Grafik

Die Datenanalyse beginnt in der Regel damit, dass die Werte in einer Grafik dargestellt werden. Im Fall von metrischen zeitlich geordneten Daten ist dies eine **Verlaufsgrafik**.

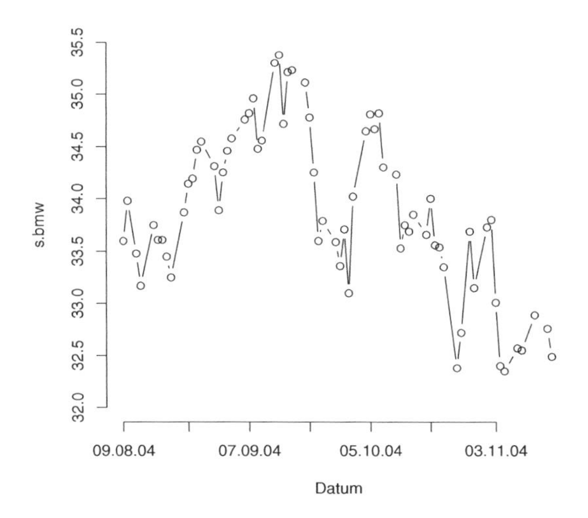

Abb. 5.1: Kursverlauf BMW Schlusskurse

Die Kurse schwanken zwischen rd. 32 Euro und 36 Euro. Ist dies viel? Wo liegt das Zentrum? Wir werden auf diese Fragen in den folgenden Abschnitten eingehen.

R-Anweisung
Eine einfache Grafik wird mit

```
> plot(s.bmw, type = "b")
```

erzeugt. Mit der Option `type='b'` (b = both) werden die Datenpunkte mit Linien verbunden.

R-Anweisung für Experten
Für Abb. 5.1 wird eine Formatierung der x-Achse mit der folgenden Befehlsfolge notwendig:

```
> datum <- Datum
> datum <- as.Date(rev(datum), "%d.%m.%Y")
> plot(datum, s.bmw, type = "b", bty = "n", xaxt = "n")
> t <- seq(1, length(s.bmw), 10)
> axis(side = 1, at = datum[t], labels = format(datum[t],
+      format = "%d.%m.%y"))
```

Eine Alternative zu den obigen Formatanweisungen ist die Verwendung der zoo Bibliothek. Mit dieser Bibliothek können Variablen mit einem Datum als Index erstellt werden. Bei der Grafik wird dann das Datum als Index auf der x-Achse abgetragen. Jedoch können einige R Funktionen diese Variablen nicht direkt verarbeiten. Sie müssen dann mit `as.numeric()` in eine numerische Variable transformiert werden.

```
> library(zoo)
> bmw <- read.table("bmw.txt", sep = ";", header = TRUE)
> z.bmw <- zoo(bmw$Schluss, as.Date(bmw$Datum, "%d.%m.%Y"))
> n.bmw <- length(bmw$Schluss)
> z.bmw <- rev(z.bmw)
> plot(z.bmw)
```

SPSS-Anweisung
In SPSS wird die Verlaufsgrafik im Menü `Grafiken > Diagrammerstellung` vorgenommen. Mit dem Diagrammtyp Linie wird die Verlaufsgrafik erstellt. Es werden die Variablen `Schluss` und `Datum` ausgewählt. Die x-Achsenformatierung kann man im Diagramm-Editor unter `Bearbeiten > X-Achse auswählen` vornehmen.

6

Häufigkeitsfunktion

Inhalt

6.1 Absolute Häufigkeit ... 27
6.2 Relative Häufigkeit ... 31
6.3 Übungen ... 32
6.4 Fazit ... 33

6.1 Absolute Häufigkeit

Die Häufigkeitsfunktion ist eine der einfachsten statistischen Funktionen. Sie zählt Merkmalswerte gleicher Ausprägungen zusammen. $n(x)$ wird als **absolute Häufigkeit** bezeichnet. Es ist die Anzahl der Elemente der Menge, für die das Merkmal X die Merkmalsausprägung x besitzt.

$$\begin{aligned} n(x) &= \text{Anzahl von Werten mit den gleichen Merkmalswerten} \\ &= \Big|\{\omega_i \mid X(\omega_i) = x\}\Big| \quad \text{für } i = 1, \ldots, n \end{aligned}$$

Es gilt:

$$\sum_{j=1}^{m} n(x_j) = n \quad \text{mit } m = |\Omega_n|$$

Die Zahl m bezeichnet die **Anzahl unterscheidbarer Elemente**. Im vorliegenden Datensatz liegen $n = 68$ Merkmalswerte vor. Sind alle Merkmalswerte unterschiedlich?

R-Anweisung
Mit dem Befehl `table` wird die absolute Häufigkeit des Merkmals berechnet. Mit dem Befehl `length(tab.bmw)` wird die Länge des Vektors `tab.bmw` berechnet. Es ist hier die Anzahl der unterschiedlichen Werte.

```
> tab.bmw <- table(s.bmw)
> m.bmw <- length(tab.bmw)
> tab.bmw

s.bmw
32.35 32.38  32.4 32.49 32.55 32.57 32.72 32.76 32.89 33.01
    1     1     1     1     1     1     1     1     1     1
 33.1 33.15 33.17 33.25 33.35 33.36 33.45 33.48 33.53 33.54
    1     1     1     1     1     1     1     1     1     1
33.56 33.59  33.6 33.61 33.66 33.69 33.71 33.73 33.75 33.79
    1     1     2     2     1     2     1     1     2     1
 33.8 33.85 33.87 33.89 33.98    34 34.02 34.14 34.19 34.23
    1     1     1     1     1     1     1     1     1     1
34.25  34.3 34.31 34.46 34.47 34.48 34.55 34.56 34.58 34.65
    2     1     1     1     1     1     1     1     1     1
34.67 34.72 34.76 34.78 34.81 34.82 34.96 35.11 35.21 35.23
    1     1     1     1     1     2     1     1     1     1
 35.3 35.38
    1     1
```

Diese Darstellung der Werte wird als **Häufigkeitstabelle** bezeichnet. Offensichtlich kommen 6 Merkmalswerte mehrmals vor. Zum Beispiel kommt der Merkmalswert 33.75 zweimal vor. Die absolute Häufigkeit von 33.75 ist somit 2.

$$n(33.75) = 2$$

R-Anweisung
In R kann mit folgender Befehlsfolge die absolute Häufigkeit für $x = 33.6$ berechnet werden. Mit dem Befehl `s.bmw==33.6` wird eine Folge von wahr ($= 1$) und falsch ($= 0$) erzeugt, die dann addiert wird. Das Ergebnis ist hier 2, die absolute Häufigkeit.

```
> sum(s.bmw == 33.6)

[1] 2
```

Es liegen $n = 68$ Merkmalswerte vor, aber nur $m = 62$ Werte sind unterschiedlich.

Eine übersichtliche Häufigkeitstabelle erhält man, wenn die Werte in **Klassen** (siehe auch Abschnitt 9.3) eingeteilt werden. Die n Werte werden in m Klassen unterteilt, die jeweils aus einer Unter- und einer Obergrenze bestehen. In der Regel schließt die Untergrenze der Klasse den (Grenz-) Wert aus und die Obergrenze den (Grenz-) Wert in die Klasse ein. Der Ausschluss des Wertes auf der linken Seite wird häufig mit einer runden Klammer bezeichnet. Der Einschluss des Wertes auf der rechten Seite ist mit einer eckigen Klammer gekennzeichnet.

$$\underset{x_{j-1}}{\text{Untergrenze}} < x \leq \underset{x_j}{\text{Obergrenze}} \quad \Leftrightarrow \quad (x_{j-1}, x_j] \quad \text{für } j = 1, \ldots, m \tag{6.1}$$

x_{j-1} und x_j sind die **Klassengrenzen**. Sie müssen festgelegt werden. Die Obergrenze der vorhergehenden Klasse ist die Untergrenze der folgenden Klasse, wobei der Grenzwert ausgeschlossen wird.

Wir wählen 4 Klassen für die BMW Werte mit jeweils einer Klassenbreite von 1 Euro. Dies bietet sich aufgrund der Daten an, die von etwa 32 Euro bis 36 Euro variieren.

$$(\underset{x_0}{32}, \underset{x_1}{33}], (\underset{x_1}{33}, \underset{x_2}{34}], (\underset{x_2}{34}, \underset{x_3}{35}], (\underset{x_3}{35}, \underset{x_4}{36}]$$

Die $n = 68$ Werte werden in $m = 4$ Klassen eingeteilt. Es ergibt sich damit durch Auszählen die folgende **Häufigkeitstabelle**.

(32,33]	(33,34]	(34,35]	(35,36]
9	31	23	5

R-Anweisung

Der Befehl `table` erstellt eine Häufigkeitstabelle. Der Befehl `cut` teilt mit der Option `breaks = c(32,33,34,35,36)` in die Klassen von 32 bis einschließlich 33 Euro, von 33 bis einschließlich 34 Euro, usw. ein.

```
> (tab.cut <- table(cut(s.bmw, breaks = c(32, 33, 34,
+      35, 36))))

(32,33] (33,34] (34,35] (35,36]
      9      31      23       5
```

Die obige Häufigkeitstabelle besitzt die Klassengrenzen 32, 33, 34, 35, 36. Die Verteilung der Werte ist übersichtlicher, jedoch ungenauer, da die Verteilung der einzelnen Merkmalswerte innerhalb einer Klasse nicht mehr erkennbar ist.

Bei **kategorialen Daten** werden die Häufigkeiten für die **Kategorien** berechnet. Die Verteilung des Merkmals «Kurshöhe» (siehe Seite 18) ist wie folgt:

niedrig	mittel	hoch
9	42	17

R-Anweisung
Der Befehl `table` berechnet hier aus den auf Seite 18 erzeugten kategorialen Daten eine Häufigkeitstabelle.

```
> table(bmw.factor)

bmw.factor
niedrig  mittel    hoch
      9      42      17
```

SPSS-Anweisung
In SPSS kann nur die gesamte Häufigkeitstabelle berechnet werden. Diese wird unter `Analysieren > Deskriptive Statistik > Häufigkeiten` zur Berechnung angewiesen.

Liegen kategoriale Daten vor, so ist meist ein **Häufigkeitsdiagramm** oder **Balkendiagramm** eine geeignete Darstellung (siehe Abb. 6.1). Das Häufigkeitsdiagramm ist vom Histogramm zu unterscheiden (siehe Abschnitt 9.3).

R-Anweisung
Liegen kategoriale Daten vor, so zeichnet der `plot()` Befehl aufgrund der Datenstruktur ein Balkendiagramm.

```
> plot(bmw.factor)
```

Alternativ können auch die Befehle

```
> tab.bmw <- table(bmw.factor)
> barplot(tab.bmw)
```

verwenden werden.

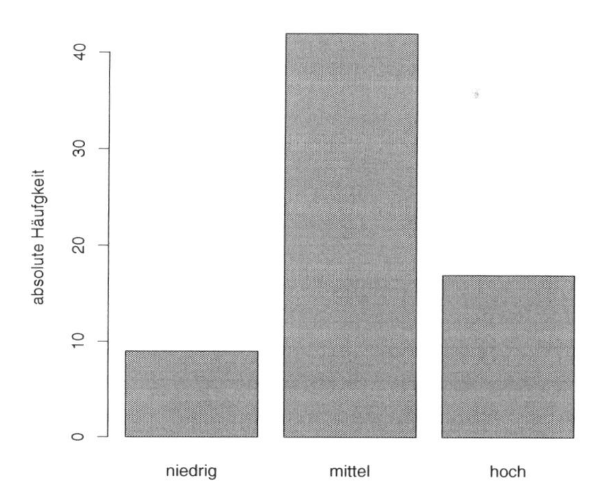

Abb. 6.1: Balkendiagramm der kategorisierten BMW Kurse

SPSS-Anweisung
Ein Häufigkeitsdiagramm erstellt man ebenfalls im Menü `Grafiken > Diagrammerstellung`. Sie wählen dazu den Typ Balkendiagramm aus und dazu die gewünschte Variable.

6.2 Relative Häufigkeit

Wird die absolute Häufigkeit ins Verhältnis zur Anzahl der Beobachtungen n gesetzt, so erhält man die **relative Häufigkeit** $f(x)$.

$$f(x) = \frac{n(x)}{n} \quad \text{mit } 0 \leq f(x) \leq 1$$

Sie wird häufig als Prozentzahl angegeben. Die relativen Häufigkeiten für metrische Werte – wie die BMW Aktienkurse – betragen meistens nur $\frac{1}{n}$, da aufgrund der reellen Zahlen, die die Merkmalswerte annehmen, nur selten dieselbe Zahl auftritt.

R-Anweisung
Der Befehl `prop.table` berechnet aus der Häufigkeitstabelle, die `table` aus-

gibt, die relativen Häufigkeiten. `round(,4)` rundet die Zahlen auf 4 Nachkommastellen.

```
> round(prop.table(tab.cut), 4)

(32,33] (33,34] (34,35] (35,36]
 0.1324  0.4559  0.3382  0.0735
```

Bei kategorialen Werten treten oft nur wenige Kategorien auf, so dass die Häufigkeiten größer als Eins sind. Die BMW-Kurse haben wir willkürlich in 3 Kategorien eingeteilt (siehe Seite 18).

niedrig	mittel	hoch
$\frac{9}{68}$	$\frac{42}{68}$	$\frac{17}{68}$

R-Anweisung
Die Berechnung der relativen Häufigkeiten mit dem Befehl `prop.table` kann auch auf kategoriale Werte angewendet werden. Die Variable `bmw.factor` wurde auf Seite 18 erzeugt.

```
> round(prop.table(table(bmw.factor)), 4)

bmw.factor
niedrig  mittel    hoch
 0.1324  0.6176  0.2500
```

SPSS-Anweisung
In SPSS kann nur die gesamte Häufigkeitstabelle berechnet werden. Diese wird unter `Analysieren > Deskriptive Statistik > Häufigkeiten` zur Berechnung angewiesen.

6.3 Übungen

Übung 6.1. Worin unterscheiden sich die absolute und die relative Häufigkeit?

Übung 6.2. Was passiert mit der relativen Häufigkeit für einen gegebenen Merkmalswert, wenn im Datensatz ein neuer Wert hinzukommt, der

1. den gleichen Beobachtungswert aufweist?
2. einen anderen Beobachtungswert aufweist?

Übung 6.3. Warum werden die Klassengrenzen ungleich behandelt?

6.4 Fazit

Neben der Anzahl der Beobachtungen sind die absolute und relative Häufigkeit die am häufigsten verwendeten statistischen Kennzahlen. Sie sind einfach zu berechnen. Dennoch wird die relative Häufigkeit hin und wieder falsch berechnet.

Soll beispielsweise ermittelt werden, ob ein Autotyp bevorzugt von so genannten Dränglern gefahren wird, so ist die Zahl der Drängler mit dem Autotyp zur beobachteten Zahl des Autotyps und nicht zur Gesamtzahl der beobachteten Autos in Relation zu setzen.

Die relative Häufigkeit wird bei der empirischen Verteilungsfunktion und bei der Berechnung von Wahrscheinlichkeiten verwendet.

7

Mittelwert

Inhalt

7.1	Arithmetisches Mittel	35
7.2	Getrimmter arithmetischer Mittelwert	37
7.3	Gleitendes arithmetisches Mittel	39
7.4	Übungen	41
7.5	Fazit	41

7.1 Arithmetisches Mittel

Einer der nächsten Analyseschritte ist oft die Berechnung des **arithmetischen Mittels** (synonym: Durchschnitt), sofern metrische Werte vorliegen. Die Bedeutung des arithmetischen Mittels resultiert aus seiner Verwendung in der Wahrscheinlichkeitsrechnung.

$$\bar{x} = \frac{1}{n}(x_1 + \ldots + x_n) = \frac{1}{n}\sum_{i=1}^{n} x_i$$

x_i bezeichnet die beobachteten Werte. Rechnerisch nimmt der Mittelwert eine gleichmäßige Verteilung der Summe der Beobachtungswerte auf die statistischen Einheiten vor. Aufgrund dieser Eigenschaft wird er von Extremwerten beeinflusst. Das folgende Beispiel soll dies verdeutlichen.

10 Kinder erhalten ein Taschengeld von je 3 Euro pro Monat. Der Durchschnittswert liegt dann bei 3 Euro pro Kind und Monat. Nun erhält ein Kind jedoch 100 Euro pro Monat. Der Durchschnitt pro Kind und Monat steigt auf 12.70 Euro an und liegt damit deutlich oberhalb des Taschengelds der Mehrzahl der Kinder.

Der Einfluss von Extremwerten kann mit dem getrimmten Mittelwert reduziert werden (siehe Abschnitt 7.2). Ein anderes Maß zur Berechnung des Zentrums ist der Median (siehe Abschnitt 8.1). Der Mittelwert der BMW Aktie beträgt $\bar{x} = 33.8859$. Der Mittelwert ist der Schwerpunkt der Datenreihe. Es wird der (fiktive) Wert berechnet, bei dem die Daten auf einer gedachten Waage im Gleichgewicht sind. Die Summe der Abstände der Werte zum Mittelwert unterhalb des Mittelwerts und oberhalb des Mittelwerts sind gleich groß. In Abb. 7.1 entspricht die Fläche oberhalb des Mittelwerts der Fläche unterhalb des Mittelwerts.

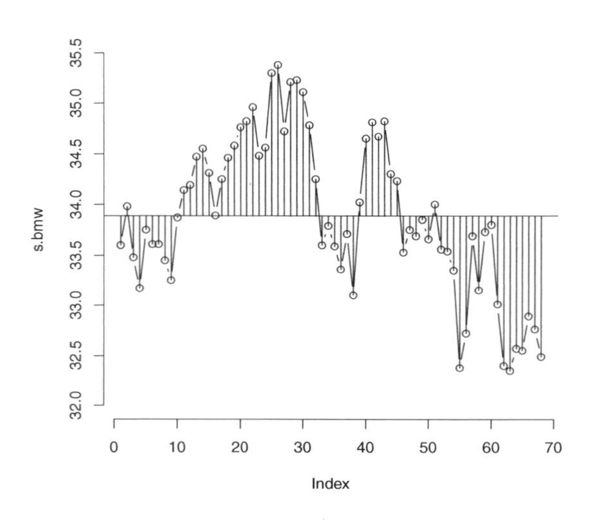

Abb. 7.1: Kursverlauf BMW Schlusskurse mit Mittelwert

Die Anzahl der Werte oberhalb und unterhalb des Mittelwerts ist aber in der Regel nicht gleich. Warum? Ein großer Wert kann z. B. durch viele kleine Werte ausgeglichen werden. Liegen nun mehr Werte unter- oder oberhalb des Mittelwerts? Diese Frage kann mit dem Median bzw. Quantilen und dem Boxplot in den folgenden Abschnitten beantwortet werden.

R-Anweisung
Das arithmetische Mittel wird in R mit der Funktion

```
> mean(s.bmw)

[1] 33.88588
```

berechnet.

SPSS-Anweisung
In SPSS kann unter `Analysieren > Deskriptive Statistiken > Deskriptive Statistiken` Mittel berechnet werden oder unter `Analysieren > Berichte > Fälle zusammenfassen`.

7.2 Getrimmter arithmetischer Mittelwert

Das arithmetische Mittel reagiert sensibel auf Extremwerte (Ausreißer). Daher ist es manchmal sinnvoll, einen Mittelwert ohne diese Werte zu berechnen. Werden aus den sortierten Werten vom unteren und oberen Ende Werte entfernt, so wird dieser Mittelwert als **getrimmter arithmetischer Mittelwert** $\bar{x}_\alpha$ bezeichnet.

$$\bar{x}_\alpha = \frac{1}{n - 2\lfloor \alpha \times (n-1) \rfloor} \sum_{i=1+\lfloor \alpha(n-1) \rfloor}^{n-\lfloor \alpha \times n \rfloor} \vec{x}_i \quad \text{für } 0 \leq \alpha \leq 0.5$$

α bezeichnet den Prozentsatz der Werte, die an beiden Enden der sortierten Werte jeweils entfernt werden sollen. Mit $\vec{x}$ werden die sortierten Werte bezeichnet. Das Klammerpaar $\lfloor z \rfloor$ bezeichnet den ganzzahligen Anteil der Zahl z. Für $\alpha = 0$ erhält man den normalen Mittelwert. Wird $\alpha = 0.5$ gesetzt, dann werden jeweils 50 Prozent der unteren und der oberen Werte aus den **sortierten** Daten entnommen. Man erhält den Median (siehe Abschnitt 8.1).

Der getrimmte Mittelwert, bei dem 5 Prozent der Randwerte nicht berücksichtigt werden sollen, wird wie folgt berechnet: Ausgehend von unseren 68 Werten entsprechen 5 Prozent dem Wert 3.4. Von dieser Zahl wird der ganzzahlige Anteil genommen, also 3. Vom unteren und oberen Rand der sortierten Werte entfallen somit jeweils 3 Werte.

R-Anweisung

```
> sort(s.bmw)

 [1] 32.35 32.38 32.40 32.49 32.55 32.57 32.72 32.76 32.89 33.01
[11] 33.10 33.15 33.17 33.25 33.35 33.36 33.45 33.48 33.53 33.54
[21] 33.56 33.59 33.60 33.60 33.61 33.61 33.66 33.69 33.69 33.71
[31] 33.73 33.75 33.75 33.79 33.80 33.85 33.87 33.89 33.98 34.00
[41] 34.02 34.14 34.19 34.23 34.25 34.25 34.30 34.31 34.46 34.47
[51] 34.48 34.55 34.56 34.58 34.65 34.67 34.72 34.76 34.78 34.81
[61] 34.82 34.82 34.96 35.11 35.21 35.23 35.30 35.38
```

Von den obigen Werten entfallen also die Werte 32.35, 32.38, 32.40 am unteren Rand und die Werte 35.23, 35.30, 35.38 am oberen Rand. Aus den restlichen Werten dazwischen wird der getrimmte Mittelwert berechnet.

$$\bar{x}_{0.05} = \frac{1}{68 - 2 \times 3} \sum_{i=4}^{65} \vec{x}_i = \frac{1}{62}(32.49 + 32.55 + \ldots + 35.21) = 33.8903$$

Das getrimmte Mittel ist gegenüber dem normalen arithmetischen Mittel leicht angestiegen. Woran liegt das?

In Abb. 7.2 ist der Verlauf des getrimmten Mittelwerts für verschiedene Prozentwerte abgetragen. Der Verlauf zeigt, dass die Werte nicht gleichmäßig verteilt sind. Im Fall einer gleichmäßigen Verteilung würde die Kurve dann horizontal verlaufen. Bis $\alpha = 0.15$ steigt der getrimmte Mittelwert. Die 15 Prozent der kleinsten Werte haben offensichtlich mehr Gewicht als die oberen 15 Prozent der Werte. Werden weitere Werte an den Enden entfernt, dann nimmt der Mittelwert ab. Nun sind es offensichtlich die größeren Werte, die den Mittelwert stärker beeinflussen. Sind die kleinsten Werte als Ausreißer zu identifizieren? Der Boxplot kann darauf eine Antwort geben.

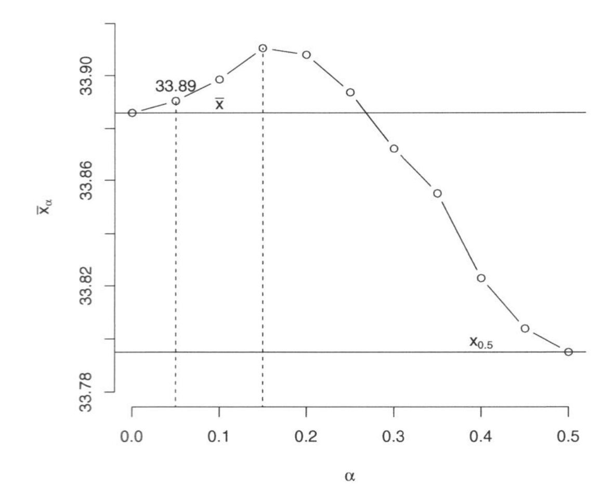

Abb. 7.2: Getrimmter Mittelwert der BMW Schlusskurse

R-Anweisung

Das 5 Prozent getrimmte arithmetische Mittel wird mit der Funktion

```
> mean(s.bmw, trim = 0.05)
```

```
[1] 33.89032
```

berechnet. Statt 0.05 kann ein Wert zwischen 0 und 0.5 eingesetzt werden. Die Werte werden dabei automatisch der Größe nach sortiert.

SPSS-Anweisung
In SPSS kann unter `Analysieren > Deskriptive Statistiken > Explorative Datenanalyse` das 5 Prozent getrimmte Mittel berechnet werden. Eine Änderung des Prozentwerts ist nicht möglich.

7.3 Gleitendes arithmetisches Mittel

Der **gleitende Mittelwert** wird verwendet, um einen Datenverlauf (in der Regel eine Zeitreihe) geglättet darzustellen. Der gleitende Mittelwert bezieht in die Mittelwertberechnung nur jeweils w Werte ein. Je größer der Wert w ist, desto stärker wird der Verlauf der Zeitreihe geglättet.

$$\bar{x}_j = \frac{1}{w} \sum_{i=j}^{w+j-1} x_i \quad \text{für } j = 1, \ldots, n - w + 1$$

Die gleitende Mittelwertberechnung liefert $n - w + 1$ Werte. Für $w = 5$ ergibt sich für die BMW Werte als erster gleitender Mittelwert

$$\bar{x}_1 = \frac{1}{5}\big(33.6 + 33.98 + 33.48 + 33.17 + 33.75\big) = 33.596$$

Der zweite gleitende Mittelwert wird aus den Werten x_2 bis x_6 berechnet usw. In Abb. 7.3 ist die Folge der gleitenden Mittelwerte abgetragen. Man sieht deutlich den geglätteten Verlauf der Werte. Ein größerer Wert von w führt zu einem stärker geglätteten Verlauf. Jedoch werden dann auch mehr Werte an den Enden abgeschnitten.

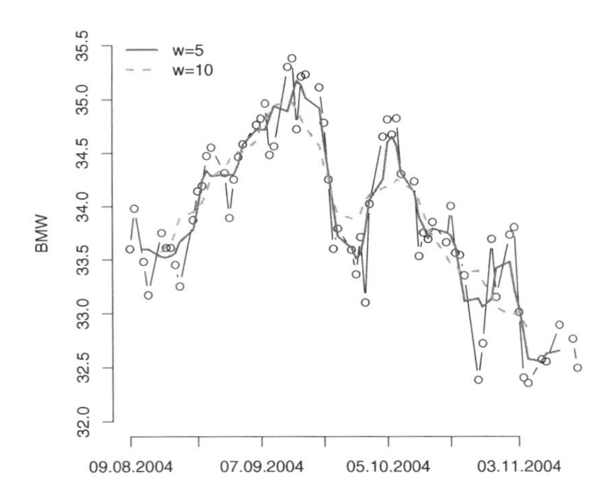

Abb. 7.3: Gleitender Mittelwert der BMW Schlusskurse

R-Anweisung

Die Berechnung eines gleitenden Mittelwertes ist in R am einfachsten mit der Verwendung der zoo Bibliothek. Sie stellt den Befehl rollmean() zur Verfügung. Mit der Option w wird die Anzahl der Werte festgelegt, die zur gleitenden Mittelwertberechnung verwendet werden.

```
> library(zoo)
> w <- 5
> rollmean(s.bmw, w)

 [1] 33.596 33.598 33.524 33.518 33.534 33.558 33.664 33.780
 [9] 33.984 34.244 34.332 34.282 34.294 34.292 34.298 34.388
[17] 34.574 34.716 34.720 34.716 34.824 34.936 34.888 35.034
[25] 35.168 35.130 35.010 34.916 34.594 34.306 34.002 33.718
[33] 33.610 33.510 33.556 33.768 34.058 34.250 34.594 34.650
[41] 34.566 34.310 34.126 33.900 33.810 33.696 33.790 33.752
[49] 33.722 33.622 33.366 33.110 33.136 33.058 33.134 33.418
[57] 33.476 33.218 33.058 32.826 32.576 32.552 32.624 32.652
```

7.4 Übungen

Übung 7.1. Berechnen Sie für die Aktienkurse das arithmetische Mittel.

Übung 7.2. Berechnen Sie für die Aktienkurse das getrimmte arithmetische Mittel für $\alpha = 0.1$.

Übung 7.3. Welcher Wert errechnet sich für $\bar{x}_{\alpha=0.5}$? Hinweis: siehe Abschnitt 8.1.

Übung 7.4. Wie ist der Einfluss von Extremwerten auf den Mittelwert?

Übung 7.5. Welchen Vorteil, welchen Nachteil besitzt das gleitende arithmetische Mittel?

7.5 Fazit

Der arithmetische Mittelwert ist eine wichtige statistische Maßzahl für metrische Merkmale. Er ist immer dann eine aussagefähige Größe, wenn viele Werte vorliegen und diese dicht beieinander liegen. Liegen Extremwerte vor, kann das getrimmte arithmetische Mittel angewendet werden. Mit dem gleitenden Mittelwert wird ein Verlauf geglättet. Es ist zu beachten, dass die Berechnung der gleitenden Mittel die Extreme zu den Originalwerten zeitlich verschiebt.

8

Median und Quantile

Inhalt

8.1	Median	43
8.2	Quantile	46
8.3	Anwendung für die Quantile	48
8.4	Übungen	50
8.5	Fazit	51

8.1 Median

Der **Median** $x_{0.5}$ ist der kleinste Wert, der mindestens 50 Prozent der **aufsteigend geordneten** Werte erfasst.

$$x_{0.5} = \vec{x}_{\lceil 0.5 \times n \rceil} \tag{8.1}$$

Die Klammern $\lceil 0.5 \times n \rceil$ bedeuten, dass das Ergebnis von $0.5 \times n$ auf die nächste ganze Zahl aufgerundet wird. Mit $\vec{x}$ werden die aufsteigend sortierten Werte bezeichnet.

Aus den aufsteigend sortieren Kursen

R-Anweisung

```
> sort(s.bmw)

 [1] 32.35 32.38 32.40 32.49 32.55 32.57 32.72 32.76 32.89 33.01
[11] 33.10 33.15 33.17 33.25 33.35 33.36 33.45 33.48 33.53 33.54
[21] 33.56 33.59 33.60 33.60 33.61 33.61 33.66 33.69 33.69 33.71
```

```
[31] 33.73 33.75 33.75 33.79 33.80 33.85 33.87 33.89 33.98 34.00
[41] 34.02 34.14 34.19 34.23 34.25 34.25 34.30 34.31 34.46 34.47
[51] 34.48 34.55 34.56 34.58 34.65 34.67 34.72 34.76 34.78 34.81
[61] 34.82 34.82 34.96 35.11 35.21 35.23 35.30 35.38
```

wird der kleinste Wert gesucht, bei dem mindestens 50 Prozent der Werte erfasst sind.

Für die vorliegenden Daten liegt der Median bei

$$x_{0.5} = \vec{x}_{34} = 33.79$$

Der Median wird hier als ein Wert definiert, der auch beobachtet wird. Der Mittelwert hingegen ist meistens kein Wert, der beobachtet wird.

Dies wird an dem folgenden Beispiel deutlich: Die durchschnittliche Kinderzahl je Frau in Deutschland beträgt 1.33. Es ist offensichtlich, dass keine Mutter diese Zahl von Kindern haben kann. Der Median liegt bei einem Kind.

In vielen Statistikprogrammen wird der Median bei einer geraden Anzahl von Werten als die Mitte zwischen dem $\frac{n}{2}$-ten und dem $\frac{n}{2}+1$-ten Wert berechnet. Bei dieser Berechnung wird bei einer geraden Anzahl von Beobachtungen jedoch kein beobachteter Wert ermittelt. Ferner wird bei dieser Berechnungsweise ein metrisches Merkmalsniveau vorausgesetzt, das für das Mediankonzept nicht notwendig ist.

$$x_{0.5} = \begin{cases} \vec{x}_{0.5\times(n+1)} & \text{für } n \text{ ungerade} \\ \frac{\vec{x}_{0.5\times n} + \vec{x}_{0.5\times n+1}}{2} & \text{für } n \text{ gerade} \end{cases} \tag{8.2}$$

Bei den hier verwendeten Daten beträgt der Median nach Formel (8.2) $x_{0.5} = 33.795$. Der Unterschied zu $x_{0.5} = 33.79$ nach der Formel (8.1) ist gering und wird in der Praxis meistens kaum auffallen.

Den Unterschied zwischen Mittelwert und Median veranschaulicht man sich am besten in einer Grafik. In Abb. 8.1 liegt der Median unterhalb des Mittelwerts.

Der Unterschied zwischen Median und Mittelwert wird besonders deutlich, wenn man die Vermögensverteilung in Deutschland betrachtet. Nach einer Pressemitteilung des DIW Berlin (Deutsches Institut für Wirtschaftsforschung e. V.) vom 7.11.2007 betrage das durchschnittliche individuelle Nettovermögen rund 81 000 Euro. Aufgrund der sehr ungleichen Verteilung läge der mittlere Wert (Anm.: gemeint ist der Median) nur bei etwa 15 000 Euro. Der Unterschied resultiert daraus, dass der Mittelwert die Summe des gesamten Nettovermögens – auch der sehr großen Vermögen – gleichmäßig

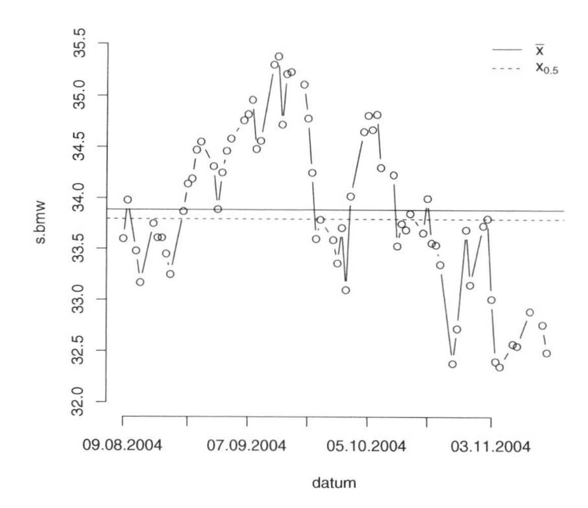

Abb. 8.1: Kursverlauf BMW Schlusskurse mit Mittelwert und Median

auf alle Bundesbürger verteilt. Der Median erfasst hingegen nur die untere Hälfte der Vermögensverteilung.

Der Median liegt unterhalb des Mittelwerts. Eine solche **Verteilung** wird als **linkssteil** charakterisiert (wie in Abb. 7.2 und 8.1). Die kleineren Werte in der Verteilung überwiegen (siehe hierzu auch die Ausführungen zum Boxplot Abschnitt 9.1). Liegt der Median oberhalb des Mittelwerts, dann wird die **Verteilung** als **rechtssteil** bezeichnet.

Der Median ist gegenüber Extremwerten unempfindlich. Dies ist ein Vorteil gegenüber dem Mittelwert. Jedoch werden nicht alle Werte zur Berechnung des Medians berücksichtigt. Dies ist ein Nachteil, da nicht alle Informationen der Verteilung in den Median eingehen. Der Mittelwert hingegen wird aus allen Werten der Verteilung berechnet.

R-Anweisung
In R kann mit dem Befehl

```
> median(s.bmw)

[1] 33.795
```

der Median berechnet werden. Dabei wird nach der Formel (8.2) verfahren. Will man nach der ersten Definition (8.1) die Berechnung durchführen, so gibt man folgenden Befehl ein:

```
> quantile(s.bmw, prob = 0.5, type = 1)

  50%
33.79
```

Die Option `type=1` stellt die Berechnungsart nach Gl. 8.1 ein. Insgesamt stehen in R 9 verschiedene Berechnungsweisen zur Verfügung.

Ein Median lässt sich auch für ordinale (nicht für nominale) Werte berechnen. Bei den kategorisierten BMW Werten werden die Kategorien geordnet: niedrig, mittel, hoch. Damit der Rechner die Begriffe verwenden kann, werden sie durch Ziffern (1,2,3) kodiert. Der Interpolationsansatz ist hier nicht sinnvoll. Der Median liegt in der zweiten Kategorie «mittel».

$$x_{0.5} = 2$$

R-Anweisung
Kategoriale Werte besitzen als Ausprägungen keine Zahlen, sondern `levels`. Der Befehl `quantile` erwartet jedoch numerische Werte. Daher müssen die ordinalen Werten in numerische Werte transformiert werden. Dies erfolgt mit dem Befehl `unclass`.

```
> quantile(unclass(bmw.factor), prob = 0.5, type = 1)

50%
  2
```

SPSS-Anweisung
In SPSS kann man unter `Analysieren > Deskriptive Statistik > Explorative Datenanalyse` den Median berechnen, wenn unter `Statistik Perzentile` aktiviert wird. Der Median ist das 50 Prozent Perzentil. Alternativ kann der Median auch unter `Analysieren > Berichte > Fälle zusammenfassen` berechnet werden.

8.2 Quantile

Die **Quantile** x_α ergeben sich aus der Verallgemeinerung des Medians. Es sind die Merkmalswerte, die α Prozent der kleinsten Werte von den übrigen trennen.

$$x_\alpha = \vec{x}_{\lceil \alpha \times n \rceil} \quad \text{mit } 0 < \alpha < 1$$

Eine übliche Aufteilung der geordneten Werte ist 25, 50 und 75 Prozent. Dann werden die Quantile häufig als **Quartile** bezeichnet.

Für die BMW Aktienkurse berechnet sich das 25 Prozent Quantil wie folgt: Zuerst sind die Werte zu sortieren. Dann ist der Indexwert $\lceil \alpha \times n \rceil$ zu berechnen und schließlich kann dann der entsprechende Wert aus der sortierten Folge abgelesen werden. Er beträgt

$$x_{0.25} = \vec{x}_{\lceil 0.25 \times 68 \rceil} = \vec{x}_{17} = 33.45$$

R-Anweisung

```
> quantile(s.bmw, prob = c(0.25, 0.5, 0.75), type = 1)

  25%   50%   75%
33.45 33.79 34.48
```

Die Quantile lassen sich auch mit der empirischen Verteilungsfunktion (siehe Abschnitt 9.2) leicht ermitteln.

Exkurs: Der lineare Interpolationsansatz bzgl. x_α

$$\begin{aligned}
\vec{x}_{\lceil \alpha \times (n-1) \rceil} &\doteq \frac{\lceil \alpha \times (n-1) \rceil - 1}{n-1} \\
x_\alpha &\doteq \alpha \\
\vec{x}_{\lceil \alpha \times (n-1) \rceil + 1} &\doteq \frac{\lceil \alpha \times (n-1) \rceil}{n-1}
\end{aligned}$$

führt zu der Formel

$$\begin{aligned}
x_\alpha = \vec{x}_{\lceil \alpha \times (n-1) \rceil} + \left(\alpha - \frac{\lceil \alpha \times (n-1) \rceil - 1}{n-1} \right) \times (n-1) \\
\times \left(\vec{x}_{\lceil \alpha \times (n-1) \rceil + 1} - \vec{x}_{\lceil \alpha \times (n-1) \rceil} \right)
\end{aligned}$$

Bei diesem Ansatz werden die sortierten Elemente der Stichprobe von 0 bis $n-1$ und nicht von 1 bis n nummeriert. Daher repräsentiert $\vec{x}_{\lceil \alpha \times (n-1) \rceil}$ den $\frac{\lceil \alpha \times (n-1) \rceil - 1}{n-1}$ Prozentanteil der Daten.

R-Anweisung
Mit dem `type = 7` werden die Quantile nach dem linearen Interpolation Ansatz (8.2) berechnet.

```
> quantile(s.bmw, prob = c(0.25, 0.5, 0.75), type = 7)

    25%     50%     75%
33.4725 33.7950 34.4975
```

SPSS-Anweisung
In SPSS folgen Sie der Anweisung zur Medianberechnung.

8.3 Anwendung für die Quantile

$S80/S20$-Verhältnis

Das $S80/S20$-Verhältnis (auch als Quintilsverhältnis bezeichnet) misst die relative Disparität einer sortierten Verteilung. Es wird häufig zur Messung der Disparität einer Einkommensverteilung verwendet. Das Verhältnis vergleicht die Gruppe der 20 Prozent höchsten Einkommensbezieher mit denen der Gruppe der 20 Prozent niedrigsten Einkommensbezieher. Je größer das Verhältnis ist, desto größer ist die Ungleichheit in der Einkommensverteilung.

Die folgende Grafik 8.2 repräsentiert die Ungleichheit der Einkommensverteilung anhand des $S80/S20$-Verhältnis im Zeitraum von 1995 bis 2010 (fehlende Werte 2002 bis 2004) in Deutschland (Quelle: Eurostat, Code: tsdsc260). Ein Wert von 4.5 bedeutet z. B., dass die 20 Prozent der Bevölkerung mit dem höchsten Einkommen 4.5-mal mehr Einkommen beziehen als die 20 Prozent der Bevölkerung mit dem niedrigsten Einkommen.

Andere Maßzahlen zur Messung der Disparität einer Verteilung sind der Variationskoeffizient (siehe Abschnitt 10.3) und der Gini-Koeffizient (siehe Abschnitt 11.2).

Nicht-parametrischer Value at Risk (VaR)

Die Quantile werden häufig angewendet, um das Risiko von Finanzwerten (**Value at Risk**) zu beurteilen. Eine übliche Definition für den Value at Risk eines Finanztitels oder Portfolios ist der negative Wert des α Prozent-Quantils

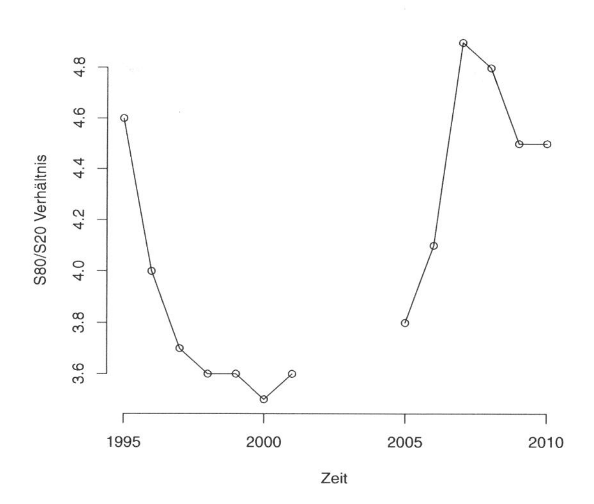

Abb. 8.2: $S80/S20$-Quantils-Verhältnis der Einkommen in Deutschland, Quelle: Eurostat

von Wertänderungen. Es ist der kleinste Verlust der in α Prozent der Fälle eintritt. Häufig wird $\alpha = 0.05$ gesetzt.

Es gibt zwei Möglichkeiten, den VaR zu ermitteln. Die eine ist eine rein empirisch orientierte (nicht-parametrische) Methode. Man bestimmt das α Prozent-Quantil aus einer Stichprobe. Die andere Methode unterstellt eine Wahrscheinlichkeitsverteilung für die Wertänderungen. Für diese Wahrscheinlichkeitsverteilung müssen die Parameter geschätzt werden. Mittels der geschätzten Parameter wird dann das α Prozent-Quantil der Wahrscheinlichkeitsverteilung berechnet (siehe Abschnitt 22.5).

Bei der nicht-parametrischen Schätzung des VaR verwendet man die geordneten Differenzen, um daraus das α Prozent-Quantil für den $\text{VaR}_{1-\alpha}$ zu ermitteln. Es müssen zuerst die ersten Differenzen

$$\Delta x_i = x_i - x_{i-1}$$

berechnet werden. Sie zeigen die Kursgewinne und Kursverluste an. Dann müssen die ersten Differenzen der Größe nach sortiert werden: $\Delta\vec{x}$.

Das α Prozent-Quantil der ersten Differenzen gibt dann die negative Wertänderung des Titels an, die in $1 - \alpha$ Prozent der Fälle nicht unterschritten wird. Bei $\alpha = 0.05$ gibt der $\text{VaR}_{0.95}$ dann den größten Verlust an, der in 95 Prozent der Fälle eintritt.

$$\text{VaR}_{1-\alpha} = -\Delta x_\alpha$$

Die geordneten ersten Differenzen der BMW Kurse stehen in der nachfolgenden R-Anweisung.

R-Anweisung

```
> (d.bmw <- sort(diff(s.bmw)))

 [1] -0.97 -0.79 -0.70 -0.66 -0.65 -0.61 -0.61 -0.54 -0.53 -0.52
[11] -0.50 -0.48 -0.44 -0.42 -0.33 -0.31 -0.27 -0.24 -0.23 -0.20
[21] -0.20 -0.19 -0.19 -0.16 -0.14 -0.14 -0.13 -0.12 -0.07 -0.06
[31] -0.05 -0.02 -0.02  0.00  0.02  0.05  0.06  0.07  0.08  0.08
[41]  0.08  0.12  0.14  0.15  0.16  0.16  0.18  0.19  0.21  0.22
[51]  0.22  0.27  0.28  0.34  0.34  0.34  0.35  0.36  0.38  0.49
[61]  0.58  0.58  0.62  0.63  0.74  0.92  0.97
```

Aus den sortierten Differenzen kann der VaR abgelesen werden. Es ist der $\lceil 0.05 \times 67 \rceil = 4$-te Wert. Der $\mathrm{VaR}_{0.95}$ beträgt 0.66 Euro pro Aktie. Es ist der Wert $\vec{x}_{\lceil 67\times 0.05\rceil} = \vec{x}_4$. In 95 Prozent der Fälle wird kein Kursrückgang (Verlust) von mehr als 0.66 Euro pro Aktie eintreten. Wird ein Portfolio von 100 Aktien betrachtet, so liegt der VaR_α dann bei $0.66 \times 100 = 66$ Euro. Die Aussagen des VaR treffen nur auf die Stichprobe zu. Eine allgemeinere vergangenheitsbezogene Aussage könnte abgeleitet werden, wenn sich zeigt, dass auch andere Zeiträume einen ähnlichen VaR liefern. Eine in die Zukunft gerichtete Aussage ist mit dieser Technik nicht ableitbar.

Zur grafischen Darstellung des VaR wird aus der Datenreihe der Wertänderungen ein gleitendes Histogramm berechnet, das als Dichtespur bezeichnet wird (siehe Abb. 8.3). Die Fläche unter der Kurve besitzt den Wert 1. Der $\mathrm{VaR}_{0.95}$ ist so bestimmt, dass er mindestens 5 Prozent der Fläche abtrennt.

R-Anweisung
Mit der folgenden Anweisung wird ein eine **Dichtespur** (gleitendes Histogramm) gezeichnet.

```
> plot(density(d.bmw))
```

8.4 Übungen

Übung 8.1. Berechnen Sie die Quartile (einfache Berechnung) der Aktienkurse.

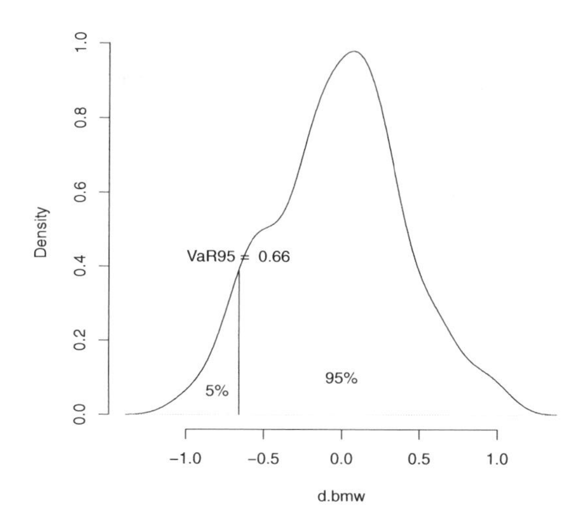

Abb. 8.3: Nicht-parametrischer VaR der BMW Aktie

Übung 8.2. Wie ist eine linkssteile und eine rechtssteile Verteilung charakterisiert?

Übung 8.3. Berechnen Sie den $\text{VaR}_{0.90}$ für die BMW Schlusskurse. Wie interpretieren Sie den Wert?

8.5 Fazit

Die Quantile sind Maßzahlen, die nur α-Prozent der sortierten Werte berücksichtigen. Sie werden daher nicht von Extremwerten beeinflusst. Man bezeichnet diese Eigenschaft als robust. Die Quantile sind im Gegensatz zum Mittelwert auch bei ordinalen Merkmalen anwendbar.

Bisher wurde die Verteilung der Werte durch einzelne Lagemaßzahlen wie den Mittelwert und die Quantile beschrieben. Häufig werden auch noch das Minimum und das Maximum der Verteilung mit angegeben.

9

Grafische Darstellungen einer Verteilung

Inhalt

9.1 Boxplot ... 53
9.2 Empirische Verteilungsfunktion ... 56
9.3 Histogramm ... 59
9.4 Übungen ... 63
9.5 Fazit ... 64

Die Kenntnis über einige Werte und das Zentrum einer Verteilung geben in den meisten Fällen nur eine unvollständige Vorstellung über die gesamte Verteilung. Eine Grafik zeigt häufig sehr viel besser die Verteilung der Werte. Daher werden in den folgenden Abschnitten einige grafische Darstellungen einer Verteilung erklärt.

9.1 Boxplot

Der **Boxplot** besteht aus einer Box zur Darstellung des Bereichs von $x_{0.25}$ bis $x_{0.75}$ und Schnurrhaaren (engl. whiskers) zur Repräsentation der Randbereiche. Die Box beginnt mit dem 25 Prozent-Quantil. In der Box liegt das 50 Prozent-Quantil (Median) und endet mit dem 75 Prozent-Quantil. An den beiden Enden der Box werden die whiskers $\text{whisker}_{\text{min}}$ und $\text{whisker}_{\text{max}}$ abgetragen. Die Länge der whiskers wird in der Regel aus dem $k = 1.5$-fachen der Boxlänge (Interquartilsabstand) berechnet, wobei die Länge auf die unmittelbar davor liegende Beobachtung verkürzt wird.

$$\text{whisker}_{\text{min}} = \min_{i \in n} \Big(\big\{ x_i \mid x_i \geq x_{0.25} - k\,(x_{0.75} - x_{0.25}) \big\} \Big)$$

$$\text{whisker}_{\max} = \max_{i \in n} \Big(\{ x_i \mid x_i \leq x_{0.75} + k\,(x_{0.75} - x_{0.25}) \} \Big)$$

Werte die nicht mehr durch die whiskers erfasst werden, werden als Ausreißer mit einem Punkt gekennzeichnet und eingezeichnet. Für die BMW Kurse ergeben sich die Boxränder 33.45 und 34.48. Es sind das 1. und 3. Quartil der Verteilung. Die Box wird durch den Median 33.79 unterteilt. Die Länge der whiskers berechnet sich für die BMW Kurse wie folgt. Zuerst betrachten wir den linken whisker.

$$33.45 - 1.5\,(34.48 - 33.45) = 31.905 < \vec{x}_1 \Rightarrow \text{whisker}_{\min} = 32.35$$

Da das Ergebnis von 31.905 kleiner ist als alle beobachteten Werte, wird der unmittelbar darüber liegende Wert, in unserem Fall $\vec{x}_1 = 32.35$, also der kleinste Wert gewählt. Bis zu diesem Wert wird der whisker gezeichnet. Für den rechten whisker gehen wir entsprechend vor. Der Wert beträgt $\vec{x}_{68} = \text{whisker}_{\max} = 35.38$. Es liegen keine Ausreißer vor (siehe Abb. 9.1, obere Grafik).

Bei Verwendung von Statistikprogrammen werden die Werte für die Quantile in der Regel interpoliert. In der Grafik ist der Unterschied zwischen den verschiedenen Berechnungsarten für Quantile kaum sichtbar.

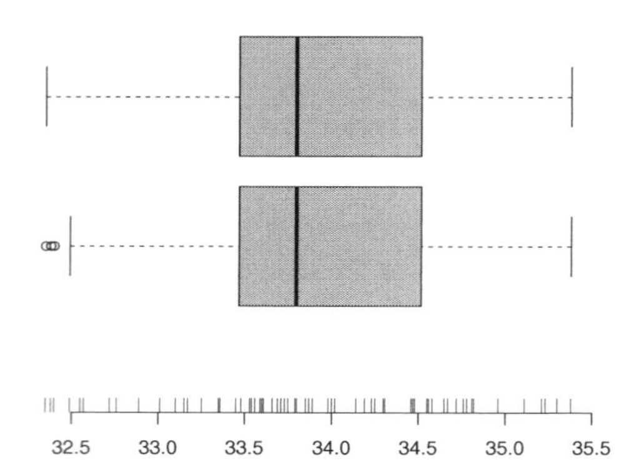

Abb. 9.1: Boxplot der BMW Schlusskurse

Die Weite der Box beschreibt die Lage der mittleren (inneren) 50 Prozent der Werte. Sie wird hier asymmetrisch durch den Median geteilt. In der ersten

Hälfte der Box liegen 25 Prozent der Werte enger (dichter) beieinander als in der zweiten Hälfte. Die Verteilung der Werte wird als **linkssteil** bezeichnet. Unterhalb des Mittelwerts liegen bei einer linkssteilen Verteilung mehr als die Hälfte der Werte ($x_{0.5} < \bar{x}$). In der Berechnung des Mittelwerts wird auch die weitere Verteilung der oberen Werte berücksichtigt, die das Ansteigen gegenüber dem Median erklärt (siehe auch Abb. 8.1). Eine Verteilung wird als rechtssteil charakterisert, wenn der Median in der rechten Hälfte der Box liegt. Der Vergleich von Median und Mittelwert zur Charakterisierung einer Verteilung (siehe Seite 45) und die Lage des Median im Boxplot müssen nicht immer identisch sein.

Die Schnurrhaarlänge wird standardmäßig mit dem Wert $k = 1.5$ berechnet. Dieser Wert hat sich bei der Analyse von Verteilungen bewährt. Verkleinert man diesen Wert, so verkürzen sich die whiskers und umgekehrt führt eine Vergrößerung des Wertes zu einer Verlängerung der whiskers. Die BMW Aktie in Abb. 9.1 (obere Grafik) weist mit dem whisker von $k = 1.5$ keine Ausreißer auf; es werden bei den beobachteten Kursen keine ungewöhnlich großen oder kleinen Werte identifiziert. In Abb. 9.1 wurde zusätzlich ein so genannter Teppich (engl. rug) eingezeichnet, der die Verteilung der Einzelwerte anzeigt.

Es wird nun ein kleinerer Wert für k eingesetzt, um zu sehen ob dann Ausreißer auftreten. Bei einem Wert von $k = 1.0$ treten links erstmals Ausreißer auf. Der Endwert für den linken whisker beträgt dann

$$33.45 - 1.0\,(34.48 - 33.45) = 32.42 < \vec{x}_4 \Rightarrow \text{whisker}_{\text{min}} = 32.49$$

Er wird nun bis zum 4.-kleinsten Wert 32.49 gezeichnet. Die darunter liegenden Werte werden als Ausreißer eingetragen. Für den rechten whisker ergibt sich hier keine Änderung, da der Wert $\text{whisker}_{\text{max}} = 35.51$ über dem größten beobachteten Wert liegt (siehe Abb. 9.1, untere Grafik).

Schwanken die Kurse der BMW Aktie stark? Diese Frage kann so nicht beantwortet werden. Eine Möglichkeit besteht darin, sie mit den Kursen einer anderen Aktie zu vergleichen. Hierfür ist der Boxplot besonders geeignet (siehe Abb. 9.2). Die Kurse der BASF Aktie (siehe Abschnitt 14) für den gleichen Zeitraum werden zum Vergleich herangezogen.

Die BMW Aktie weist deutlich geringere Kursschwankungen als die BASF Aktie auf. Dem Boxplot ist natürlich nicht mehr der zeitliche Verlauf der Kurse zu entnehmen. Eine andere Möglichkeit, um die Stärke der Kursänderungen zu beurteilen, liegt in der Berechnung des Variationskoeffizienten (siehe Abschnitt 10.3).

R-Anweisung

In R wird der Boxplot mit dem Befehl

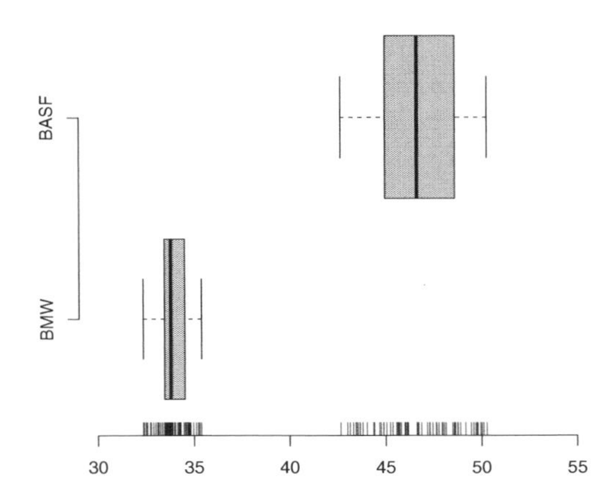

Abb. 9.2: Boxplot der BMW und BASF Schlusskurse

```
> boxplot(s.bmw, horizontal = TRUE, range = 1.5)
> rug(s.bmw)
```

aufgerufen. Die Option `horizontal` bewirkt eine Drehung um 90 Grad. Mit dem zusätzlichen Befehl `rug()` werden die Einzelwerte auf der x-Achse abgetragen.

SPSS-Anweisung
In SPSS erfolgt die Zeichnung des Boxplot im Menü `Grafiken > Diagrammerstellung`. Dort wird unter `Galerie` der Boxplot ausgewählt. Im Abschnitt `Grundelemente` kann durch `transponieren` die horizontale Darstellung eingestellt werden.

9.2 Empirische Verteilungsfunktion

Die **empirische Verteilungsfunktion** $F(x)$ zeigt die prozentuale Verteilung der Werte x_i. Sie wird aus der Kumulierung der relativen Häufigkeiten $f(x)$ errechnet. Werden die bereits beschriebenen Quantile für jeden Beobachtungswert berechnet, dann erhält man die empirische Verteilungsfunktion. Daher können aus ihr auch leicht die Quantile abgelesen werden.

$$F(x) = \sum_{x_i \leq x} f(x_i)$$

Zur grafischen Darstellung der empirischen Verteilungsfunktion werden auf

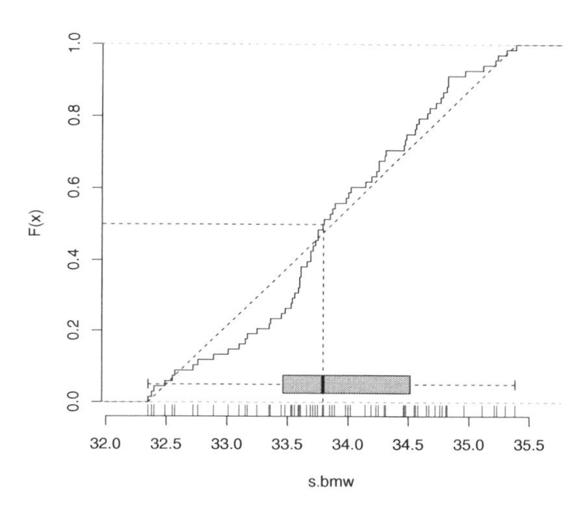

Abb. 9.3: Empirische Verteilungsfunktion der BMW Schlusskurse

der Abszisse die Werte x zu den Ordinatenwerten $F(x)$ abgetragen. Der erste Wert von 32.35 tritt nur einmal auf. Daher wird er auf der Ordinate mit dem Wert $\frac{1}{68}$ abgetragen. Bis zum zweiten Wert wird eine Horizontale gezeichnet, da keine Zwischenwerte auftreten. Der zweite Wert besitzt 32.38 und kommt ebenfalls nur einmal vor. Daher wird er, da nun die relative Häufigkeit der ersten beiden Werte abgetragen wird, mit der Höhe $\frac{2}{68}$ im Diagramm eingetragen. Die so gezeichnete Funktion wird als Treppenfunktion bezeichnet.

Im unteren Teil der Abb. 9.3 wird ergänzend ein Boxplot eingezeichnet. Es ist deutlich zu sehen, wie sich die dichtere Datenfolge im linken Teil der Box des Boxplots und in der empirischen Verteilungsfunktion zeigt. Der linke Teil der Box ist kleiner als der rechte, die empirische Verteilungsfunktion verläuft in diesem Abschnitt steiler.

In der folgenden Tabelle können alle Werte der empirischen Verteilungsfunktion abgelesen werden.

R-Anweisung

Die folgende Befehlszeile enthält 4 ineinander gesetzte Befehle. `table` berechnet die Häufigkeiten. `prop.table` ermittelt aus den absoluten Häufigkeiten relative Häufigkeiten. `cumsum` errechnet die kumulierte Summe der relativen Häufigkeiten: $f(x_1), f(x_1)+f(x_2), \ldots, \sum_{i=1}^{n-1} f(x_i), 1$.

```
> round(cumsum(prop.table(table(s.bmw))), 4)

 32.35  32.38   32.4  32.49  32.55  32.57  32.72  32.76  32.89
0.0147 0.0294 0.0441 0.0588 0.0735 0.0882 0.1029 0.1176 0.1324
 33.01   33.1  33.15  33.17  33.25  33.35  33.36  33.45  33.48
0.1471 0.1618 0.1765 0.1912 0.2059 0.2206 0.2353 0.2500 0.2647
 33.53  33.54  33.56  33.59   33.6  33.61  33.66  33.69  33.71
0.2794 0.2941 0.3088 0.3235 0.3529 0.3824 0.3971 0.4265 0.4412
 33.73  33.75  33.79   33.8  33.85  33.87  33.89  33.98     34
0.4559 0.4853 0.5000 0.5147 0.5294 0.5441 0.5588 0.5735 0.5882
 34.02  34.14  34.19  34.23  34.25   34.3  34.31  34.46  34.47
0.6029 0.6176 0.6324 0.6471 0.6765 0.6912 0.7059 0.7206 0.7353
 34.48  34.55  34.56  34.58  34.65  34.67  34.72  34.76  34.78
0.7500 0.7647 0.7794 0.7941 0.8088 0.8235 0.8382 0.8529 0.8676
 34.81  34.82  34.96  35.11  35.21  35.23   35.3  35.38
0.8824 0.9118 0.9265 0.9412 0.9559 0.9706 0.9853 1.0000
```

Der Median kann nun auch sehr leicht aus der empirischen Verteilungsfunktion ermittelt werden. Es ist der kleinste Wert, bei dem die empirische Verteilungsfunktion das erste Mal den Wert 50 Prozent erreicht. Wird der Median in Abb. 9.3 eingetragen, so wird seine Interpretation unmittelbar klar. Er teilt die sortierten Werte in zwei Hälften.

Ihre wesentliche Bedeutung erhält die empirische Verteilungsfunktion durch den **Hauptsatz der Statistik** (siehe Abschnitt 26.3). Dieser besagt, dass die Verteilungsfunktion alle Eigenschaften einer Verteilung in sich birgt.

R-Anweisung
In R wird der `plot` Befehl mit dem `ecdf` Befehl (engl. empirical cumulative distribution function) kombiniert, um die empirische Verteilungsfunktion zu zeichnen.

```
> plot(ecdf(s.bmw))
```

Mit der Option `verticals=TRUE` können senkrechte Verbindungslinien in die Funktion eingezeichnet werden. Die Option `do.points=FALSE` verhindert die Punkte am Beginn der horizontalen Linien in der Grafik.

SPSS-Anweisung
In SPSS muss als erstes eine neue Variable mit den relativen Häufigkeiten erzeugt werden. Dies geschieht unter `Transformieren > Variable berechnen`. Für die neue Variable verwenden wir den Namen f. Der numerische Ausdruck ist $\frac{1}{68}$. Danach kann unter `Grafiken > Diagrammerstellung` mit dem Linientyp die empirische Verteilungsfunktion grafisch dargestellt werden. Für den Typ `Linie 1` muss die Statistik `kumulierte Summe` gewählt werden.

9.3 Histogramm

Das **Histogramm** ist eine weitere Darstellung der Verteilung der Werte. In einem Histogramm werden Werte in Klassen zusammengefasst, d. h. n Werte werden in m **Klassen** unterteilt, die jeweils aus einer Unter- und einer Obergrenze bestehen (siehe Abschnitt 6.1). In der Regel schließt die Untergrenze der Klasse den (Grenz-) Wert aus und die Obergrenze den (Grenz-) Wert in die Klasse ein. Der Ausschluss des Wertes auf der linken Seite wird häufig mit einer runden Klammer bezeichnet. Der Einschluss des Wertes auf der rechten Seite ist mit einer eckigen Klammer gekennzeichnet.

Wir wählen 4 Klassen für die BMW Werte mit jeweils einer Klassenbreite von 1 Euro. Dies bietet sich aufgrund der Daten an, die von etwa 32 Euro bis 36 Euro variieren. Die $n = 68$ Werte werden also in nur $m = 4$ Klassen eingeteilt. Es ergibt sich damit durch Auszählen die folgende **Häufigkeitstabelle**.

(32,33]	(33,34]	(34,35]	(35,36]
9	31	23	5

R-Anweisung
Die Häufigkeitstabelle von `s.bmw` wird mit `table` erzeugt. Die Option `breaks=c(32, 33, 34, 35, 36)` legt die Klassengrenzen fest.

```
> table(cut(s.bmw, breaks = c(32, 33, 34, 35, 36)))

(32,33] (33,34] (34,35] (35,36]
      9      31      23       5
```

Die obige Häufigkeitstabelle besitzt die Klassengrenzen 32, 33, 34, 35, 36. Das dazugehörige Histogramm ist in Abb. 9.4 zu sehen. Der optionale «Teppich» unter dem Histogramm zeigt die Verteilung der Einzelwerte. Die Werte sind nicht gleichmäßig in den Klassen verteilt. Dies wird aber bei der Interpretation des Histogramms unterstellt (siehe folgende Seite).

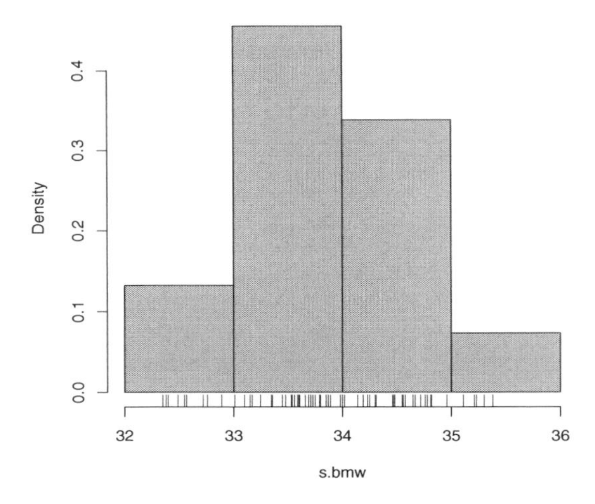

Abb. 9.4: Histogramm der BMW Aktie

Die Wahl der Klassengrenzen kann das Histogramm stark beeinflussen. Probieren Sie es aus!

Der nächste Schritt zum Histogramm ist die Berechnung der Balkenhöhe. Hierzu müssen wir bedenken, dass mit der Klassenbreite die Anzahl der Beobachtungen je Klasse variieren wird. Daher muss bei der Berechnung der Klassenhöhe die Klassenbreite berücksichtigt werden. Dies geschieht mit der folgenden Berechnung.

$$f_j^*(x) = \frac{f_j(x)}{\Delta x_j} \quad \text{für } j = 1, \ldots, m$$

Das Ergebnis wird als **Dichte** $f_j^*(x)$ bezeichnet. Sie ist das Verhältnis der relativen Häufigkeit zur Klassenbreite. Die **Klassenbreite**

$$\Delta x_j = \text{Obergrenze} - \text{Untergrenze}$$

kann, muss aber nicht immer gleich groß sein. In der Wahrscheinlichkeitsrechnung wird die Dichte als Wahrscheinlichkeit interpretiert.

Die Dichte im Histogramm ist die relative Häufigkeit bezogen auf die Klassenbreite. Die relative Häufigkeit wird gleichmäßig auf die Klassenbreite verteilt (Eigenschaft der Division). Daher kann sie als durchschnittliche relative Häufigkeit oder relative Häufigkeit pro Einheit interpretiert werden. Anschaulich ist z. B. die Bevölkerungsdichte. Die Bevölkerung eines Landes wird rechnerisch gleichmäßig (Division) auf die Fläche des Landes verteilt. Das Ergebnis ist (durchschnittlich) Personen pro Quadratkilometer. In der vorliegenden Berechnung der Dichten für die BMW Kurse sind sie mit den relativen Häufigkeiten übereinstimmend, weil eine Klassenbreite von 1 angewendet wird.

(32,33]	(33,34]	(34,35]	(35,36]
$\frac{9}{68}$	$\frac{31}{68}$	$\frac{23}{68}$	$\frac{5}{68}$

R-Anweisung

Der Variablen `tab_n` wird der Inhalt der Häufigkeitstabelle zugewiesen. Mit `prop.table` erfolgt die Berechnung der relativen Häufigkeiten.

```
> tab_n <- table(cut(s.bmw, breaks = c(32, 33, 34,
+     35, 36)))
> tab_f <- prop.table(tab_n)
> round(tab_f, 4)

(32,33] (33,34] (34,35] (35,36]
 0.1324  0.4559  0.3382  0.0735
```

In einem Histogramm ist die Balkenfläche proportional zur relativen Häufigkeit. Die Summe der Balkenflächen ist daher auf den Wert Eins normiert. Die Höhe der Balken wird dann durch die Dichte angegeben.

Im folgenden Histogramm 9.5 ist die Klassenbreite auf $\Delta x_j = 0.5$ verkleinert worden. Die Dichte in den jeweiligen Klassen ist folglich die relative Häufigkeit dividiert durch 0.5. Die Tabelle mit den absoluten Häufigkeiten sieht dann wie folgt aus:

(32,32.5]	(32.5,33]	(33,33.5]	(33.5,34]	(34,34.5]	(34.5,35]	(35,35.5]
4	5	9	22	11	12	5

R-Anweisung

Die Klassen werden nun durch 32,32.5,33,...,35.5 unterteilt. Dazu kann der Befehl `seq(32,35.5,0.5)` verwendet werden, der die zuvor genannte Sequenz erzeugt.

```
> (tab_n <- table(cut(s.bmw, breaks = seq(32, 35.5,
+     0.5))))

(32,32.5] (32.5,33] (33,33.5] (33.5,34] (34,34.5] (34.5,35]
        4         5         9        22        11        12
(35,35.5]
        5
```

Die Dichten ergeben sich, wenn die relativen Häufigkeiten $\frac{n(x)}{n}$ durch die Klassenbreite $\Delta x_j = 0.5$ geteilt werden: $\frac{n(x)}{n} \times \frac{1}{0.5}$.

(32,32.5]	(32.5,33]	(33,33.5]	(33.5,34]	(34,34.5]	(34.5,35]	(35,35.5]
$\frac{4}{68} \times \frac{1}{0.5}$	$\frac{5}{68} \times \frac{1}{0.5}$	$\frac{9}{68} \times \frac{1}{0.5}$	$\frac{22}{68} \times \frac{1}{0.5}$	$\frac{11}{68} \times \frac{1}{0.5}$	$\frac{12}{68} \times \frac{1}{0.5}$	$\frac{5}{68} \times \frac{1}{0.5}$

R-Anweisung
Zur Berechnung der Dichten mit Klassenbreite 0.5 werden die relativen Häufigkeiten in `tab_f` durch 0.5 geteilt.

```
> tab_f <- prop.table(tab_n)
> tab_d <- tab_f/0.5
> round(tab_d, 4)

(32,32.5] (32.5,33] (33,33.5] (33.5,34] (34,34.5] (34.5,35]
   0.1176    0.1471    0.2647    0.6471    0.3235    0.3529
(35,35.5]
   0.1471
```

Mit zunehmender Klassenbreite wird bei konstanter relativer Häufigkeit die Dichte sinken; die Anzahl der Beobachtungen pro Einheit fällt. Mit abnehmender Klassenbreite (also einer höheren Anzahl von Klassen) werden tendenziell weniger Beobachtungen in eine Klasse fallen. Die Dichte (durchschnittliche relative Häufigkeit pro Beobachtungseinheit) wird dann tendenziell höher ausfallen (siehe Abb. 9.4 und 9.5).

Die Klassen müssen nicht alle dieselbe Klassenbreite besitzen. So kann man z. B. die Randbereiche in größere Klassen einteilen.

R-Anweisung
In R wird mit

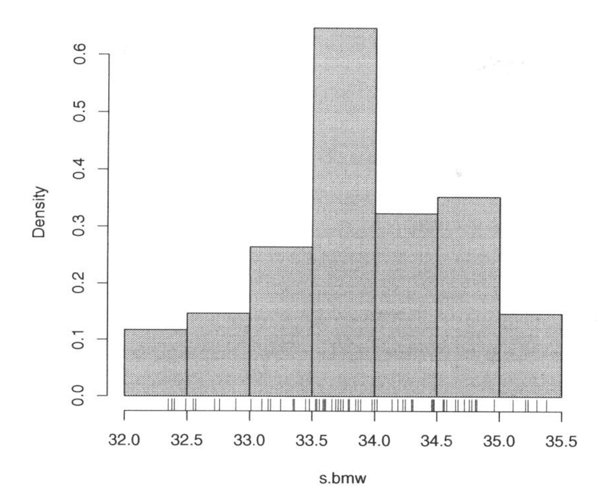

Abb. 9.5: Histogramm der BMW Aktie

```
> hist(s.bmw)
> hist(s.bmw,prob=TRUE)
> hist(s.bmw,breaks=c(32,33,34,35,36),prob=TRUE)
> # Histogramm mit ungleich großen Klassen
> hist(s.bmw,breaks=c(32,seq(33,35,.25),35.5))
```

ein Histogramm gezeichnet. Mit `prob=TRUE` wird die Dichte auf der Ordinate abgetragen. Mit der Option `breaks=c(Untergrenze, ..., Obergrenze)` kann die Klasseneinteilung beeinflusst werden.

SPSS-Anweisung
In SPSS wird unter `Grafiken > Diagrammerstellung Galerie > Histogramm` ein Histogramm erstellt. Unter Elementeigenschaften kann die Klasseneinteilung vorgenommen werden. Die Möglichkeit, die unterschiedlich breite Klassen festzulegen, existiert nicht. Die Ordinate wird immer in absolute Einheiten umgerechnet.

9.4 Übungen

Übung 9.1. Zeichnen Sie den Boxplot für die BMW Kurse.

Übung 9.2. Zeichnen Sie für die Aktienkurse die empirische Verteilungsfunktion. Sind die Werte gleichmäßig verteilt? Wo liegt das 30 Prozent Quantil?

Übung 9.3. Zeichnen Sie ein Histogramm für die BMW Werte.

Übung 9.4. Vergleichen Sie die beiden folgenden Schadenssummenverteilungen (siehe Tab. 9.1) der Steuerkriminalität (x) und des Bankraubs (y) (Angaben in tausend Euro) anhand

- der Histogramme,
- der empirischen Verteilungsfunktionen,
- der Boxplots und
- der Mittelwerte.

Tabelle 9.1: Vergleich Steuerkriminalität und Bankraub

j	x_{j-1}^*	$< x \leq$	x_j^*	$n(x_j)$	y_{j-1}^*	$< y \leq$	y_j^*	$n(y_j)$
1	0	–	2	30	0	–	1	10
2	2	–	6	21	1	–	2	36
3	6	–	10	15	2	–	5	30
4	10	–	20	6	5	–	8	36
5	20	–	30	6	8	–	15	24
6	30	–	40	3	15	–	25	40
7	40	–	50	6	25	–	35	10
8	50	–	75	12	35	–	50	8
9	75	–	100	15	50	–	200	6
10	100	–	200	36				
$\sum$				150				200

Welche Erkenntnis erhalten Sie aus der Analyse?

9.5 Fazit

Die grafische Darstellung der Verteilung von metrischen Werten ist ein wichtiger statistischer Analyseschritt. Im Gegensatz zu den statistischen Maßzahlen zeigen sie die Verteilung der Werte. Der Boxplot eignet sich gut, um Verteilungen miteinander zu vergleichen und Extremwerte zu identifizieren. Jedoch wird die Verteilung nur mit fünf Werten plus eventuellen Ausreißern charakterisiert.

Die empirische Verteilungsfunktion berücksichtigt alle Werte der Verteilung. Mit ihr können auch die Quantile berechnet werden, jedoch sind Ausreißer gegenüber dem Boxplot schlechter identifizierbar.

Das Histogramm stellt im Gegensatz zur empirischen Verteilungsfunktion nicht die kumulierten Häufigkeiten, sondern die Häufigkeiten pro festgelegter Klassenbreite, der so genannten Dichte, dar. Die Klasseneinteilung beeinflusst das Histogramm. Die Fläche unter einem Histogramm summiert sich immer zu Eins. Die empirische Verteilungsfunktion stellt die kumulierten Flächenanteile des Histogramms als Funktion dar. Dies ist für die schließende Statistik wichtig.

10

Varianz, Standardabweichung und Variationskoeffizient

Inhalt

10.1 Stichprobenvarianz 67
10.2 Standardabweichung 69
10.3 Variationskoeffizient 70
10.4 Übungen 72
10.5 Fazit 72

Neben dem Zentrum, hier durch Mittelwert und Median beschrieben, ist auch die Streuung der Werte von Interesse. In Abb. 9.2 sieht man deutlich, dass der Kurs der BMW Aktie im Vergleich zur BASF Aktie nicht so stark variiert. Mit der Varianz, der Standardabweichung und dem Variationskoeffizienten wird die Streuung der Werte durch eine Zahl gemessen.

10.1 Stichprobenvarianz

Die **Stichprobenvarianz** s^2 (im Nachfolgenden auch häufig nur als Varianz bezeichnet) ist das für metrische Werte am häufigsten verwendete Streuungsmaß. Dies liegt daran, dass sie die Streuung der Normalverteilung beschreibt. Ferner wird die Varianz für die Berechnung der linearen Regression benötigt, die auch als Varianzanalyse bezeichnet wird. Die Stichprobenvarianz ist als mittlerer quadratischer Abstand zum Mittelwert definiert.

$$s^2 = \frac{1}{n-1}\sum_{i=1}^{n}\left(x_i - \bar{x}\right)^2 \quad 0 \leq s^2 \leq \infty \tag{10.1}$$

Die Stichprobenvarianz der BMW Aktienkurse beträgt

$$s^2 = \frac{1}{67}\left((33.6 - 33.8859)^2 + \ldots + (32.49 - 33.8859)^2\right) = 0.6046$$

R-Anweisung
Mit der Anweisung

```
> var(s.bmw)

[1] 0.6045888
```

wird die Stichprobenvarianz nach Gl. (10.1) berechnet.

SPSS-Anweisung
In SPSS kann die Varianz unter `Analysieren > Deskriptive Statistiken > Explorative Datenanalyse` oder unter `Analysieren > Berichte > Fälle zusammenfassen` berechnet werden.

Die Varianz kann Werte zwischen Null und unendlich annehmen. Ist $s^2 = 0$, dann liegt keine Streuung vor. Alle Beobachtungen sind identisch. Ist $s^2 > 0$, dann weichen die Werte voneinander ab. Eine direkte Interpretation des Wertes der Varianz ist nicht möglich.

Ein Varianzvergleich ist nur zulässig, wenn beide Datensätze in den gleichen Einheiten (hier Euro) gemessen werden und beide die gleiche Anzahl von Beobachtungen besitzen. Ist das nicht der Fall, muss die Streuung normiert werden (siehe Variationskoeffizient Abschnitt 10.3).

Für die Werte der BASF Aktie treffen die Voraussetzungen zu. Die BASF Aktie besitzt eine Varianz von $s^2 = 4.691$. Sie ist deutlich größer als die von der BMW Aktie.

Anmerkung: In der Literatur wird die Stichprobenvarianz häufig auch mit

$$s^2 = \frac{1}{n} \sum_{i=1}^{n} (x_i - \bar{x})^2$$

definiert. Diese Definition folgt aus der Varianzdefinition in der Wahrscheinlichkeitsrechnung. Sie besitzt gegenüber der in Gl. (10.1) angegebenen Formel schlechtere statistische Schätzeigenschaften (siehe Abschnitt 25.2). Ein weiteres Argument für den Faktor $\frac{1}{n-1}$ ist die Tatsache, dass die Varianz für einen gegebenen Mittelwert eine Funktion von nur $n-1$ Beobachtungen ist. Aus $x_1, \ldots, x_{n-1}$ und $\bar{x}$ kann x_n berechnet werden.

10.2 Standardabweichung

Die **Standardabweichung** s ist als Wurzel der Varianz definiert.

$$s = +\sqrt{s^2} \quad 0 \leq s \leq \infty$$

Durch das Radizieren wird erreicht, dass die Streuungsmessung wieder in der Dimension der ursprünglich gemessenen Werte erfolgt. Die Standardabweichung der BMW Aktie beträgt: $s = 0.7776$.

R-Anweisung
In R wird mit dem Befehl

```
> sd(s.bmw)

[1] 0.7775531
```

die Standardabweichung berechnet.

SPSS-Anweisung
Die Berechnung in SPSS erfolgt unter dem gleichen Menüpunkt wie die Varianzberechnung.

Auch die Standardabweichung kann Werte zwischen Null und unendlich annehmen. Ist $s = 0$, dann bedeutet dies – wie auch bei der Varianz –, dass alle Beobachtungen identisch sind. Ein Wert größer als Null heißt, dass die Werte verschieden sind. Werden zwei Streuungen miteinander verglichen, die in verschiedenen Einheiten gemessen werden, wird ihre Streuung dadurch beeinflusst. Allein der Übergang von Euro auf Cent vergrößert den Wert der Standardabweichung um den Faktor 100. Ebenfalls wird die Standardabweichung durch die Anzahl der Beobachtungen verändert. Die Standardabweichung ist die Streuung der Normalverteilung (siehe Abschnitt 22).

Mit der Standardabweichung und dem Mittelwert kann ein Intervall konstruiert werden in dem alle Beobachtungen liegen. Es gilt

$$\left(x_i - \bar{x}\right)^2 \leq \sum \left(x_i - \bar{x}\right)^2$$

und damit

$$\frac{\left(x_i - \bar{x}\right)^2}{n - 1} \leq s^2$$

Daher ist dann auch folgende Ungleichung gültig

$$(x_i - \bar{x})^2 \leq (n-1)\, s^2$$

Nach dem Radizieren ist der linke Teil der Ungleichung in einen positiven und einen negativen Teil aufzuteilen

$$\pm(x_i - \bar{x}) \leq s\sqrt{n-1}$$

Der rechte Teil ist stets positiv. Daraus folgt das Intervall

$$\bar{x} - \sqrt{n-1}\, s \leq x_i \leq \bar{x} + \sqrt{n-1}\, s,$$

in das alle Beobachtungen x_i fallen (vgl. [3, Seite 403]). Mit dem Intervall werden folgende Grenzen für die Werte der BMW Aktie errechnet (siehe auch Abschnitt 21.7).

$$\begin{aligned} 33.89 - \sqrt{68-1} \times 0.78 \leq \texttt{s.bmw}_i &\leq 33.89 - \sqrt{68-1} \times 0.78 \\ 27.52 \leq \texttt{s.bmw}_i &\leq 40.25 \end{aligned}$$

Die Werte der BMW Aktie liegen tatsächlich zwischen $\texttt{s.bmw}_{\min} = 32.35$ und $\texttt{s.bmw}_{\max} = 35.38$. In der Regel wird mit dem Intervall eine viel größere Spannweite ausgewiesen als tatsächlich vorliegt. Dies liegt daran, dass die Summe der quadrierten Abweichungen vom Mittelwert in der Regel sehr viel größer ist als die einzelne quadrierte Abweichung vom Mittelwert.

10.3 Variationskoeffizient

Der **Variationskoeffizient** v ist ein relatives Streuungsmaß, mit dem die Variation der Werte unabhängig von deren Größenordnung beurteilt werden kann.

$$v = \frac{s}{\bar{x}} \quad \text{für } x > 0 \text{ (oder } x < 0\text{) mit } 0 \leq v \leq \sqrt{n}$$

Es ist zu beachten, dass der Variationskoeffizient nur für positive Werte (oder nur für negative Werte) sinnvoll ist, weil andernfalls ein Mittelwert von Null auftreten könnte.

Der Variationskoeffizient kann als Streuung in Prozent vom Mittelwert interpretiert werden. Der Variationskoeffizient der BMW Aktien beträgt

$$v = 0.0229$$

Die Kurse der Aktie variieren relativ zum Mittelwert im betrachteten Zeitraum gering. Die Werte liegen eng um den Mittelwert; sie streuen wenig um den Mittelwert.

Da der Variationskoeffizient von der Anzahl der Werte abhängig ist, können unterschiedlich große Datensätze nicht mit ihm verglichen werden. Der **normierte Variationskoeffizient** v^* ist um diesen Einfluss bereinigt.

$$v^* = \frac{s}{\bar{x}} \frac{1}{\sqrt{n}} = \frac{v}{\sqrt{n}} \quad \text{für } x > 0 \text{ (oder } x < 0\text{) mit } 0 \leq v^* \leq 1$$

Der normierte Variationskoeffizient nimmt nur Werte zwischen Null und Eins an. Der normierte Variationskoeffizient für den BMW Kurs liegt bei

$$v^* = \frac{0.7776}{33.8859} \frac{1}{\sqrt{68}} = 0.0028$$

Bei der Interpretation des Variationskoeffizienten ist zu beachten, dass er kein lineares Verhalten besitzt. v und v^* steigen zu Beginn mit zunehmender Streuung sehr schnell an. In der folgenden einfachen Simulation werden nur zwei Werte betrachtet. Ausgehend von der Situation $x_1 = 1$ und $x_2 = 1$ wird der zweite Wert in Schritten von 0.1 bis 100 erhöht. Man sieht in Abb. 10.1 sehr deutlich, dass die Koeffizienten nicht gleichmäßig mit der Streuung zunehmen. Daher ist der Variationskoeffizient vor allem zum Vergleich von Streuungen geeignet.

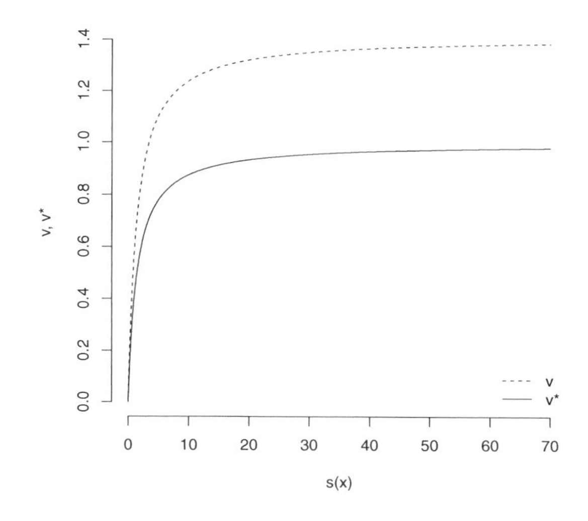

Abb. 10.1: Eigenschaft des Variationskoeffizienten

Der Variationskoeffizient kann auch als absolutes Konzentrationsmaß interpretiert werden. Dann liegt eine andere Art der Konzentrationsmessung vor (siehe Abschnitt 11.1).

R-Anweisung
Die Befehlsfolge in R zum Berechnen des Variationskoeffizienten ist

```
> v <- sd(s.bmw)/mean(s.bmw)
> n.bmw <- length(s.bmw)
> (vstar <- v/sqrt(n.bmw))

[1] 0.002782638
```

SPSS-Anweisung
Unter `Analysieren > Deskriptive Statistiken > Verhältnisstatistik` findet man die Schaltfläche `Statistiken`, wo der Variationskoeffizient zur Berechnung ausgewählt werden kann.

10.4 Übungen

Übung 10.1. Verdeutlichen Sie sich die Berechnung der Varianz und der Standardabweichung mit den ersten 10 Werten der BMW Schlusskurse mit dem Taschenrechner. Führen Sie die Berechnung mit R durch.

Übung 10.2. Berechnen Sie den Variationskoeffizienten für die BMW Aktie.

10.5 Fazit

Varianz, Standardabweichung und Variationskoeffizient sind Maßzahlen zur Messung der Streuung. Die genannten Maßzahlen messen alle den Abstand zum Mittelwert. Es existieren aber auch andere Streuungsmaßzahlen, wie z. B. der Interquartilsabstand, der die Differenz zwischen drittem und erstem Quartil ist. Dies ist die Boxlänge im Boxplot.

Streuung und Konzentration stehen in einem gewissen Gegensatz. In der Ökonomie ist die Messung der Konzentration von Marktmacht eine wichtige Größe, um den Wettbewerb in einem Markt zu beurteilen. Mit dem Variationskoeffizienten kann eine solche Marktkonzentration gemessen werden.

Die Varianz wird in der linearen Regression zur Schätzung der Regressionskoeffizienten benötigt. Die Standardabweichung ist die Streuung in der Normalverteilung.

11

Lorenzkurve und Gini-Koeffizient

Inhalt

11.1 Lorenzkurve 74
11.2 Gini-Koeffizient 77
11.3 Übungen 78
11.4 Fazit 79

Damit eine Konzentrationsmessung sinnvoll interpretierbar ist, müssen die beobachteten Werte in der Summe interpretierbar sein. Das Merkmal muss **extensiv** messbar sein. Die Summe der Aktienschlusskurse erlaubt keine sinnvolle Interpretation. Lediglich der Mittelwert ist interpretierbar. Dieses Merkmal wird als **intensiv** bezeichnet. Hingegen ist das gehandelte Volumen (Umsatz) auch in der Summe als Gesamtvolumen interpretierbar. Es wird also untersucht, ob das Handelsvolumen der BMW Aktie eine Konzentration aufweist.

R-Anweisung
Das Volumen (Anzahl der gehandelten Aktien) wird der Variablen `v.bmw` zugewiesen.

```
> (v.bmw <- rev(bmw$Volumen))

 [1] 1877470 1758479 1488829 2493865 1573022 1992963 1767354
 [8] 2039261 1487235 2117238 2097028 1566537 1531192 1404923
[15] 1199687 1499633 1032254 1361648 1459513 1185934 1130832
[22] 1482478 1822983 1925146 1894873 1669495 2167459 1573045
[29] 2817317 1317442 1214075 2278610 2793770 1390498 1634023
[36] 2228004 2097169 2516038 3447714 2204732 1982630 1525062
[43] 2465703 1978236 1319015 2647837 2257255 2511594 3226286
[50] 1582465 1655192 1791179 1704229 2538273 3939341 2179502
```

```
[57] 2722827 2237606 1386150 1563571 5914973 4449365 4922693
[64] 2491977 2114671 2833282 2249725 2888766
```

11.1 Lorenzkurve

Zur Berechnung der Lorenzkurve wird die **Merkmalssumme** $G(\vec{x})$ benötigt. Sie ist die Folge der Teilsummen der sortieren Merkmalsausprägungen.

$$G(\vec{x}) = \sum_{\vec{x}_i \leq x} \vec{x}_i \tag{11.1}$$

Die sukzessiv kumulierten Volumina der BMW Aktie sind

R-Anweisung
Die Gl. (11.1) wird in R wie folgt umgsetzt.

```
> (G_x <- cumsum(sort(v.bmw)))

 [1]   1032254   2163086   3349020   4548707   5762782   7080224
 [7]   8399239   9760887  11147037  12537535  13942458  15401971
[13]  16884449  18371684  19860513  21360146  22885208  24416400
[19]  25979971  27546508  29119530  30692575  32275040  33909063
[25]  35564255  37233750  38937979  40696458  42463812  44254991
[31]  46077974  47955444  49850317  51775463  53753699  55736329
[37]  57729292  59768553  61865581  63962750  66077421  68194659
[43]  70362118  72541620  74746352  76974356  79211962  81461687
[49]  83718942  85997552  88463255  90955232  93449097  95960691
[55]  98476729 101015002 103662839 106385666 109179436 111996753
[61] 114830035 117718801 120945087 124392801 128332142 132781507
[67] 137704200 143619173
```

Aus der Merkmalssumme wird die **anteilige Merkmalssumme** $g(\vec{x})$ berechnet:

$$g(\vec{x}) = \frac{\sum_{\vec{x}_i \leq x} \vec{x}_i}{\sum_i x_i}$$

Die anteilige Merkmalssumme erhält man, wenn die sukzessiv kumulierten Volumina, die Merkmalssumme, durch das Gesamtvolumen von 143619173 geteilt werden.

R-Anweisung
Die anteilige Merkmalssumme $g(\vec{x})$ wird durch das Verhältnis zur Gesamtsumme berechnet.

```
> g_x <- G_x/sum(v.bmw)
> round(g_x, 4)

 [1] 0.0072 0.0151 0.0233 0.0317 0.0401 0.0493 0.0585 0.0680
 [9] 0.0776 0.0873 0.0971 0.1072 0.1176 0.1279 0.1383 0.1487
[17] 0.1593 0.1700 0.1809 0.1918 0.2028 0.2137 0.2247 0.2361
[25] 0.2476 0.2593 0.2711 0.2834 0.2957 0.3081 0.3208 0.3339
[33] 0.3471 0.3605 0.3743 0.3881 0.4020 0.4162 0.4308 0.4454
[41] 0.4601 0.4748 0.4899 0.5051 0.5204 0.5360 0.5515 0.5672
[49] 0.5829 0.5988 0.6160 0.6333 0.6507 0.6682 0.6857 0.7034
[57] 0.7218 0.7407 0.7602 0.7798 0.7995 0.8197 0.8421 0.8661
[65] 0.8936 0.9245 0.9588 1.0000
```

Die **Lorenzkurve** zeigt die Verteilung der anteiligen Merkmalssumme und somit die relative Konzentration der Merkmalswerte, also bezogen auf die Anzahl der beobachteten Elemente.

Der Begriff der Konzentration wird hier wie folgt verstanden: Eine gleichmäßige Verteilung der Werte, z. B.

$$\vec{x} = \{10, 10, \ldots, 10\} \quad \Rightarrow \quad g(\vec{x}) = \left\{\frac{10}{\sum_i x_i}, \frac{20}{\sum_i x_i}, \ldots, 1\right\}$$

besitzt **keine** Konzentration in der Verteilung. Der Variationskoeffizient aus Abschnitt 10.3 nimmt für diesen Fall den Wert Null an.

Eine maximal ungleichmäßige Verteilung der Werte, wie z. B.

$$\vec{x} = \{0, 0, \ldots, 0, 10\} \quad \Rightarrow \quad g(\vec{x}) = \{0, 0, \ldots, 1\}$$

besitzt **eine** Konzentration in der Verteilung. Der normierte Variationskoeffizient nimmt für diese Verteilung den Wert Eins an. Der nicht normierte Varaitionskoeffizient nimmt in diesem Fall einen Wert größer Null an und er wird mit zunehmender Beobachtungszahl größer.

Insofern liefern die Lorenzkurve (und der Gini-Koeffizient, siehe Abschnitt 11.2) und der Variationskoeffizient eine ähnliche Aussage über die Konzentration. Die Konzentration wird als Verteilung und nicht als Konzentration in Bezug auf einen Wert interpretiert. Eine geringe Konzentration der Werte ist dann mit einer kleinen Variation verbunden; eine große Konzentration der Werte ist mit einer hohen Variation verbunden.

Mit der Lorenzkurve erfolgt eine relative Konzentrationsmessung, die unabhängig von der Anzahl der beobachteten Werte ist. Der Begriff der Konzentration ist aber in vielen Fällen direkt mit der Anzahl der beobachteten Werte verbunden. Die Beobachtung von 100 Unternehmen auf einem Markt – auch wenn eine Konzentration auf einige wenige Unternehmen vorliegt – ist sicherlich anders zu beurteilen, als die Beobachtung von nur 3 Unternehmen auf einem Markt, bei denen nur eine geringe Konzentration gemessen wird. 3 Unternehmen implizieren eine Unternehmenskonzentration, auch wenn die 3 Unternehmen den Markt gleichmäßig aufgeteilt haben. Ist die Zahl der beobachteten Elemente für die Konzentrationsmessung von Bedeutung, dann spricht man von absoluter Konzentrationsmessung und man kann den nicht normierten Variationskoeffizienten verwenden (siehe Abschnitt 10.3).

In der folgenden Abb. 11.1 der Lorenzkurve sind die an den jeweiligen Wochentagen aufgetretenen Volumina farblich dargestellt. Der Wochentag des zuletzt hinzu addierten Volumens wird angezeigt. Die Lorenzkurve zeigt, dass in diesem Zeitraum Donnerstags und Freitags das Handelsvolumen leicht zunimmt.

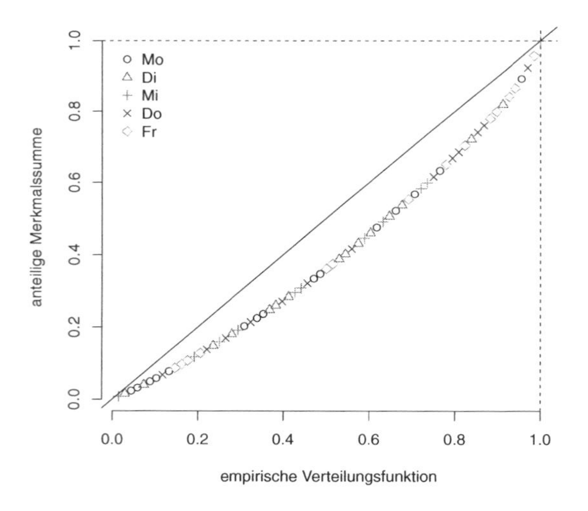

Abb. 11.1: Lorenzkurve des BMW Handelsvolumen

R-Anweisung Mit den folgenden Anweisungen kann die Lorenzkurve gezeichnet werden. Der Befehl `seq` liefert eine Sequenz der Werte von $\frac{1}{n}$ bis 1 mit dem Abstand $\frac{1}{n}$. Die Variable `g` wurde zuvor schon berechnet. Der `plot` Befehl zeichnet in ein $x - y$ Koordinatensystem die Variable `F.emp` gegen `g` ab. abline zeichnet mit a=0, b=1 eine Gerade mit 45 Grad. Die Optionen h=1, v=1 zeichnet eine Horizontale und eine Vertikale bei 1. lty=c(1,2,2) legt für die 45 Grad -Gerade die durchgezogene Linie fest. Mit den beiden folgenden Angaben werden die gestrichelten Linien für die Horizontale und die Vertikale bestimmt.

```
> F.emp <- seq(1/n.bmw, 1, 1/n.bmw)
> plot(F.emp, g_x, type = "p")
> abline(a = 0, b = 1, h = 1, v = 1, lty = c(1, 2,
+     2))
```

R-Anweisung für Experten
Die Wochentagbestimmung wurde im obigen Beispiel wie folgt vorgenommen.

```
> tag <- list("Mo", "Di", "Mi", "Do", "Fr")
> w.tag <- factor(weekdays(datum, abbreviate = TRUE),
+     levels = tag)
> v.tag <- data.frame(w.tag = w.tag, v.bmw)
> sort.v.tag <- v.tag$w.tag[order(v.tag$v.bmw)]
> levels(sort.v.tag) <- 1:5
> farbnrs <- c(sort.v.tag)
```

Der Grafikbefehl für die Zeichnung der Lorenzkurve mit der Legende ist durch folgende Befehlsfolge erstellt worden:

```
> plot(F.emp, g_x, type = "p", bty = "n", col = farbnrs,
+     xlab = "Verteilungsfunktion", ylab = "Merkmalssumme")
> legend(0, 1, legend = tag, col = 1:5, pch = 1:5,
+     bty = "n")
```

11.2 Gini-Koeffizient

Der **Gini-Koeffizient** L

$$L = 1 - \frac{2}{n-1} \sum_{i=1}^{n-1} g(\vec{x}_i) \quad \text{mit } 0 \leq L \leq 1 \tag{11.2}$$

misst den durch die Lorenzkurve eingeschlossene Fläche zur maximal möglichen eingeschlossenen Fläche, die die Lorenzkurve umschließen kann. So wird ein Maß konstruiert, das die Höhe der Konzentration durch eine Zahl ausweist. Der normierte Gini-Koeffizient beträgt für das Volumen der BMW Aktie

$$L = 0.2057$$

R-Anweisung
Die Gl. (11.2) kann in R wie folgt berechnet werden.

```
> (L <- 1 - 2/(n.bmw - 1) * sum(g_x[1:(n.bmw - 1)]))

[1] 0.205696
```

Wie zu erwarten, nimmt der Gini-Koeffizient einen kleinen Wert an. Die Konzentration auf einen Wochentag ist bei den beobachteten Volumina gering. Betrachtet man die Gini-Koeffizienten sowie die Variationskoeffizienten für die einzelnen Wochentage (siehe Tab. 11.1), so bestätigt sich die Aussage der geringen Wochentagskonzentration einerseits und der leichten Zunahme Donnerstags und Freitags, wenn man von der Ausnahme Mittwoch absieht, wo einmalig ein sehr hoher Umsatz beobachtet wurde (in Abb. 11.1 letzter Punkt).

Tabelle 11.1: Gini- und Variationskoeffizienten der Wochentage

	Montag	Dienstag	Mittwoch	Donnerstag	Freitag
L	0.1959	0.1471	0.2624	0.2007	0.2254
v	0.3785	0.2541	0.5989	0.3754	0.4045

11.3 Übungen

Übung 11.1. Zeichnen Sie die Lorenzkurve (ohne Wochentagkennzeichnung) und berechnen Sie den Gini-Koeffizienten für die BMW Werte.

Übung 11.2. Zeichnen Sie die Lorenzkurve und berechnen Sie den Gini-Koeffizienten für die folgende Werte.

i	1	2	3	4	5	6	7	8	9	10	$\sum$
x_i	0.5	0.7	0.9	1.0	1.2	1.3	1.4	8.0	10.0	15.0	40.0

11.4 Fazit

Für eine Konzentrationsmessung mit der Lorenzkurve und dem Gini-Koeffizienten muss ein extensives Merkmal vorliegen, d. h. die Summe der Merkmalswerte muss sinnvoll interpretierbar sein. Bei der Anzahl der gehandelten Aktien pro Tag ist das der Fall. Für die Summe der Kurswerte liegt jedoch keine sinnvolle Interpretation vor.

Mit diesem statistischen Ansatz wird eine relative Konzentrationsmessung durchgeführt. Dies bedeutet, dass die Anzahl der Beobachtungen keinen Einfluss auf die Konzentration hat.

12

Wachstumsraten, Renditeberechnungen und geometrisches Mittel

Inhalt

12.1 Diskrete Renditeberechnung und geometrisches Mittel 81
12.2 Stetige Renditeberechnung 83
12.3 Übungen 86
12.4 Fazit 86

12.1 Diskrete Renditeberechnung und geometrisches Mittel

Der relative Zuwachs zwischen zwei Werten (hier zwischen den Zeitpunkten $i-1$ und i) wird durch

$$r_i^* = \frac{x_i - x_{i-1}}{x_{i-1}} = \frac{x_i}{x_{i-1}} - 1 \quad \text{für } i = 1, \ldots, n \tag{12.1}$$

berechnet und im allgemeinen als **Wachstumsrate** bezeichnet. Der Wert r_i^* wird im Fall unserer Aktienkurse x_i als **diskrete einperiodige Rendite** oder auch als **Tagesrendite** bezeichnet, da der Zeitabstand zwischen zwei Werten ein Tag ist. Die einperiodige Rendite kann auch als $r_{0,1}^*$ geschrieben werden. Mit $i = 0$ wird die Gegenwart bezeichnet.

Wird ein Zeitraum über mehrere Perioden betrachtet, so kann die Rendite wie folgt berechnet werden. Die zweiperiodige Rendite $r_{0,2}^*$ von 0 bis 2 ist durch

$$r_{0,2}^* = \frac{x_2 - x_0}{x_0} = \frac{x_2}{x_0} - 1 = \frac{x_1}{x_0}\frac{x_2}{x_1} - 1 = \prod_{i=1}^{2} \frac{x_i}{x_{i-1}} - 1 = \prod_{i=1}^{2} (1 + r_i^*) - 1$$

zu berechnen.

Die drei ersten Werte der BMW Aktie sind 33.6, 33.98, 33.48. Die diskreten Tagesrenditen r_1^*, r_2^* sind

$$r_1^* = \frac{33.98}{33.6} - 1 = 0.0113 \qquad r_2^* = \frac{33.48}{33.98} - 1 = -0.0147$$

R-Anweisung

Die Berechnung der diskreten Rendite erfolgt in der zweiten Zeile der Anweisungen. `cat` erzeugt eine formatierte Ausgabe der Werte mit einem vorangestellten Text. Mit der Anweisung `r.bmw[1:2]` werden nur die ersten beiden Renditen ausgegeben.

```
> n.bmw <- length(s.bmw)
> r.bmw <- diff(s.bmw)/s.bmw[1:(n.bmw - 1)]
> cat("diskrete Tagesrenditen:", round(r.bmw[1:2],
+     4), sep = " ")

diskrete Tagesrenditen: 0.0113 -0.0147
```

Die zweiperiodige Rendite $r_{0,2}^*$ beträgt dann

$$r_{0,2}^* = (1 + 0.0113)\,(1 + -0.0147) - 1 = -0.003571$$

Wird die Überlegung auf n Perioden ausgedehnt, so erhält man ein Produkt einperiodiger Renditen.

$$r_{0,n}^* = \prod_{i=1}^{n} \frac{x_i}{x_{i-1}} - 1 = \prod_{i=1}^{n} (1 + r_i^*) - 1$$

Soll nun der durchschnittliche Zuwachs (bzw. die durchschnittliche Rendite) berechnet werden, so ist das **geometrische Mittel** zu verwenden. Das geometrische Mittel ist die n-te Wurzel einer n-periodigen Zinseszinsrechnung.

$$\bar{r}^*_{geo} = \sqrt[n]{\prod_{i=1}^{n} (1 + r_i^*)} - 1 = \sqrt[n]{\prod_{i=1}^{n} \frac{x_i}{x_{i-1}}} - 1 = \sqrt[n]{\frac{x_i}{x_1}} - 1 \tag{12.2}$$

Das geometrische Mittel der BMW Renditen liegt im beobachteten Zeitraum bei

$$\bar{r}^*_{geo} = \sqrt[67]{\frac{32.49}{33.6}} - 1 = -0.000501$$

Die durchschnittliche Verzinsung ist negativ.

Vorteil dieser diskreten Renditedefinition ist, dass eine Portfoliorendite, d. h. die Gesamtrendite der verschiedenen Vermögensanlagen aus der gewichteten Summe der Einzelrenditen berechnet werden kann (siehe [21, Seite 3f]).

R-Anweisung
Das geometrische Mittel ist nicht als vordefinierte Funktion verfügbar. Aus den Kurswerten kann es mit dem ersten Befehl berechnet werden. Der zweite Befehl ist anzuwenden, wenn die diskreten Renditen vorliegen.

```
> nr.bmw <- n.bmw-1
> x.geo <- (prod(r.bmw+1))^(1/nr.bmw)-1
> # oder
> (x.geo <- (s.bmw[n.bmw]/s.bmw[1])^(1/nr.bmw)-1)

[1] -0.0005012731
```

SPSS-Anweisung
In SPSS wird die diskrete Rendite über `Transformieren > Variablen berechnen` vorgenommen. Es ist eine Zielvariable z. B. `DRendite` anzugeben und danach die Berechnung `Schluss / LAG(Schluss) - 1`. `Schluss` bezeichnet im Datensatz den Aktienschlusskurs. Mit dem Befehl `LAG()` wird die Variable um eine Zeiteinheit verschoben: $x_{t-1} = \text{lag}(x_t)$.

Das geometrische Mittel kann unter `Analysieren > Fälle zusammenfassen` berechnet werden.

12.2 Stetige Renditeberechnung

Häufig wird in der Literatur aber eine **stetige einperiodige Rendite** berechnet. Die Änderungsrate $\frac{x_t - x_{t-1}}{x_{t-1}} = \frac{\Delta x}{x}$ wird durch $\Delta \ln x$ approximiert. Es gilt

$$\frac{\mathrm{d} \ln x}{\mathrm{d} x} = \frac{1}{x} \Rightarrow \mathrm{d} \ln x = \frac{\mathrm{d} x}{x} \Rightarrow \Delta \ln x \approx \frac{\Delta x}{x}$$

Dann ergibt sich folgende Renditedefinition:

$$r_i = \Delta \ln x_i = \ln x_i - \ln x_{i-1} \quad \text{für } i = 1, \ldots, n$$

Aufgrund der Logarithmengesetze kann die stetige Rendite auch durch $r_i = \ln \frac{x_i}{x_{i-1}}$ geschrieben werden. Für $\frac{x_i}{x_{i-1}}$ kann man wegen Gl. (12.1) auch $1 + r_i^*$ einsetzen. Es besteht folgender Zusammenhang zwischen der diskreten und der stetigen Rendite:

$$r_i = \ln(1 + r_i^*)$$

Der Vorteil einer stetigen Renditeberechnung liegt in der Berechnung einer mehrperiodigen Rendite. Aufgrund der logarithmierten Werte muss nur die Summe der einperiodigen Renditen addiert werden.

$$r_{0,2} = \ln \frac{x_2}{x_0} = \ln \prod_{i=1}^{2} \frac{x_i}{x_{i-1}} = \sum_{i=1}^{2} \ln \frac{x_i}{x_{i-1}} = \sum_{i=1}^{2} r_i$$

Aus den ersten drei Werten der BMW Aktie berechnen sich die folgenden stetigen einperiodigen Renditen

$$r_1 = \ln 33.98 - \ln 33.6 = 0.0112 \qquad r_2 = \ln 33.48 - \ln 33.98 = -0.0148$$

R-Anweisung

Die stetige Rendite wird durch die ersten Differenzen `diff` der logarithmierten Werte `log` berechnet.

```
> r.bmw <- diff(log(s.bmw))
> cat("stetige Tagesrenditen:", round(r.bmw[1:2], 4),
+     sep = " ")

stetige Tagesrenditen: 0.0112 -0.0148
```

Die stetige zweiperiodige Rendite beträgt

$$r_{0,2} = \ln \frac{33.48}{33.6} = 0.0112 + -0.0148 = -0.0036.$$

Der durchschnittliche Zuwachs bzw. die Durchschnittsrendite kann dann mit dem bekannten arithmetischen Mittel berechnet werden.

$$\bar{r} = \frac{1}{n} \sum_{i=1}^{n} r_i$$

Man muss allerdings aufpassen, dass sich hier die Anzahl der mit n bezeichneten Perioden um Eins verringert.

Nachteil der stetigen Renditedefinition ist, dass eine Portfoliorendite nicht mehr als gewichtete Summe der Einzelrenditen zu berechnen ist (siehe [21, Seite 6]). Wenn also in einer statistischen Untersuchung die Portfoliobildung eine wichtige Rolle spielt, so ist die diskrete Renditedefinition zu bevorzugen. Im Folgenden wollen wir eine statistische Analyse eines Aktienkurses durchführen und verwenden die stetige Renditedefinition. Wir können dann das arithmetische Mittel und die Varianz wie bisher berechnen.

Wird mit Tagesdaten gearbeitet, sind die Differenzen von Tag zu Tag meistens sehr klein und die Unterschiede zwischen beiden Renditeberechnungen fallen dann kaum auf. Daher unterscheidet sich die mittlere Rendite hier auch kaum vom geometrischen Mittel. Die mittlere Rendite der BMW Aktie liegt im betrachteten Zeitraum etwas unter Null.

$$\bar{r} = -0.0005014$$

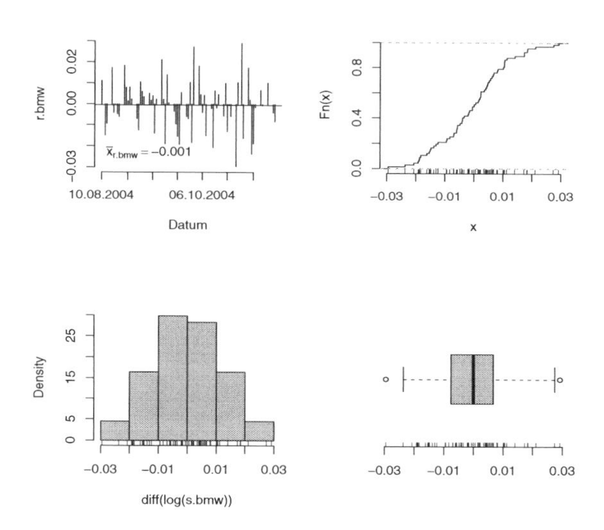

Abb. 12.1: Tagesrenditen der BMW Aktie

Die Abb. 12.1 zeigt einige große Schwankungen der Rendite. Sind dies ungewöhnlich hohe relative Kursänderungen? Mit dem Boxplot kann diese Frage einfach untersucht werden.

Die Tagesrendite der BMW Aktie weist jeweils einen Ausreißer oben und unten auf. Es handelt sich um die Werte vom 22.10.04 und 26.10.04. Ist an diesen Tagen etwas Besonderes vorgefallen? Uns sind keine Ereignisse bekannt, die diese Ausreißer erklären können. Ferner fällt eine leichte rechssteile Verteilung der Tagesrenditen auf. Die Renditeverteilung von Aktien ist in der Regel linkssteil verteilt, da die Rendite einer Aktie zwar nie unter -100 Prozent fallen kann, theoretisch aber nach oben unbegrenzt ist. Insofern ist die hier vorliegende leichte rechtssteile Verteilung ($\bar{x} < x_{0.5}$) eher untypisch für Aktienrenditen.

Die Standardabweichung der Renditen wird als **Volatilität** bezeichnet und wird als ein Maß des Risikos einer Anlage interpretiert.

SPSS-Anweisung
Die stetige Rendite wird in SPSS auch wieder über `Transformieren > Variablen berechnen` vorgenommen. Die Berechnungsanweisung ist: `Ln(Schluss) - Ln(LAG(Schluss))`. Damit wird eine neue Variable in SPSS erzeugt.

12.3 Übungen

Übung 12.1. Zeichnen Sie für die Tagesrenditen der BMW Aktie ein Histogramm. Was fällt Ihnen an dem Histogramm auf?

Übung 12.2. Berechnen Sie das geometrische Mittel für die BMW Kurse, also die durchschnittliche Wertänderung.

Übung 12.3. Ein Unternehmen hat folgende Umsatzzahlen (in 1000 Euro):

Tabelle 12.1: Umsätze

Jahr	2000	2001	2002	2003	2004
Umsatz	500	525	577.5	693	900.9

1. Berechnen Sie den durchschnittlichen Umsatzzuwachs. Begründen Sie kurz die Wahl ihrer Formel.
2. Wann empfiehlt es sich, die relativen Änderungen mittels der Differenzen logarithmierter Werte zu berechnen? Welcher Mittelwert ist dann zu verwenden?

Übung 12.4. Welchen Vorteil hat man bei der Verwendung der stetigen Rendite?

12.4 Fazit

In ökonomischen Fragestellungen spielen Wachstumsraten eine große Rolle. Bei einfachen Fragestellungen wird meistens mit der diskreten Wachstumsrate gerechnet. Wird aber ein kontinuierlicher Prozess in der Zeit angenommen, von dem nur einzelne Zeitpunkte erfasst werden, dann bietet sich die stetige Renditeberechnung an. Bei den Aktienkursen kann man annehmen, dass eine nahezu kontinuierliche Kursbestimmung an den Börsen erfolgt, die am jeweiligen Ende eines Handelstages erfasst werden. Die Verwendung des stetigen Renditekonzepts hat außerdem den großen Vorteil, dass mit dem arithmetischen Mittel und der Varianz wie bisher gerechnet werden kann. Daher wird in den folgenden Analysen eine stetige Renditeberechnung verwendet.

13

Indexzahlen und der DAX

Inhalt

13.1 Preisindex der Lebenshaltung nach Laspeyres 89
13.2 Basiseffekt bei Indexzahlen 91
13.3 Der DAX 92
13.4 Übungen 93
13.5 Fazit 94

Indexzahlen sind oft die Grundlage zur Beschreibung wirtschaftlicher Entwicklungen wie z. B. der Entwicklung des Preisniveaus von Konsumgütern oder von Aktien.

Um eine wirtschaftliche Entwicklung zu beschreiben, muss eine Zeitperiode betrachtet werden. Eine Periode besteht aus zwei Zeitpunkten. Der erste Zeitpunkt wird bei einem Index **Basiszeitpunkt** t' und der zweite **Berichtszeitpunkt** t genannt.

13.1 Preisindex der Lebenshaltung nach Laspeyres

Der **Preisindex der Lebenshaltung** misst die Wertänderung eines festgelegten Warenkorbs, die aus der Preisänderung resultiert. Dazu müssen die Mengen konstant gehalten werden. Denn bei dem Produkt «Preis mal Menge» kann sich eine Wertänderung auch aus einer Mengenänderung ergeben. Der Wert des Warenkorbs mit n Waren beträgt in der Basisperiode t'

$$\sum_{i=1}^{n} p_{t'}(i)\, q_{t'}(i)$$

Mit $p(i)$ wird der Preis für die i-te Ware bezeichnet; mit $q(i)$ wird die Menge der i-ten Ware bezeichnet. Derselbe Warenkorb mit den Preisen in der Berichtsperiode t kostet

$$\sum_{i=1}^{n} p_t(i)\, q_{t'}(i)$$

Das Verhältnis der beiden Ausdrücke wird als **Preisindex nach Laspeyres** bezeichnet.

$$P_t^{t'} = \frac{\sum_{i=1}^{n} p_t(i)\, q_{t'}(i)}{\sum_{i=1}^{n} p_{t'}(i)\, q_{t'}(i)}$$

Der Preisindex nach Laspeyres misst, ob man in der Berichtsperiode t für den Warenkorb der Basisperiode mehr, eben soviel oder weniger als in t' ausgeben musste. Da es sich in den beiden Zeitperioden um die gleichen Waren und Mengen handelt, kann eine Abweichung der Indexzahl von Eins nur auf Preisänderungen beruhen.

Im folgenden Beispiel werden 3 Waren über 3 Perioden mit Preis und Menge notiert (siehe Tab. 13.1).

Tabelle 13.1: Fiktive Preise und Menge für 3 Perioden

i	p_1	q_1	p_2	q_2	p_3	q_3
1	5	4	10	4	12	3
2	2	4	8	5	9	1
3	4	3	5	7	7	1

Vektor p_1 enthält die Preise der 3 Waren in Periode 1. Entsprechend sind die anderen Vektoren zu lesen. Als Basisperiode wird die Periode 1 gewählt. Die relative Preisänderung von Periode 2 auf Periode 3 beträgt dann

$$\text{rel. Preisänderung}_{2,3} = \frac{p_3^1}{p_2^1} = \frac{\frac{\sum p_3(i)\, q_1(i)}{\sum p_1(i)\, q_1(i)}}{\frac{\sum p_2(i)\, q_1(i)}{\sum p_1(i)\, q_1(i)}} = \frac{2.625}{2.175} - 1 = 0.2069$$

Die Preisänderungsrate beträgt rund 21 Prozent. Die Preise sind von der Periode 2 zur Periode 3 kräftig gestiegen. Hingegen haben die Mengen abgenommen. Die tatsächlichen Ausgaben in Periode 3 sind sogar gefallen (von 115 auf 52) und nicht, wie der Preisindex ausweist, gestiegen. Die Konsumenten versuchen in der Regel die verteuerten Waren zu ersetzen. Der Laspeyres Preisindex kann aufgrund des Warenkorbs aus der Vergangenheit die Substituionseffekte nicht berücksichtigen. Es wird eine vollkommen unelastische Nachfrage bzgl. der Waren unterstellt. Der Preisanstieg wird bei steigenden Preisen also überhöht ausgewiesen. Bei einem Preisrückgang wird der Preisindex nach Laspeyres entsprechend eine zu geringe Preisreduktion ausweisen.

Empirische Analysen zeigen jedoch, dass der Substitutionseffekt von eher untergeordneter Bedeutung ist. Als Gründe werden die Überlagerung mit anderen Effekten wie Einkommenseffekten, Änderung der Konsumpräferenzen und Wechsel zu neuen Gütern genannt. Ferner wird angeführt, dass häufig zwischen Gütern substituiert wird, die einer ähnlichen Preisentwicklung unterliegen.

13.2 Basiseffekt bei Indexzahlen

Ein Basiseffekt kann bei der Berechnung der Änderungsraten von unterjährigen Indizes auftreten. Hier werden jährliche Veränderungen in Bezug auf die entsprechende Vorjahresperiode ausgewiesen. Steigt (fällt) der Vorjahreswert stärker als der aktuelle Wert gegenüber der Vorperiode (z. B. Monat), so sinkt (steigt) die Änderungsrate, obwohl sich der Anstieg (die Abnahme oder Konstanz) des Index fortgesetzt hat. Am besten wird dies an einem Beispiel deutlich. Es wird der Verbraucherpreisindex (2000 = 100) in 2001 und 2002 betrachtet.

Tabelle 13.2: Monatlicher Verbraucherpreisindex (Basis 2000 = 100)

Jahr	Jan.	Feb.	März	April	Mai	Juni
2001	**100.8**	**101.4**	101.4	101.8	102.2	102.4
2002	**102.9**	**103.2**	103.4	103.3	103.4	103.4
Inflation	**2.1%**	**1.8%**	2.0%	1.5%	1.2%	1.0%
Jahr	**Juli**	**Aug.**	**Sep.**	**Okt.**	**Nov.**	**Dez.**
2001	102.5	102.3	**102.3**	**102.0**	101.8	102.8
2002	103.7	103.5	**103.4**	**103.3**	103.0	104.0
Inflation	1.2%	1.2%	**1.1%**	**1.3%**	1.2%	1.2%

In Tab. 13.2 ist abzulesen, dass im Jahr 2001 von Januar auf Februar ein stärkerer Preisanstieg (von 100.8 auf 101.4) notiert wurde als im Jahr 2002 (102.9 auf 103.2). Obwohl sich der Preisanstieg in 2002 fortsetzte, weist die Vorjahresänderungsrate von Januar gegenüber Februar einen Rückgang des Preisauftriebs von 2.1 Prozent auf 1.8 Prozent aus. Dies ist auf die relativ stärkere Zunahme der Basis in 2001 zurückzuführen und wird deshalb **Basiseffekt** genannt (siehe auch Abb. 13.1 Basiseffekt 1).

Ein Basiseffekt in umgekehrter Richtung tritt im September / Oktober (Basiseffekt 2) auf. Die jährliche Änderungsrate nimmt zu, obwohl der monatliche Abstand abnimmt.

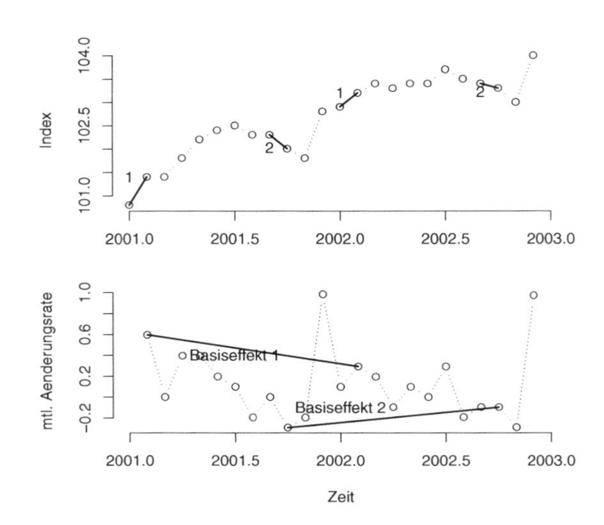

Abb. 13.1: Basiseffekt im Verbraucherpreisindex (2000 = 100)

13.3 Der DAX

Der **DAX** entsteht durch eine am Laspeyres Index orientierte Gewichtung von 30 deutschen Aktientiteln, die an der Frankfurter Börse notiert werden. Auswahlkriterien für die Aufnahme einer Aktie in den DAX sind die Börsenumsätze und Börsenkapitalisierung des Unternehmens. Die Gewichtung erfolgt nach der Anzahl der Aktientitel der zugelassenen und lieferbaren Aktien.

Der DAX wurde 1988 eingeführt ($\text{DAX}_{1987} = 1000$) und dient zur Beschreibung der Entwicklung des deutschen Börsenhandels. Die Indexformel für den DAX ist ein durch Verkettungs- und Korrekturfaktoren modifizierter Laspeyres Index. Der DAX gibt den in Promille ausgedrückten Börsenwert der 30 ausgewählten Aktienunternehmen verglichen mit dem 30.12.1987 wieder.

$$\text{DAX}_t = \frac{\sum_{i=1}^{30} p_t(i)\, q_T(i)\, c_t(i)}{\sum_{i=1}^{30} p_{t'}(i)\, q_{t'}(i)}\, k(T)\, 1000$$

Mit $p_{t'}(i)$ und $p_t(i)$ werden die Aktienkurse der i-ten Gesellschaft zum Basiszeitpunkt $t' = 30.12.1987$ und zum Berichtszeitpunkt t gemessen. $q_{t'}(i)$ ist das Grundkapital der Gesellschaft i zum Basiszeitpunkt und $q_T(i)$ das Grundkapital zum letzten Verkettungstermin T. Eine Verkettung bezeichnet das Zusammenführen zweier Indizes. Bei einer Änderung der Zusammensetzung des DAX durch Austausch von Gesellschaften wird der Verkettungsfaktor $k(T)$ neu berechnet, um einen Indexsprung zu vermeiden.

$$k(T) = k(T-1)\,\frac{\text{DAX alte Zusammensetzung}}{\text{DAX neue Zusammensetzung}}$$

Die Verkettungstermine sind in der Regel vierteljährlich.

Die Korrekturfaktoren $c_t(i)$ dienen zur Bereinigung marktfremder Einflüsse, die durch Dividendenausschüttungen oder Kapitalmaßnahmen der Gesellschaft entstehen.

$$c_t(i) = \frac{\text{letzter Kurs cum}}{\text{letzter Kurs cum} - \text{rechnerischer Abschlag}}$$

«Letzter Kurs cum» bezeichnet den Kurs vor der Dividendenausschüttung oder der Kapitalmaßnahme. Die Korrekturfaktoren werden vierteljährlich auf 1 zurückgesetzt.

13.4 Übungen

Übung 13.1. Welche Problematik ist mit Preismessung nach Laspeyres verbunden?

Übung 13.2. Ein Unternehmen erzielte für seine Produkte $i = 1,2,3$ in den Jahren 1995 (t') und 2000 (t) die in Tab. 13.3 angegebenen Preise $p_t(i)$ (in Euro) und Absatzmengen $q_t(i)$ (in Stück).

Tabelle 13.3: Preise und Absatzmengen

	Produkt i					
	1		2		3	
Periode t	$p_t(1)$	$q_t(1)$	$p_t(2)$	$q_t(2)$	$p_t(3)$	$q_t(3)$
1995	3	3 000	5	2 000	2	5 000
2000	2	1 000	6	4 000	2	5 000

Berechnen Sie den Preisindex nach Laspeyres für die Berichtsperiode $t = 2000$ zur Basisperiode $t' = 1995$.

Übung 13.3. Es sei folgender fiktiver vierteljährlicher Preisindex gegeben (siehe Tab. 13.4).

Tabelle 13.4: Fiktiver Preisindex

2001				2002			
1	2	3	4	1	2	3	4
100	101	102	107	108	109.08	111	113

1. Berechnen Sie die prozentuale Veränderung gegenüber dem Vorjahresquartal. Entdecken Sie einen Basiseffekt?
2. Berechnen Sie die annualisierten Änderungsraten für das Jahr 2002.

13.5 Fazit

Indexzahlen sind zur Messung ökonomischer Prozesse unerlässlich. Sie werden immer dann eingesetzt, wenn ein zeitlicher Vergleich einer Preis-Mengen-Kombination vorgenommen werden soll. Neben dem Laspeyres Index ist auch der Paasche Index sehr bekannt. Statt eines Preisindex kann man auch einen Mengenindex konstruieren, um Mengenänderungen zu messen. Mit allen Indexkonzepten sind eine Reihe methodischer Schwierigkeiten verbunden, auf die hier aber nicht eingegangen wird.

Neben der Messung der durchschnittlichen Preisänderung anhand des Preisindex existiert auch ein Ansatz zur Messung der Lebenshaltungskosten. Dieser wird oft mit dem Preisindex verwechselt. Das Konzept der Lebenshaltungskosten beruht auf der mikroökonomischen Haushaltstheorie. Hier wird nicht die Preisänderung gemessen, sondern der Ausgabenanstieg (bei konstantem Budget), der zur Aufrechterhaltung eines Warenkorbs gleichen Nutzens erforderlich ist. Es steht nicht der Kauf, sondern der Nutzen der Waren im Vordergrund.

14

Bilanz 1

Bisher haben Sie die deskriptive statistische Analyse eines Merkmals kennengelernt. Die Bilanz dient der Wiederholung und bereitet Sie auf die Prüfung vor.

Aufgabe

Analysieren Sie die BASF Aktienkurse und interpretieren Sie die Ergebnisse. Verwenden Sie dazu sowohl den Taschenrechner und Papier als auch ein Statistikprogramm.

R-Anweisung

```
> basf <- read.table("basf.txt", sep = ";", header = TRUE)
> (s.basf <- rev(basf$Schluss))

 [1] 43.66 43.65 43.31 42.65 43.00 43.14 43.47 43.44 43.55 44.02
[11] 43.80 44.35 44.67 45.04 44.88 44.41 44.74 44.89 45.55 45.63
[21] 45.65 45.57 45.23 45.36 46.00 46.06 46.12 46.15 46.72 46.63
[31] 46.66 46.19 45.73 45.82 45.68 46.03 47.65 47.45 48.76 48.56
[41] 48.63 48.76 48.90 48.15 48.05 47.30 47.17 46.87 47.28 47.62
[51] 48.60 47.93 48.48 49.16 47.77 47.97 48.75 48.90 49.75 49.80
[61] 49.45 49.70 50.10 49.94 50.28 50.01 49.80 49.58
```

Daran müssen Sie denken:

- Verlaufsgrafik
- Häufigkeitstabelle
- zusammenfassende Maßzahlen
- Boxplot, empirische Verteilungsfunktion, Histogramm
- Standardabweichung, Variationskoeffizient
- Renditen analysieren

Verständnisfragen

1. Welche Eigenschaften hat der arithmetische Mittelwert?
2. Wann ist das geometrische Mittel anzuwenden?
3. Können für ein kategoriales Merkmal der Mittelwert und die Varianz berechnet werden?
4. Kann für ein kategoriales Merkmal der Median berechnet werden?
5. Was ist der Unterschied zwischen einem Balkendiagramm und einem Histogramm?
6. Wie wird eine stetige Tagesrendite berechnet?
7. Was misst der Gini-Koeffizient?
8. Verwenden Sie folgende Preis- und Absatzzahlen und berechnen Sie einen Laspeyres Preisindex zum Basiszeitpunkt 2. Setzen Sie die erste Periode auf den Zeitpunkt $t = 1$. Hinweis: Sie haben nur ein Gut.

R-Anweisung

```
> absatz <- c(1585, 1819, 1647, 1496, 921, 1278, 1810,
+     1987, 1612, 1413)
> cat("Absatz:", absatz)

Absatz: 1585 1819 1647 1496 921 1278 1810 1987 1612 1413

> preis <- c(12.5, 10, 9.95, 11.5, 12, 10, 8, 9, 9.5,
+     12.5)
> cat("Preis:", preis)

Preis: 12.5 10 9.95 11.5 12 10 8 9 9.5 12.5
```

9. Was ist ein Basiseffekt?

Teil III

Regression

15

Grafische Darstellung von zwei Merkmalen

Inhalt

15.1 QQ-Plot 99
15.2 Streuungsdiagramm 100
15.3 Übungen 102
15.4 Fazit 102

Mit den folgenden beiden grafischen Darstellungen wird die Verteilung von zwei Merkmalen dargestellt.

15.1 QQ-Plot

Eine Grafik, die die Verteilung von zwei Merkmalen vergleicht, heißt **Quantil-Quantil Grafik**.

Es werden die α Prozent-Quantile beider Verteilungen gegeneinander abgetragen. Liegen die abgetragenen Quantile auf oder nah bei einer Geraden, die zwischen dem 1. und 3. Quartil gezogen wird, so bezeichnet man die beiden Verteilungen als ähnlich.

Der QQ-Plot der beiden Renditeverteilungen (siehe Abb. 15.1) stimmen im Kern (zwischen 1. und 3. Quartil) recht gut überein, an den Rändern weichen sie jedoch voneinander ab.

R-Anweisung
Der Befehl für einen QQ-Plot in R ist `qqplot`. Die Linie wird mit `qqline` gezeichnet. Die Verteilung gegen die `r.bmw` abgetragen wird, ist die von `r.dax`. Die `qqline` ist daher mit den Quantilen von `r.dax` zu zeichnen. Mit der `function(p)` wird eine Funktion der Quantile definiert, die als Argument p enthält.

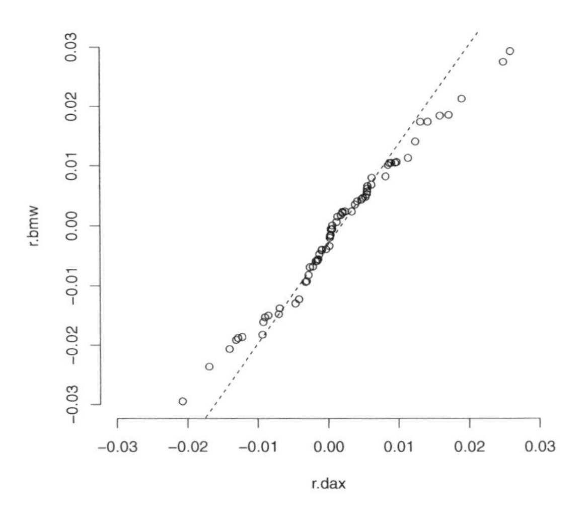

Abb. 15.1: QQ-Plot BMW-DAX Renditen

```
> qqplot(r.dax, r.bmw)
> qqline(r.bmw, distribution = function(p) quantile(r.dax,
+     prob = p), lty = 2)
```

SPSS-Anweisung
In SPSS kann unter `Analysieren > Deskriptive Statistiken > QQ-Diagramme` nur gegen theoretische Verteilungen ein QQ-Plot erstellt werden. Gegen eine andere empirische Verteilung ist es nicht möglich einen QQ-Plot zu erstellen.

15.2 Streuungsdiagramm

Das Streuungsdiagramm ist eine zweidimensionale Grafik, in der die Werte x und y gegeneinander abgetragen werden. Im Gegensatz zum QQ-Plot eignet sich das Streuungsdiagramm, um einen Zusammenhang zwischen den beiden Merkmalen zu identifizieren.

Besteht ein linearer Zusammenhang zwischen den Tagesrenditen der BMW Aktie und dem DAX? Die Abb. 15.2 zeigt einen positiven Zusammenhang zwischen den beiden Tagesrenditen. Mit zunehmender DAX Rendite steigt

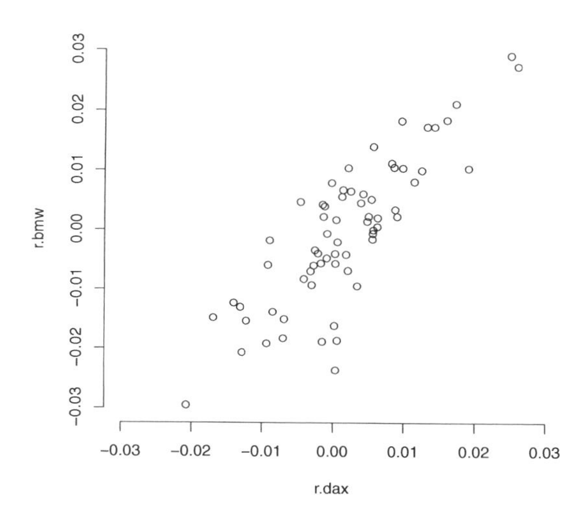

Abb. 15.2: Streuungsdiagramm Tagesrenditen

auch die Rendite der BMW Aktie. Wie stark ist der lineare Zusammenhang? Dies wird im folgenden Abschnitt geklärt.

R-Anweisung
Mit

```
> dax <- read.table("dax.txt", sep = ";", header = TRUE)
> s.dax <- rev(dax$Schluss)
> r.bmw <- diff(log(s.bmw))
> r.dax <- diff(log(s.dax))
> plot(r.dax, r.bmw)
```

wird die DAX Rendite berechnet und ein Streuungsdiagramm gezeichnet.

SPSS-Anweisung
Zuerst müssen die DAX Renditen wie in Abschnitt 12.2 berechnet werden. Unter `Grafiken > Streuungsdiagramm` kann ein Streuungsdiagramm gezeichnet werden.

15.3 Übungen

Übung 15.1. Zeichnen Sie für die folgenden Daten (Tagespreis für Rohöl der Marke Brent in GBP pro Tonne und Heizölpreis in US-Dollar pro Tonne vom 19.10. bis 06.12.2007) einen QQ-Plot per Hand und mit dem Computer. Verwenden Sie für den QQ-Plot die Quantile 0, 0.1, 0.2, ..., 1.

```
Rohöl =

 [1] 83.50 83.02 82.68 84.93 87.38 88.88 90.36 86.64 90.95 90.05
[11] 91.90 91.02 93.34 92.63 92.90 93.16 91.10 88.93 91.08 90.40
[21] 91.82 92.60 95.65 94.84 94.60 95.67 94.65 92.70 90.49 90.28
[31] 88.12 90.30 89.50 88.25 90.42

Heizöl =

 [1] 453 453 445 449 471 471 489 488 488 485 493 487 503 503 520
[16] 520 507 500 496 496 478 491 492 511 509 509 503 496 496 471
[31] 484 484 480 487 508
```

Übung 15.2. Zeichnen Sie für die obigen Daten ein Streuungsdiagramm.

15.4 Fazit

Der QQ-Plot ist gut geeignet, um zwei Verteilungen miteinander zu vergleichen. Er wird auch zum Vergleich mit Wahrscheinlichkeitsverteilungen verwendet. Das Streuungsdiagramm hingegen wird eingesetzt, um einen Zusammenhang zwischen den Verteilungen zu erkennen.

16

Kovarianz und Korrelationskoeffizient

Inhalt

16.1 Kovarianz ... 103
16.2 Korrelationskoeffizient ... 105
16.3 Übungen ... 107
16.4 Fazit ... 108

Mit der Kovarianz und dem Korrelationskoeffizienten können zwei Merkmale gemeinsam untersucht werden. Sie messen einen statistischen Zusammenhang zwischen den Merkmalen.

16.1 Kovarianz

Die **Kovarianz** misst die gemeinsame Variabilität von zwei Variablen.

$$\text{cov}(x,y) = \frac{1}{n-1}\sum_{i=1}^{n}(x_i - \bar{x})(y_i - \bar{y}) \qquad -\infty < \text{cov}(x,y) < +\infty$$

Sie kann Werte zwischen $-\infty$ und $+\infty$ annehmen. Eine positive Kovarianz bedeutet, dass größere Werte von x mit größeren Werten von y einhergehen. Ein negatives Vorzeichen bedeutet entsprechend, dass größere Werte von x mit kleineren Werten von y einhergehen (siehe Abb. 16.1). Ist die Kovarianz Null, so bedeutet dies, dass die gemeinsame Variabilität keine Richtung aufweist. Der Betrag der Kovarianz selbst kann nicht interpretiert werden.

Die Kovarianz zwischen der BMW und der DAX Rendite beträgt

$$\begin{aligned}\text{cov}(\text{r.bmw,r.dax}) &= \frac{1}{66}\big((0.0112 - -0.000501)\,(0.0082 - 0.0016) + \ldots \\ &\quad + (-0.0083 - -0.000501)\,(-0.0041 - 0.0016)\big) \\ &= 9.211e - 05\end{aligned}$$

Sie ist sehr klein. Dies bedeutet aber nicht, dass nur ein geringer Zusammenhang zwischen den Renditen besteht (siehe Korrelationskoeffizient). Die Renditen sind wegen der positiv ansteigenden Punktewolke positiv korreliert, wie aus Abb. 15.2 und 16.1 (rechts unten) hervorgeht. Liegt nun ein starker positiver Zusammenhang vor? Diese Frage wird mit dem Korrelationskoeffizienten beantwortet.

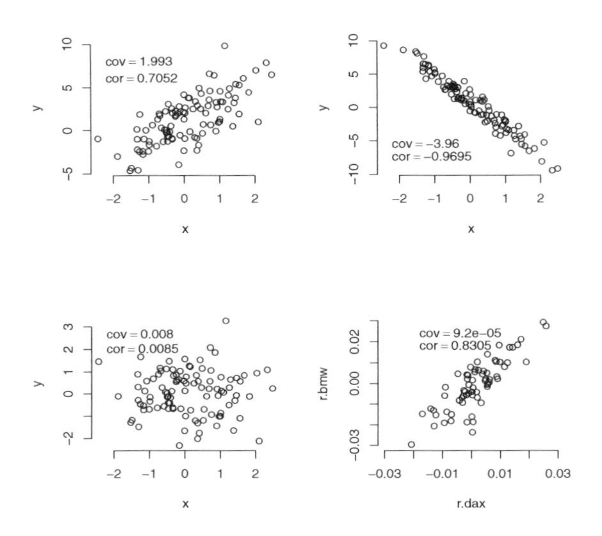

Abb. 16.1: Eigenschaften der Kovarianz und des Korrelationskoeffizienten

R-Anweisung
Mit

```
> cov(r.bmw, r.dax)

[1] 9.210761e-05
```

wird die Kovarianz zwischen der Dax Rendite und der BMW Rendite berechnet.

SPSS-Anweisung
Unter dem Menüeintrag `Analysieren > Korrelation > Bivariat` kann die Kovarianz berechnet werden. Dazu muss die `Option Kreuzproduktabweichungen und Kovarianzen` aktiviert sein.

16.2 Korrelationskoeffizient

Der **Korrelationskoeffizient** (von Bravais und Pearson) ist als das Verhältnis der Kovarianz zu den Standardabweichungen von x und y definiert. Er ist die normierte Kovarianz und kann Werte zwischen -1 und $+1$ annehmen.

$$\text{cor}(x,y) = \frac{\text{cov}(x,y)}{s_x\, s_y} = \text{cov}\left(\underbrace{\frac{x-\bar{x}}{s_x}}_{x^*}, \underbrace{\frac{y-\bar{y}}{s_y}}_{y^*}\right)$$

Diese Definition des Korrelationskoeffizienten ist nur für metrische Merkmale geeignet. Für nicht-metrische Merkmale ist der Rangkorrelationskoeffizient von Spearman zu verwenden, auf den hier nicht weiter eingegangen wird.

Ist die Korrelation $+1$ (-1), dann liegt ein perfekter positiver (negativer) Zusammenhang zwischen den beiden Variablen vor. Eine Korrelation von Null tritt ein, wenn die Kovarianz Null ist. Dann liegt kein Zusammenhang zwischen x und y vor. Jedoch darf daraus nicht geschlossen werden, dass eine kleine Kovarianz auch nur einen geringen Zusammenhang anzeigt. Sie ist das Verhältnis zu den Standardabweichungen, die die Korrelationsstärke bestimmt.

Der Korrelationskoeffizient gibt den Grad der linearen Abhängigkeit zwischen x und y an. Dieser zeigt an, wie gut sich die Daten x und y mit einer linearen Funktion beschreiben lassen. Folgen alle y_i-Werte einer linearen Funktion $\beta_0 + \beta_1\, x_i$ ($\beta_0 - \beta_1\, x_i$), dann nimmt der Korrelationskoeffizient den Wert $+1$ (-1) an.

$$\begin{aligned}
\text{cor}(x,y) &= \frac{\sum_i (x_i-\bar{x})\,(y_i-\bar{y})}{\sqrt{\sum_i (x_i-\bar{x})^2}\sqrt{\sum_i (y_i-\bar{y})^2}} \\
&= \frac{\sum_i (x_i-\bar{x})\,(\beta_0+\beta_1\, x_i - (\beta_0+\beta_1\bar{x}))}{\sqrt{\sum_i (x_i-\bar{x})^2}\sqrt{\sum_i (\beta_0+\beta_1\, x_i - (\beta_0+\beta_1\bar{x}))^2}} \\
&= \frac{\beta_1 \sum_i (x_i-\bar{x})^2}{\beta_1 \sum_i (x_i-\bar{x})^2} = 1
\end{aligned}$$

Eine Korrelation wird als stark bezeichnet, wenn der Korrelationskoeffizient einen Wert über 0.8 (oder unter -0.8) aufweist. Als schwach wird sie bezeichnet, wenn sie betragsmäßig unter 0.5 fällt. Diese Beurteilung resultiert aus der Skalierung des Korrelationskoeffizienten (siehe Abb. 16.2).

Die Korrelation zwischen den beiden Renditen beträgt

$$\text{cor(r.bmw,r.dax)} = 0.8305$$

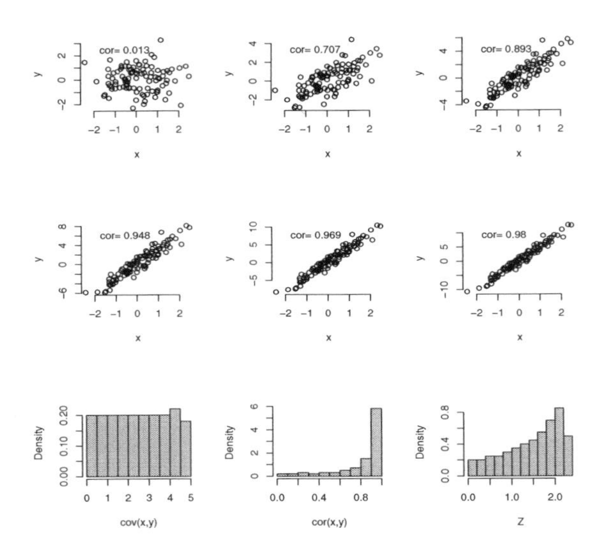

Abb. 16.2: Skalierung der Kovarianz und des Korrelationskoeffizienten

Sie bedeutet, dass der Grad der linearen Abhängigkeit 83 Prozent beträgt. Werden die standardisierten Variablen x^* und y^* verwendet, dann beträgt die durchschnittliche Änderungsrate zwischen den beiden Variablen 83 Prozent (siehe Abschnitt 18.3). Obwohl die Kovarianz sehr klein ist, ist die Korrelation stark.

Ein Problem des Korrelationskoeffizienten ist, dass er nicht-lineare Zusammenhänge (siehe Abschnitt 17.5) nicht erkennt. Bei einem nicht-linearen Zusammenhang kann ein durchaus starker linearer Zusammenhang durch den Korrelationskoeffizienten ausgewiesen werden. Daher sind immer Streuungsdiagramme anzusehen und der Zusammenhang auf Linearität zu überprüfen.

Ein weiteres Problem des Korrelationkoeffizienten ist (im Gegensatz zur Kovarianz), dass der Korrelationskoeffizient mit einer Zunahme der gemeinsamen Streuung zwischen x und y nicht linear zunimmt. In einer kleinen Simulation wird die Verteilung der Kovarianz und des Korrelationskoeffizienten (siehe Abb. 16.2, erstes und zweites Histogramm) gezeigt. Eine Zunahme des Zusammenhangs führt bei einer geringen Ausgangskorrelation zu einer größeren Änderung des Korrelationskoeffizienten als bei einer hohen Ausgangskorrelation. Im zweiten Histogramm in Abb. 16.2 ist deutlich zu erkennen, dass kleine Korrelationskoeffizienten seltener vorkommen als große. Daher sollten Korrelationen nur als Größer-Kleiner-Relationen interpretiert werden.

Exkurs: Aus diesem Grund können Korrelationskoeffizienten auch nicht durch Mittelwertbildung zusammengefasst werden. Mit der **Fisher $\mathcal{Z}$ Transformation** (Achtung: nicht mit der Standardisierung von Zufallsvariablen verwechseln) werden nahezu äquidistante Abstände erzeugt, so dass dann bei gegebenen Fragestellungen die Korrelationskoeffizienten per Durchschnitt zusammengefasst werden können.

$$\mathcal{Z} = \frac{1}{2} \ln \left(\frac{1 + \text{cor}(x,y)}{1 - \text{cor}(x,y)} \right)$$

Das zweite Histogramm in Abb. 16.2 zeigt die Verteilung der Fisher $\mathcal{Z}$ transformierten Korrelationskoeffizienten an. Sie ist aufgrund der $\mathcal{Z}$ Transformation gleichmäßiger verteilt.

R-Anweisung
Mit

```
> cor(r.bmw, r.dax)

[1] 0.8304735
```

wird der Korrelationskoeffizient nach Pearson zwischen der Dax Rendite und der BMW Rendite berechnet. Soll der Rangkorrelationskoeffizient berechnet werden, so ist die Option `method='spearman'` hinzu zufügen.

SPSS-Anweisung
Unter dem Menüeintrag `Analysieren > Korrelation > Bivariat` wird der Korrelationskoeffizient berechnet werden.

16.3 Übungen

Übung 16.1. Berechnen Sie Kovarianz zwischen der BMW und der DAX Rendite.

Übung 16.2. Berechnen und interpretieren Sie den Korrelationskoeffizienten zwischen BMW und DAX Rendite.

Übung 16.3. Wann wird von einer starken, wann von einer schwachen Korrelation gesprochen?

Übung 16.4. Berechnen Sie für die Daten in der Übung 15.1 per Hand die Kovarianz und den Korrelationskoeffizienten.

16.4 Fazit

Mit der Kovarianz und dem Korrelationskoeffizienten wird die gemeinsame Streuung zwischen zwei metrischen Merkmalen gemessen. Die Kovarianz ist – wie die Varianz – nicht direkt zu interpretieren. Der Korrelationskoeffizient hingegen kann als Maß der linearen Abhängigkeit interpretiert werden. Weshalb er nur den linearen Zusammenhang misst, wird in Abschnitt 18.3 ausgeführt.

17

Lineare Regression

Inhalt

17.1	Modellbildung	109
17.2	Methode der Kleinsten Quadrate	110
17.3	Regressionsergebnis	111
17.4	Prognose	115
17.5	Lineare Regression bei nichtlinearen Zusammenhängen	118
17.6	Multiple Regression	120
17.7	Übungen	121
17.8	Fazit	121

17.1 Modellbildung

In den folgenden Abschnitten wird die lineare Regressionsanalyse beschrieben. Sie ist ein Instrument, um Abhängigkeiten zwischen zwei (oder mehr) Variablen zu untersuchen. Es wird im einfachsten Fall von einer linearen Beziehung bzgl. der Parameter β_i ausgegangen, die für gegebene x-Werte (exogene Variable) die Werte von y (endogene Variable) erklärt. Man sagt auch, dass die y-Werte unter der Bedingung der x-Wert beschrieben werden.

$$y_i = \beta_0 + \beta_1 x_i + u_i \quad \text{mit } i = 1, \ldots, n \tag{17.1}$$

Für beide Variablen liegen n Beobachtungen vor. Für jedes Beobachtungspaar gilt die obige Beziehung. Die Parameter β_0 und β_1 sind unbekannt und müssen geschätzt werden. Die Werte x_i und y_i sind durch die Stichprobe bekannt. Die Schätzung sollte natürlich so erfolgen, dass die Endogene möglichst gut durch die lineare Funktion beschrieben wird. Da aber nicht anzunehmen ist, dass die beiden Variablen die funktionale Beziehung perfekt erfüllen, werden Abweichungen auftreten. Diese werden als **Residuen** (Reste) u_i bezeichnet. Die Koeffizienten werden so angepasst, dass die Summe der Residuenquadrate (Varianz) minimal wird.

Die Wahl von x und y muss einer theoretischen Überlegung folgen. Es ist sinnvoll, die Körpergröße der Kinder (y) durch die Körpergröße der Eltern (x) zu erklären. Die Umkehrung macht keinen Sinn. In der Ökonomie sind die meisten Beziehungen nicht so eindeutig. Man kann den Preis (x) auf die Menge (y) regressieren. Dann schätzt man die so genannte Nachfragefunktion. Wird die Beziehung umgekehrt, so wird die Preisabsatzfunktion eines Monopolisten geschätzt. Es liegt dann eine grundsätzlich andere Marktbetrachtung zugrunde.

Wir wollen die Abhängigkeit zwischen der BMW Rendite und der Marktrendite, hier durch den DAX dargestellt, untersuchen. Es handelt sich dabei um eine empirische Form des CAPM-Modells (Capital Asset Pricing Model) (vgl. [15], [20]). Aus dieser Theorie geht die Wahl von x und y hervor.

$$\texttt{r.bmw}_i = \beta_0 + \beta_1 \, \texttt{r.dax}_i + u_i \quad \text{mit } i = 1, \ldots, n \tag{17.2}$$

Die Rendite der BMW Aktie soll durch eine Marktrendite, hier durch die des DAX repräsentiert, erklärt werden. β_0 und β_1 sind die Parameter einer Geradengleichung: Achsenabschnitt und Steigung sind unbekannt und müssen mit einem Schätzverfahren aus den Daten berechnet werden.

17.2 Methode der Kleinsten Quadrate

Die Koeffizienten β_0 und β_1 werden mit der **Methode der Kleinsten Quadrate** geschätzt. Diese besagt, dass die Summe der Residuenquadrate, also der quadrierten Reste, minimal sein soll. Die Koeffizienten β_0 und β_1 sind so zu wählen, dass die Varianz um die Regressionsgerade (die quadrierten Abstände in Abb. 17.1) minimal wird.

$$S(\hat{\beta}_0, \hat{\beta}_1) = \sum_{i=1}^{n} \hat{u}_i^2 = \sum_{i=1}^{n} \left(y_i - \hat{\beta}_0 - \hat{\beta}_1 \, x_i\right)^2 \to \min \tag{17.3}$$

Dies geschieht, indem die ersten Ableitungen der obigen Funktion Null gesetzt werden. Die zu schätzenden (und die geschätzten) Koeffizienten werden durch ein ˆ über dem Koeffizienten gekennzeichnet.

$$\frac{\partial S}{\partial \hat{\beta}_0} = -2 \sum_{i=1}^{n} \underbrace{\left(y_i - \hat{\beta}_0 - \hat{\beta}_1 \, x_i\right)}_{\hat{u}} \stackrel{!}{=} 0 \Rightarrow \sum_{i=1}^{n} y_i = n \, \hat{\beta}_0 + \hat{\beta}_1 \sum_{i=1}^{n} x_i \tag{17.4}$$

$$\frac{\partial S}{\partial \hat{\beta}_1} = -2 \sum_{i=1}^{n} (y_i - \hat{\beta}_0 - \hat{\beta}_1 x_i)\, x_i \stackrel{!}{=} 0 \tag{17.5}$$

Die obigen Gleichungen werden als **Normalgleichungen** bezeichnet. Es handelt sich dabei um ein lineares Gleichungssystem, das nach $\hat{\beta}_0$ und $\hat{\beta}_1$ zu lösen ist. Die Auflösung der Gl. (17.4) nach $\hat{\beta}_0$ liefert

$$\hat{\beta}_0 = \bar{y} - \hat{\beta}_1 \bar{x} \tag{17.6}$$

Die Gl. (17.5) wird ausmultipliziert und umgestellt.

$$\sum_{i=1}^{n} y_i x_i = \hat{\beta}_0 \sum_{i=1}^{n} x_i + \hat{\beta}_1 \sum_{i=1}^{n} x_i^2 \tag{17.7}$$

Die Gl. (17.6) wird in Gl. (17.7) eingesetzt:

$$\begin{aligned} \sum_{i=1}^{n} y_i x_i &= \bar{y} \sum_{i=1}^{n} x_i - \hat{\beta}_1 \bar{x} \sum_{i=1}^{n} x_i + \hat{\beta}_1 \sum_{i=1}^{n} x_i^2 \\ \frac{1}{n} \sum_{i=1}^{n} y_i x_i &= \bar{y}\bar{x} + \hat{\beta}_1 \left(\frac{1}{n} \sum_{i=1}^{n} x_i^2 - \bar{x}^2 \right) \end{aligned}$$

Wird die letzte Gleichung nach $\hat{\beta}_1$ aufgelöst, so erhalten wir

$$\begin{aligned} \hat{\beta}_1 &= \frac{\frac{1}{n} \sum_{i=1}^{n} y_i x_i - \bar{y}\bar{x}}{\frac{1}{n} \sum_{i=1}^{n} x_i^2 - \bar{x}^2} = \frac{\frac{1}{n} \sum_{i=1}^{n} (y_i - \bar{y})(x_i - \bar{x})}{\frac{1}{n} \sum_{i=1}^{n} (x_i - \bar{x})^2} \\ &= \frac{\frac{1}{n-1} \sum_{i=1}^{n} (y_i - \bar{y})(x_i - \bar{x})}{\frac{1}{n-1} \sum_{i=1}^{n} (x_i - \bar{x})^2} \end{aligned}$$

Der Zähler in der obigen Gleichung ist die Kovarianz von x, y, der Nenner ist die Varianz von x. Die Schätzfunktionen für die **Regressionskoeffizienten** $\hat{\beta}_0$ und $\hat{\beta}_1$ sind somit

$$\hat{\beta}_1 = \frac{\text{cov}(x,y)}{s_x^2} \qquad \text{und} \qquad \hat{\beta}_0 = \bar{y} - \hat{\beta}_1 \bar{x}. \tag{17.8}$$

Der Kleinst-Quadrate Ansatz minimiert die quadratischen Abstände zur Regressionsgeraden und bestimmt die Parameter β_0 und β_1 so, dass die Summe der senkrechten Abstände zur Regressionsgeraden minimal sind ($\sum \hat{u}_i^2 = \min$) (siehe Abb. 17.1). Die Schätzung von β_0 stellt sicher, dass die Summe der geschätzten Residuen Null ($\sum \hat{u}_i = 0$) ist (siehe Gl. 17.4).

17.3 Regressionsergebnis

Für $\hat{\beta}_1$ wird der Wert 1.122 und für $\hat{\beta}_0$ der Wert -0.002 geschätzt.

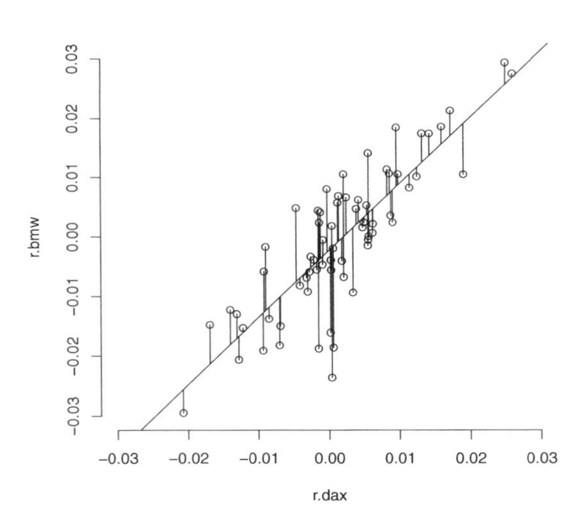

Abb. 17.1: Regression und Residuen von Gl. (17.2)

R-Anweisung
Mit

```
> lm.bmw <- lm(r.bmw ~ r.dax)
> coef(lm.bmw)

 (Intercept)        r.dax
-0.002335265  1.122478312
```

wird die Einfachregression zwischen der BMW Rendite (y) und der DAX Rendite (x) berechnet.

SPSS-Anweisung
Unter dem Menüpunkt `Analysieren > Regression > Linear` wird eine Regression berechnet. Unter dem Menüeintrag `Kurvenanpassung` wird ein Streuungsdiagramm mit Regressionslinie gezeichnet.

Die Linie in Abb. 17.1 ist die Regressionsgerade mit dem Achsenabschnitt $\hat{\beta}_0$ und der Steigung $\hat{\beta}_1$.

Interpretation von $\hat{\beta}_1$: Nach dem Modell ist ein Anstieg der DAX Tagesrendite um einen Prozentpunkt mit einem Anstieg der BMW Aktie um 1.12 Prozentpunkte verbunden. Die erfreuliche Nachricht ist, dass sich die Tagesrendite der BMW Aktie in diesem Zeitraum bei einer DAX-Zunahme besser als der Gesamtmarkt entwickelt hat. Es existiert aber auch eine Schattenseite: Nimmt der DAX ab, so fällt die Tagesrendite der BMW Aktie auch 1.12-mal so stark! Hierbei wird eine symmetrische Marktreaktion unterstellt. Ob der Markt sich auch tatsächlich so verhält, ist fraglich. Ferner kann $\hat{\beta}_1$ in diesem Modellansatz als **Elastizität** der BMW Rendite bzgl. des DAX interpretiert werden. Die Regression (17.2) wird mit zwei relativen Änderungen (siehe Abschnitt 12.2) berechnet und die Steigung β_1 ist deren Verhältnis. Die BMW Rendite reagiert elastisch auf eine DAX Renditenänderung, also überproportional. Im Rahmen des CAPM Modells wird $\hat{\beta}_1$ noch weitergehend interpretiert.

Bei der Interpretation des β_1-Koeffizienten muss darauf geachtet werden, dass sie nicht über den Aussagegehalt der beobachteten Daten und des Modells hinausgeht. Wird beispielsweise das Gewicht von Kindern auf deren Körpergröße regressiert (Größe $= \beta_0 + \beta_1$ Gewicht $+ u$), so darf aus dieser Beziehung nicht interpretiert werden, dass Kinder durch eine 1-prozentige Gewichtszunahme um β_1 Prozent Körpergröße zunehmen bzw. durch eine Diät schrumpfen. Aus der Regressionsbeziehung darf lediglich die Aussage abgeleitet werden, dass schwerere Kinder im Durchschnitt auch größer sind. Der β_1 Koeffizient gibt also an, wenn ein Kind um 1 Prozent schwerer ist als ein anderes, dass es dann vermutlich (im Durchschnitt) β_1 Prozent größer ist.

Interpretation von $\hat{\beta}_0$: Der Koeffizient $\hat{\beta}_0$ stellt sicher, dass der Mittelwert der geschätzten Residuen Null ist. Der Schwerpunkt der Regressionsgeraden soll in der Datenwolke liegen. Eine ökonomische Interpretation von β_0 ist in der Regel nicht möglich. Der β_0 Koeffizient kann auch nicht dahingehend interpretiert werden, dass Kinder ohne Gewicht eine Körpergröße von β_0 hätten. Die Schätzung von β_0 stellt lediglich sicher, dass das Residuenmittel Null ist. Der Wert von $\hat{\beta}_0$ kann daher auch negativ sein.

Einzelne Werte können das Ergebnis der Kleinst-Quadrate Regression erheblich beeinflussen, wenn sie weit vom Zentrum der Datenwolke entfernt liegen. Der starke Einfluss auf die Lage der Regressionsgeraden liegt daran, dass bei der Schätzung der Koeffizienten die Varianz verwendet wird. Abweichungen vom Mittelwert gehen bei ihr im Quadrat ein. Daher werden große Abweichungen vom Mittelwert überproportional stark in der Schätzung berücksichtigt. Dieser Einfluss wird als **Hebelwert** h_i (engl. leverage oder hatvalues) bezeichnet und gibt die absolute Änderung von $\hat{\beta}_1$ an, wenn x_i aus der Regression ausgeschlossen wird.

$$h_i = \frac{1}{n} + \frac{(x_i - \bar{x})^2}{\sum_{i=1}^{n}(x_i - \bar{x})^2} \qquad \frac{1}{n} \leq h_i \leq 1$$

In großen Stichproben identifizieren Hebelwerte die größer als $2\,\frac{k+1}{n}$ sind Ausreißer und sollten genauer betrachtet werden. k ist die Anzahl der Regressoren. In der Einfachregression gilt $k = 1$. Für kleine Stichproben wird manchmal die Grenze $3\,\frac{k+1}{n}$ empfohlen, um die Anzahl der Ausreißer zu begrenzen (vgl. [4, Seite 397]).

Die Abb. 17.2 (links) zeigt die Hebelwerte in Abhängigkeit der x-Werte (`r.dax`). Werte die weiter vom Mittelwert $\bar{x} = 0.0016$ entfernt liegen, besitzen einen größeren Hebel. Die Parabelform der Hebelwerte zeigt den quadratischen Schätzansatz. Die horizontalen Linien markieren die Grenzen $2\,\frac{2}{n}$ und $3\,\frac{2}{n}$ zur Identifizierung einflussreicher Werte. Obwohl 6 bzw. 3 Werte hier als Ausreißer mit besonders starkem Einfluss identifiziert werden, ist selbst der größte Hebelwert mit 0.1235 weit von dem Maximalwert Eins entfernt. Daher werden hier die identifizierten x-Ausreißer als unproblematisch beurteilt. Auch die Regression ohne diese Werte zeigt in Abb. 17.2 (rechts, gestrichelte Linie) keine wesentliche Änderung der Lage. Der Einfluss der identifizierten Werte ist gering.

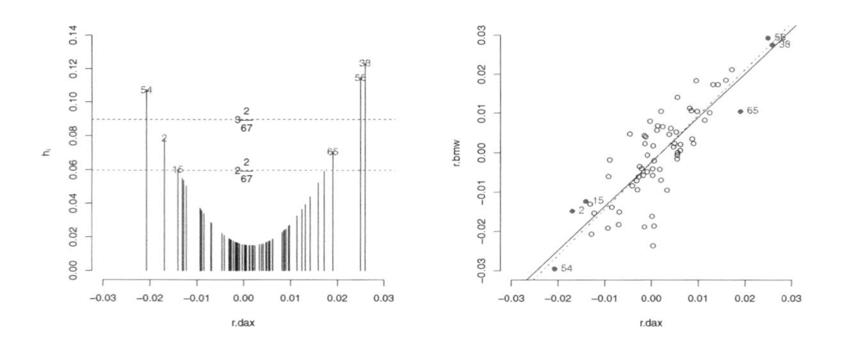

Abb. 17.2: Hebelwerte und Einfluss von Ausreißern auf die Regression

R-Anweisung
Die Hebelwerte werden mit

```
> hatvalues(lm.bmw)
```

berechnet. Die Abb. 17.2 ist mit den folgenden Anweisung erstellt.

```
> h.i <- hatvalues(lm.bmw)
> h.c <- 2 * 2/length(r.dax)
> plot(c(r.dax, mean(r.dax)), c(h.i, 1/67), type = "h",
+     bty = "n", col = c(rep(1, 67), 2), ylab = expression(h[i]),
```

```
+       xlab = "r.dax", xlim = range(r.dax) * 1.1)
> abline(h = c(h.c, 3 * 2/length(r.dax)), lty = 2,
+       col = c(2, 1))
> text(0, h.c, expression(2 * frac(2, 67)))
> text(0, 3 * 2/length(r.dax), expression(3 * frac(2,
+       67)))
> text(r.dax[h.i > h.c], h.i[h.i > h.c], col = "red",
+       paste(which(h.i > h.c)))
> plot(r.dax, r.bmw)
> abline(lm.bmw)
> points(r.dax[h.i > h.c], r.bmw[h.i > h.c], col = "red",
+       pch = 19)
> text(r.dax[h.i > h.c], r.bmw[h.i > h.c], col = "red",
+       paste(which(h.i > h.c)), pos = 4)
> abline(lm(r.bmw[!(h.i > h.c)] ~ r.dax[!(h.i > h.c)]),
+       lty = 2, col = "red")
```

SPSS-Anweisung
Unter dem Menüpunkt `Analysieren > Regression > Linear: Speichern` können zentrierte Hebelwerte als Option gewählt werden. Es ist zu beachten, dass die zentrierten Hebelwerte ohne den Term $\frac{1}{n}$ berechnet sind.

$$h_i^* = \frac{(x_i - \bar{x})^2}{\sum_{i=1}^n (x_i - \bar{x})^2} \qquad 0 \leq h_i^* \leq 1 - \frac{1}{n}$$

Zentrierte Hebelwerte die größer als $2\,\frac{k}{n}$ (in der Einfachregression ist $k = 1$) sind, identifizieren Ausreißer in großen Stichproben. Für kleine Stichproben gilt die Grenze $3\,\frac{k}{n}$.

17.4 Prognose

Mit der geschätzten Regressionsgleichung

$$\widehat{\texttt{r.bmw}_i} = -0.002335 + 1.1224 \times \texttt{r.dax}_i$$

können Prognosen durchgeführt werden. Erwartet man z. B. für den DAX eine Tagesrendite von 0.01 (1 Prozent), dann würde die BMW Aktie nach diesem Modell eine Tagesrendite von 0.00889 (0.889 Prozent) ausweisen. Diesen Wert erhält man, wenn man den DAX Wert in die geschätzte Regressionsgleichung einsetzt.

$$\widehat{\texttt{r.bmw}_i} = -0.002335 + 1.1224 \times 0.01 = 0.0089$$

In Abb. 17.3 ist der prognostizierte Wert eingetragen. Er liegt immer auf der Regressionsgeraden.

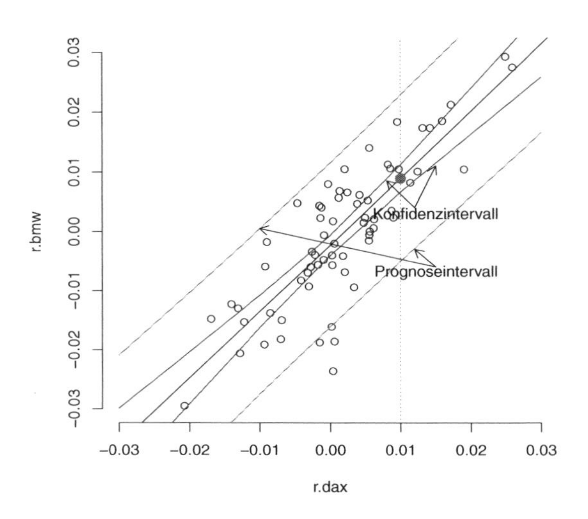

Abb. 17.3: Streuungsdiagramm, Regressionsgerade und Prognose

Je weiter der gewählte Wert x vom Mittelwert $\bar{x}$ entfernt liegt, desto größer wird der Prognosefehler, d. h. desto ungenauer wird die Vorhersage. Das Konfidenzintervall als auch das Prognoseintervall in Abb. 17.3 öffnen sich mit zunehmendem Abstand vom Mittelwert und zeigt die zunehmende Unsicherheit der Prognose an. Das Prognoseintervall gibt die Unsicherheit des individuellen Prognosewerts an, wo hingegen das Konfidenzintervall der Prognose die Unsicherheit des erwarteten (mittleren) Prognosewerts beschreibt.

Exkurs: Die Prognose von y_i für ein gegebenes x_i ist

$$\hat{y}_i = \hat{\beta}_0 + \hat{\beta}_1 x_i \tag{17.9}$$

Der fiktive wahre (unbekannte) Wert der Prognose beträgt

$$y_i = \beta_0 + \beta_1 x_i + u_i \tag{17.10}$$

Die Differenz zwischen der geschätzten (17.9) und der wahren Prognose (17.10) wird als Prognosefehler bezeichnet. Aus ihr berechnet sich die Varianz des Prognosefehlers (vgl. [13, Seite 31ff]).

$$\sigma^2_{\text{Prognose}} = \sigma^2_u \, (1 + h_i)$$

σ^2_u wird mit $s^2_{\hat{u}} = \frac{1}{n-2} \sum_{i=1}^{n} \hat{u}^2_i$ geschätzt. Es ist zwischen der wahren und unbekannten Varianz σ^2 und der aus der Stichprobe geschätzten Varianz s^2 zu unterscheiden (siehe Abschnitt 21.4 und 25.2).

Das **Prognoseintervall** (siehe Abb. 17.3, äußere Intervalllinien) wird mit dem Prognosefehler wie ein Konfidenzintervall (siehe Abschnitt 27.3) berechnet. Es ist zu beachten, dass die t-Verteilung aufgrund der Schätzung für β_0 und β_1 nur $n-2$ Freiheitsgrade besitzt. Ist die Prognose korrekt (95 Prozent der Prognosen werden als korrekt unterstellt, siehe dazu Abschnitt 27.1), dann wird der prognostizierte Wert 0.0089 innerhalb der nachfolgenden Grenzen liegen. Je weiter x_i vom Mittelwert $\bar{x}$ entfernt gewählt wird, desto unsicherer ist die Prognose von y_i, desto weiter liegen die Intervallgrenzen auseinander.

$$\Pr\left(\hat{y} - t_{0.975}\, \sigma_{\text{Prognose}} < y < \hat{y} + t_{0.975}\, \sigma_{\text{Prognose}}\right) = 0.95$$
$$\Pr\left(0.0089 - 1.9971 \times 0.007 < y < 0.0089 + 1.9971 \times 0.007\right) = 0.95$$
$$\Pr\left(-0.005 < y < 0.0228\right) = 0.95$$

Oft wird nur der erwartete Prognosewert $\mathrm{E}(y)$ betrachtet (zum Erwartungswert siehe Abschnitt 21.3). Es ist der Wert, der im Mittel den richtigen Wert prognostiziert. Daher tritt kein individueller Fehler u_i auf (siehe Gl. 17.11). Rechnerisch sind der erwartete Prognosewert und der prognostizierte Wert identisch.

$$\mathrm{E}(y) = \beta_0 + \beta_1\, x_i \tag{17.11}$$

Der Prognosefehler des erwarteten Wertes berechnet sich dann aus der Differenz von Gleichung (17.11) und (17.9). Die Varianz des Prognosefehlers des erwarteten Wertes beträgt dann

$$\sigma^2_{\mathrm{P}} = \sigma^2_u\, h_i$$

Das Intervall, das mit dieser Prognosevarianz berechnet wird, wird als **Konfidenzintervall** der Prognose bezeichnet und wie das Prognoseintervall (nur mit der anderen Standardabweichung) berechnet. Das Konfidenzintervall der Prognose ist schmaler als das Prognoseintervall, da das Residuum u_i aufgrund der Erwartungswertbildung entfallen ist.

$$\Pr\left(\hat{y} - t_{0.975}(n-2)\, \sigma_{\mathrm{P}} < y < \hat{y} + t_{0.975}(n-2)\, \sigma_{\mathrm{P}}\right) = 0.95$$
$$\Pr\left(0.0089 - 1.9971 \times 0.0011 < y < 0.0089 + 1.9971 \times 0.0011\right) = 0.95$$
$$\Pr\left(0.0066 < y < 0.0112\right) = 0.95$$

R-Anweisung
Mit

```
> data.predict <- data.frame(r.dax = 0.01)
> predict(lm.bmw, newdata = data.predict)

          1
0.008889518
```

wird eine Prognose berechnet. Die Option `newdata` erwartet eine Datentabelle des Typs `data.frame`. Das Konfidenz- und das Prognoseintervall der Prognose sind ebenfalls mit dem `predict()` Befehl berechnenbar.

```
> predict(lm.bmw, newdata = data.predict, interval = "c",
+       level = 0.95)

          fit         lwr        upr
1 0.008889518 0.006598951 0.01118008

> predict(lm.bmw, newdata = data.predict, interval = "p",
+       level = 0.95)

          fit          lwr        upr
1 0.008889518 -0.005026009 0.02280504
```

SPSS-Anweisung
Wird im Menüeintrag `Regression > Kurvenanpassung` die Option `Speichern` gewählt, so können die geschätzten Werte der Regression gespeichert werden.

17.5 Lineare Regression bei nichtlinearen Zusammenhängen

Ökonomische Zusammenhänge sind häufig nichtlinearer Art. Die lineare Regressionsrechnung kann in bestimmten Fällen auch hier eingesetzt werden. Das Adjektiv linear bezieht sich in der Regression auf die zu schätzenden Parameter. Daher können, so lange die Parameter nur in einem linearen Zusammenhang in der Funktion auftreten, die Variablen durchaus nichtlinearer Form sein. Eine typische Gleichung für einen nichtlinearen Zusammenhang ist eine Potenzgleichung (siehe Abb. 17.4).

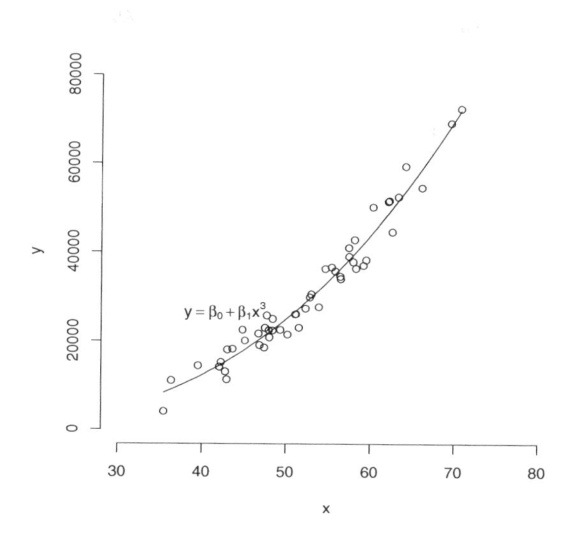

Abb. 17.4: Lineare Regression bei nichtlinearem Zusammenhang

$$y_i = \beta_0 + \beta_1 x_i^p + u_i \quad \text{für } p \in \mathbb{R}$$

Der Regressionsparameter β_1 kommt nur linear vor und kann somit mittels der Kleinst-Quadrate Methode geschätzt werden.

Anders verhält es sich, wenn Funktionen des Typs

$$y_i = \alpha_0 \, x_i^{\alpha_1} \qquad \text{oder} \qquad y_i = \alpha_0 \, \alpha_1^{x_i}$$

zu schätzen sind. Die Koeffizienten stehen hier in einem nicht linearen Zusammenhang in der Funktion. Jedoch können hier durch Logarithmierung der Gleichungen lineare Regressionsfunktionen erzeugt werden.

$$\ln y_i = \underbrace{\ln \alpha_0}_{\beta_0} + \underbrace{\alpha_1}_{\beta_1} \ln x_i + u_i$$

$$\ln y_i = \underbrace{\ln \alpha_0}_{\beta_0} + \underbrace{\ln \alpha_1}_{\beta_1} x_i + u_i$$

Die logarithmierten Funktionen können nun ebenfalls mittels der Kleinst-Quadrate Methode geschätzt werden, jedoch werden dabei manchmal die Parameter α_i nicht direkt, sondern deren Logarithmus geschätzt.

Es gibt aber auch nicht linearisierbare Modelle wie z. B.

$$y_i = \beta_0 + e^{\beta_1 x_i} + u_i,$$

welche sich nicht mehr durch einen linearen Regressionsansatz schätzen lassen.

R-Anweisung
Eine quadratische Gleichung kann in R wie folgt geschätzt werden. Statt der Quadrierung kann eine Transformation verwendet werden.

```
> lm(y ~ I(x^2))
```

Der Befehl `I()` ermöglicht hier, dass der Potenzoperator innerhalb der `lm()` angewandt werden kann.

SPSS-Anweisung
Unter dem Menüeintrag `Analysieren > Regression > Kurvenanpassung` können nichtlineare Funktionstypen gewählt werden.

17.6 Multiple Regression

Als **multiple Regression** wird eine lineare Regression bezeichnet, wenn sie mehr als einen Regressor besitzt.

$$y_i = \beta_0 + \beta_1 x_{1i} + \beta_2 x_{2i} + \ldots + u_i$$

Sie erweitert die Einfachregression mit zusätzlichen erklärenden Variablen. Die Nachfrage nach einem Produkt wird z. B. nicht nur vom Verkaufspreis erklärt, sondern kann auch von den Konkurrenzpreisen, dem Einkommen, etc. abhängig sein. Die Koeffizienten werden ebenfalls mit dem Kleinst-Quadrate-Verfahren geschätzt. Jedoch kann das Ergebnis der Regression nicht mehr als Gerade in einer zweidimensionalen Grafik gezeichnet werden. Man wählt in diesen Fällen häufig eine Darstellung, in der die y-Variable und die $\hat{y}$-Variable gegen den Index abgetragen werden.

R-Anweisung
In R kann die `lm()` Funktion auch multiple Regressionsfunktionen schätzen. Eine Regression mit zwei Regressoren x_1 und x_2 wird mit der Anweisung

```
> lm(y ~ x1 + x2)
```

geschätzt.

17.7 Übungen

Übung 17.1. Berechnen Sie mit den Formeln in (17.8) die Kleinst-Quadrate Schätzungen für β_0 und β_1 des obigen Modells.

Übung 17.2. Warum sollte in der Regel ein β_0 geschätzt werden?

Übung 17.3. Wirkt eine Wertänderung in der Nähe des Mittelwertes auf das Regressionsergebnis genauso wie eine Wertänderung entfernt vom Mittelwert?

Übung 17.4. Zeichnen Sie per Hand die Regressionsgerade in das Streuungsdiagramm ein.

Übung 17.5. Berechnen Sie für die Daten aus der Übung 15.1 eine sinnvolle lineare Regressionsbeziehung. Wie interpretieren Sie die Koeffizienten?

17.8 Fazit

Mit der linearen Einfachregression ist ein sehr wichtiges statistisches Analyseinstrument eingeführt worden. Aufgrund der Flexibilität der Regression wird sie in einer Vielzahl von Varianten in der Praxis eingesetzt. Eine Erweiterungsmöglichkeit ist, mehr als nur eine erklärende Variable in die Regressionsbeziehung aufzunehmen. Im Fall der BMW Rendite könnten weitere exogene Faktoren wie z. B. die Rendite von Wertpapieren die Varianz mit erklären. Die lineare Regression wird auch als Varianzanalyse bezeichnet (siehe Abschnitt 18.3). Die Festlegung der Exogenen und Endogenen sollte durch theoretische Überlegungen gestützt sein.

18

Güte der Regression

Inhalt

18.1 Residuenplot 123
18.2 Erweiterte Residuenanalyse 125
18.3 Streuungszerlegung und Bestimmtheitsmaß 127
18.4 Übungen 131
18.5 Fazit 131

18.1 Residuenplot

Die Residuen sollten keine Systematik enthalten. Eine einfache Art der Überprüfung ist es, die geschätzten y-Werte gegen die geschätzten Residuen abzutragen. Wenn die Grafik eine Struktur aufweist, dann ist dies ein Hinweis auf eine Fehlspezifizierung im Modellansatz. In Abb. 18.1 sind zwei Fälle abgetragen: nicht konstante Resiudenvarianz und fehlspezifizierte Modellgleichung. Eine nicht konstante Residuenvarianz (fehlende Homoskedastizität) bedeutet, dass mit zunehmenden y- bzw. $\hat{y}$-Werten sich die Varianz der Residuen systematisch verändert (in der Grafik abnimmt). Dies würde z .B. im hier angewendeten CAPM Modell bedeuten, dass mit zunehmenden Renditen sich die Streuung (das Risiko) verringert und damit das Anlegerverhalten. Es wäre also erforderlich, einen Erklärungsfaktor für dieses Verhalten zu finden. Eine fehlspezifizierte Modellgleichung bedeutet, dass z. B. die funktionale Form der Regressionsbeziehung falsch ist. In der Grafik könnte z. B. ein quadratischer Zusammenhang vorliegen (siehe Abschnitt 17.5).

Das hier geschätzte Modell zeigt in den Residuen eine «Spitze» in der Mitte (siehe Abb. 18.1 unten rechts). Der Boxplot identifiziert zwei Werte als Ausreißer. Diese können genauer untersucht werden. Im vorliegenden Fall ist keine Erklärung für die beiden Ausreißer vorhanden. Die Trendlinie zeigt keine Systematik.

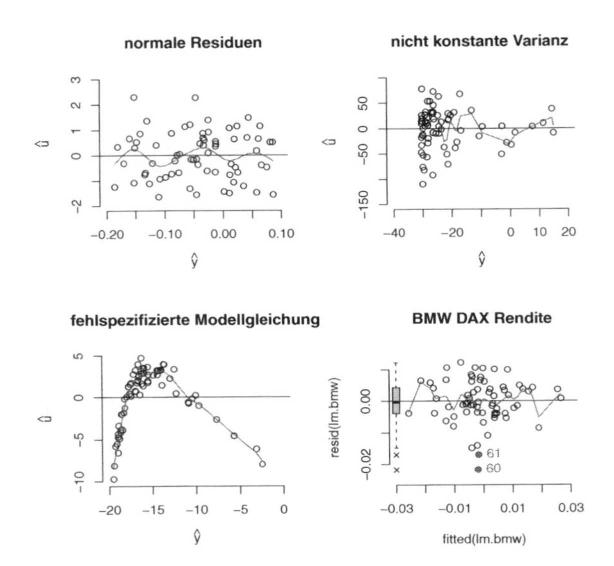

Abb. 18.1: Residuenplot

R-Anweisung
Mit

```
> lm.bmw <- lm(r.bmw ~ r.dax)
> plot(fitted(lm.bmw), resid(lm.bmw), xlim = c(-0.03,
+     0.03))
> lines(smooth.spline(fitted(lm.bmw), resid(lm.bmw),
+     spar = 0.85), lty = 1, col = "red")
> abline(h = 0)
> boxplot(resid(lm.bmw), add = TRUE, at = -0.03, col = "gray",
+     boxwex = 0.005, pch = 4)
> D <- boxplot(u.bmw, plot = FALSE)$stats[1] > u.bmw
> points(f.bmw[D], u.bmw[D], col = "red", pch = 16)
> text(f.bmw[D], u.bmw[D], col = "red", paste(which(D)),
+     pos = 4)
```

wird der Residuenplot gezeichnet.

SPSS-Anweisung
Ein Residuenplot kann als Zusatzoption unter `Analysieren > Regression`

`> Linear` unter `Diagramme` gewählt werden. Hier wählt man am besten die standardisierten Variablen `zpred` und `zresid` aus.

18.2 Erweiterte Residuenanalyse

In der erweiterten Residuenanalyse wird berücksichtigt, dass die Varianz der geschätzten Residuen nicht konstant ist. Dies liegt daran, dass extreme Wertepaare (Ausreißer) im Datensatz die Regression erheblich beeinflussen und dazu führen, dass die Residuen für diese Wertepaare kleiner sind als für nicht extreme Daten. Dies zeigte schon die Analyse der Hebelwerte in Abschnitt 17.3. Daher werden die Residuen um diesen Einfluss bereinigt. Man nennt diese Residuen **standardisierte Residuen**.

$$\hat{u}_i^* = \frac{\hat{u}_i}{s_{\hat{u}}\sqrt{1-h_i}}$$

Es wird nun die Einflussstärke der Werte auf die Regression untersucht. Ein großer Hebelwert bedeutet eine kleine Varianz von $\hat{u}_i$ und einen großen Einfluss auf die Regression. Daher werden Hebelwerte, die größer als $3\,\frac{k+1}{n}$ sind genauer untersucht (siehe Seite 113). Mit der **Cook Distanz** wird angegeben, wie stark der Einfluss des i-ten Wertepaars auf das Regressionsergebnis ist.

$$D_i = \frac{\sum_i (\hat{y}_i - \hat{y}_{(i)})^2}{(k+1)\, s_{\hat{u}}^2} = \frac{\hat{u}_i^{*2}}{k+1}\,\frac{h_i}{1-h_i}$$

Mit $\hat{y}_{(i)}$ wird die Regression ohne das i-te Wertepaar bezeichnet. Häufig werden Cook Distanzen größer als 0.5 als auffällig bezeichnet; ist der Wert D_i größer als 1, sollte das Wertepaar unbedingt näher untersucht werden. Um auch bei etwas unauffälligeren Daten besondere Einflusswerte zu identifizieren, verwenden wir hier den kritischen Wert $\frac{4}{n-k-1}$ (vgl. [11, Seite 255]).

In der folgenden grafischen Analyse (siehe Abb. 18.2, links) werden nun die Hebelwerte h_i gegen die standardisierten Residuen $\hat{u}_i^*$ abgetragen. Wertepaare deren Hebelwerte größer als $3\,\frac{k+1}{n}$ sind, werden durch $\diamond$ in der Abbildung markiert. Es sind die aus der Abb. 17.2 bekannten Beobachtungen 38, 54, 56. Cook Distanzen, die größer als $\frac{4}{67-1-1}$ sind, sind in der Abbildung mit ein $\triangle$ gekennzeichnet. Es sind die Beobachtungen 60 und 65. Diese Werte beeinflussen die Regression stärker, jedoch liegt die Cook Distanz unter 0.5, so dass sie nicht herausgenommen werden müssen.

Eine weitere Residuenanalyse die Varianzkonstanz zu überprüfen ist, die geschätzten Werte gegen die Wurzel der absoluten standardisierten Residuen abzutragen. In der Abb. 18.2 (rechts) sieht man, dass die Trendlinie einen leichten Abwärtstrend aufweist, die in Abb. 18.1 noch nicht zu erkennen ist. Eine gewichtete Kleinst-Quadrate-Schätzung könnte dies berücksichtigen (vgl. z. B. [9]).

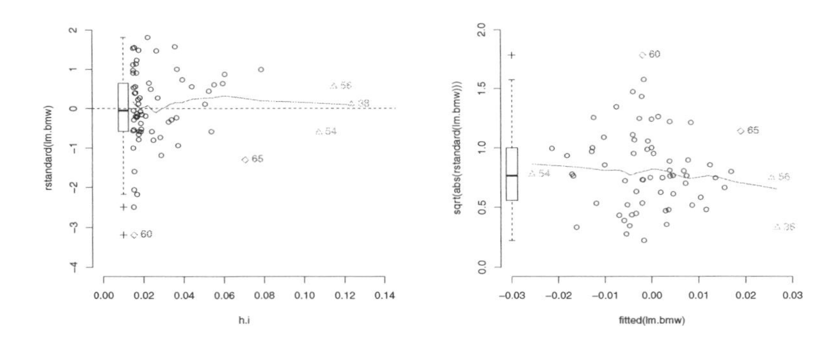

Abb. 18.2: Erweiterte Residuenanalyse

R-Anweisung
Mit den folgenden Anweisungen können die beiden Residuenplot erzeugt werden.

```
> n.bmw <- length(u.bmw)
> D.c <- 4/(n.bmw - 2)
> h.c <- 3 * 2/n.bmw
> h.i <- hatvalues(lm.bmw)
> D.i <- cooks.distance(lm.bmw)
> par(bty = "n")
> plot(h.i, rstandard(lm.bmw), xlim = range(0.01, 0.13))
> abline(h = 0, lty = 2)
> points(h.i[D.i >= D.c], rstandard(lm.bmw)[D.i >=
+     D.c], col = "red", pch = 5)
> points(h.i[h.i > h.c], rstandard(lm.bmw)[h.i > h.c],
+     col = "orange", pch = 2)
> text(h.i[D.i >= D.c], rstandard(lm.bmw)[D.i >= D.c],
+     col = "red", paste(which(D.i >= D.c)), pos = 4)
> text(h.i[h.i > h.c], rstandard(lm.bmw)[h.i > h.c],
+     col = "orange", paste(which(h.i > h.c)), pos = 4)
> lines(lowess(h.i, rstandard(lm.bmw)), col = "red")
> boxplot(rstandard(lm.bmw), add = TRUE, at = 0.01,
+     boxwex = 0.01, pch = 3)
```

```
> plot(fitted(lm.bmw), sqrt(abs(rstandard(lm.bmw))))
> boxplot(sqrt(abs(rstandard(lm.bmw))), add = TRUE,
+       at = -0.025, boxwex = 0.005, pch = 3)
> lines(lowess(fitted(lm.bmw), sqrt(abs(rstandard(lm.bmw)))),
+       col = "red")
```

Wird in R das Objekt einer linearen Regression (hier `lm.bmw`) der `plot` Funktion übergeben, so werden 4 Residuenplots automatisch erzeugt.

```
> par(mfrow = c(2, 2))
> plot(lm.bmw)
> par(mfrow = c(1, 1))
```

18.3 Streuungszerlegung und Bestimmtheitsmaß

Die Regression zerlegt die Varianz von y einerseits in eine Varianz auf der Regressionsgeraden $s^2_{\hat{y}}$ und andererseits in eine Varianz um die Regressionsgerade $s^2_{\hat{u}}$, welche auch als die Residuenvarianz bezeichnet wird.

$$s^2_y = s^2_{\hat{y}} + s^2_{\hat{u}}$$

Herleitung:

$$\begin{aligned}
\sum_{i=1}^{n}(y_i - \bar{y})^2 &= \sum y_i^2 - 2\bar{y}\sum y_i + n\,\bar{y}^2 \\
&= \sum y_i^2 - n\,\bar{y}^2 \\
&= \sum (\hat{y}_i + \hat{u}_i)^2 - n\,\bar{y}^2 \\
&= \underbrace{\sum \hat{y}_i^2 - n\,\bar{y}^2}_{\downarrow} + 2\underbrace{\sum \hat{y}_i\,\hat{u}_i}_{=0} + \sum \hat{u}_i^2 \\
&= \sum (\hat{y}_i - \bar{y})^2 + \sum \hat{u}_i^2
\end{aligned}$$

Die Gleichung mit $\frac{1}{n-1}$ erweitert, liefert die obige Gleichung der Streuungszerlegung. Für $\sum \hat{y}_i\,\hat{u}_i$ kann geschrieben werden

$$\begin{aligned}
\sum \hat{y}_i\,\hat{u}_i &= \sum (\hat{\beta}_0 + \hat{\beta}_1\,x_i)\,\hat{u}_i \\
&= \hat{\beta}_0 \underbrace{\sum \hat{u}_i}_{\text{wegen Bedingung 17.4 = 0}} + \hat{\beta}_1 \underbrace{\sum x_i\,\hat{u}_i}_{\text{wegen Bedingung 17.5 = 0}} = 0
\end{aligned}$$

Die Varianz auf der Regressionsgeraden ist die Varianz, die durch die Regressionsbeziehung erklärt wird. Es gilt $\sum y_i = \sum_i \hat{y}_i$, da $\sum \hat{u}_i = 0$. Daher ist der Mittelwert $\bar{y}$ mit $\bar{\hat{y}}$ identisch und es gilt

$$s_{\hat{y}}^2 = \frac{1}{n-1} \sum_{i=1}^{n} \left(\hat{y}_i - \bar{y}\right)^2 \tag{18.1}$$

Die Varianz um die Regressionsgerade ist der nicht durch die Regression zu erklärende Anteil an der Gesamtvarianz. Es ist die Varianz der Residuen $s_{\hat{u}}^2$. Die Regressionskoeffizienten werden mit dem Ansatz der Minimierung der Residuenvarianz berechnet. Daher ist dieser Anteil minimal und der Anteil der erklärten Varianz in der Streuungszerlegung maximal. Die Summe der beiden Varianzen ergibt die Gesamtvarianz. Diese Zerlegung der Varianz wird als **Streuungszerlegung** oder **Varianzanalyse** bezeichnet.

Die Berechnung der Varianz von $\hat{y}$ erfordert die Berechnung der geschätzten Werte. Im Fall der Einfachregression kann die Varianz der Regression durch

$$s_{\hat{y}}^2 = \hat{\beta}_1^2 \, s_x^2$$

berechnet werden. Die Beziehung erhält man, wenn die Gleichung (18.1) $\hat{y}$ durch $\hat{\beta}_0 + \hat{\beta}_1 \, x_i$ und $\hat{\beta}_0$ durch Gleichung (17.6) ersetzt werden. Man erhält dann für $\hat{y}_i = \bar{y} + \hat{\beta}_1 \, (x_i - \bar{x})$.

Im Regressionsbeispiel ergibt sich folgende Streuungszerlegung

$$s_y^2 = 0.00015 \qquad s_{\hat{y}}^2 = 0.000103 \qquad s_{\hat{u}}^2 = 4.65e-05$$

Das **Bestimmtheitsmaß** R^2 ist nun das Verhältnis der Varianz auf der Regressionsgeraden zur Gesamtvarianz.

$$R^2 = \frac{s_{\hat{y}}^2}{s_y^2} \qquad 0 \leq R^2 \leq 1$$

Das Bestimmtheitsmaß gibt den Anteil der Gesamtvarianz an, der durch die Regressionsbeziehung erklärt wird. Ist das Bestimmtheitsmaß Eins (oder nahe bei Eins), so wird mit der Regression die gesamte (oder sehr viel) Varianz von y erklärt. Es existieren keine (oder kaum) Werte ober- und unterhalb der Regressionsgeraden. Die Werte liegen auf der (oder sehr nahe um die) Regressionsgerade.

Ist das Bestimmtheitsmaß Null, so wird mit der Regressionsgeraden keine Varianz erklärt: $s_{\hat{y}}^2 = 0$. Die Regressionsgerade besitzt keine Steigung (siehe Abb. 18.3).

Das Bestimmtheitsmaß steigt (wie der Korrelationskoeffizient) mit zunehmender Korrelation überproportional stark an. Aufgrund dieser Eigenschaft

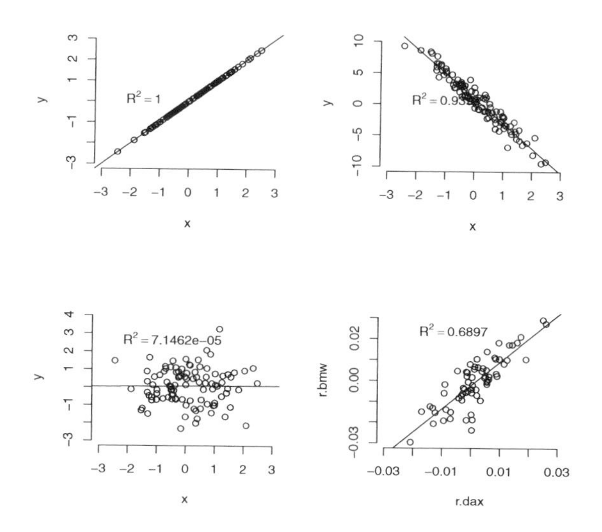

Abb. 18.3: Eigenschaften des Bestimmtheitsmaßes

erhält man bei Regressionen schnell Bestimmtheitsmaße über 0.6. Dies bedeutet dann jedoch nicht, dass die Regressionsbeziehung eine gute Anpassung an die Daten liefert.

Unser Modell besitzt ein Bestimmtheitsmaß von

$$R^2 = 0.6897$$

Die vorliegende Regression erklärt rd. 69 Prozent der Streuung der Endogenen. 31 Prozent der Streuung von `r.bmw` werden somit nicht durch die Regression erklärt. Dies ist ein eher mäßiges Ergebnis. Eine Ursache ist die nicht konstante Residuenvarianz (siehe Abb. 18.1). Das um die Störung bereinigte Bestimmtheitsmaß steigt auf 0.746. Je größer das Bestimmtheitsmaß ist, desto besser wird mit der linearen Beziehung die Varianz der Endogenen erklärt.

In der Einfachregression kann das Bestimmtheitsmaß auch mit der folgenden Formel berechnet werden.

$$R^2 = \hat{\beta}_1^2 \frac{s_x^2}{s_y^2}$$

In diesem Fall ist die Wurzel des Bestimmtheitsmaßes auch identisch mit dem Korrelationskoeffizienten. Das Bestimmtheitsmaß ist, wie aus der Berechnung hervorgeht, der Anteil der erklärten Varianz an der Gesamtvarianz. Demgegenüber misst der Korrelationskoeffizient den Grad der linearen Abhängigkeit. Diese Interpretation ergibt sich daraus, dass in der Einfachregression der Korrelationskoeffizient mit dem **standardisierten Regressionskoeffizienten**

$$\beta_1^* = \hat{\beta}_1 \frac{s_x}{s_y} = \frac{\text{cov}(x,y)}{s_x s_y} = \text{cor}(x,y)$$

identisch ist und dieser die Steigung der Regressionsgeraden angibt. Bei dem standardisierten Regressionskoeffizienten werden unterschiedlich hohe Streuungseinflüsse bei der Endogenen und Exogenen heraus gerechnet. Das gleiche Regressionsergebnis stellt sich ein, wenn die Regression mit standardisierten Größen

$$x^* = \frac{x - \bar{x}}{s_x} \quad \text{und} \quad y^* = \frac{y - \bar{y}}{s_y}$$

berechnet wird (zur Standardisierung siehe auch Abschnitt 22.2).

Der Korrelationskoeffizient ist nur für eine Einfachregression ein geeignetes Maß, während das Bestimmtheitsmaß auch für eine multiple Regression (eine Regression mit mehr als einer exogenen Variablen) verwendbar ist.

R-Anweisung
Mit dem Befehl

```
> summary(lm.bmw)

Call:
lm(formula = r.bmw ~ r.dax)

Residuals:
       Min         1Q     Median         3Q        Max
-0.0217236 -0.0039027 -0.0003448  0.0043267  0.0123126

Coefficients:
              Estimate Std. Error t value Pr(>|t|)
(Intercept) -0.0023353  0.0008534  -2.736    0.008 **
r.dax        1.1224783  0.0933891  12.019   <2e-16 ***
---
Signif. codes:  0 '***' 0.001 '**' 0.01 '*' 0.05 '.' 0.1 ' ' 1

Residual standard error: 0.006873 on 65 degrees of freedom
Multiple R-squared: 0.6897,         Adjusted R-squared: 0.6849
F-statistic: 144.5 on 1 and 65 DF,  p-value: < 2.2e-16
```

werden die Regressionsergebnisse ausgewiesen, die das Bestimmtheitsmaß beinhalten.

SPSS-Anweisung
Bei der Berechnung der Regression wird das Bestimmtheitsmaß mit ausgewiesen.

18.4 Übungen

Übung 18.1. Berechnen und interpretieren Sie das Bestimmtheitsmaß für die Renditeregression.

Übung 18.2. Wie ändert sich das Regressionsergebnis, wenn Sie a) die exogene Variable mit 0.02 addieren, b) wenn Sie die exogene Variable mit 2 multiplizieren? Ändert sich das Bestimmtheitsmaß?

Übung 18.3. Die exogene Variable wird in Abweichung vom Mittelwert $x^* = x - \bar{x}$ gemessen. Welcher Wert wird dann für β_0 in der linearen Regression geschätzt?

Übung 18.4. Ändert sich der standardisierte Regressionskoeffizient bei einer anderen Skalierung der exogenen Variablen?

Übung 18.5. Wie ist der Zusammenhang zwischen Bestimmtheitsmaß und Korrelationskoeffizient?

Übung 18.6. Wie beurteilen Sie das Regressionsergebnis aus der Übung 17.5? Prognostizieren Sie den Heizölpreis für einen Rohölpreis in Höhe von 100 GBP. Wie beurteilen Sie die Prognose?

18.5 Fazit

Die Analyse der Residuen ist wichtig, um zu beurteilen, ob die Modellgleichung die systematischen Bewegungen der endogenen Variable erfasst. Im vorliegenden Fall hatten fünf Werte die Regression erheblich beeinflusst. Die Ursache für diese Störung kann die Statistik nicht aufzeigen.

Die Streuungszerlegung führt zum Bestimmtheitsmaß. Es misst den durch die Regression erklärten Varianzanteil. Er ist ein Indikator für die Qualität der Regression. In der Einfachregression stimmt das Bestimmtheitsmaß numerisch mit dem Quadrat des Korrelationskoeffizienten überein. Der Korrelationskoeffizient misst aber die Stärke der linearen Beziehung zwischen den beiden Variablen und nicht den Varianzanteil.

Neben der Schätzung der Regressionskoeffizienten ist auch der Residuenplot und das Bestimmtheitsmaß wichtig für die Beurteilung einer Regression.

19

Bilanz 2

In den letzten Abschnitten wurde die Regression vorgestellt. Prüfen Sie, ob Sie die Regressionsanalyse verstanden haben.

Aufgabe

Es wird zwischen dem Absatz und dem Preis eines Gutes ein ökonomischer Zusammenhang vermutet. Analysieren Sie diesen.

R-Anweisung

```
> absatz <- c(1585, 1819, 1647, 1496, 921, 1278, 1810,
+      1987, 1612, 1413)
> cat("Absatz:", absatz)

Absatz: 1585 1819 1647 1496 921 1278 1810 1987 1612 1413

> preis <- c(12.5, 10, 9.95, 11.5, 12, 10, 8, 9, 9.5,
+      12.5)
> cat("Preis:", preis)

Preis: 12.5 10 9.95 11.5 12 10 8 9 9.5 12.5
```

Daran müssen Sie denken:

- Streuungsdiagramm
- Regressionskoeffizienten schätzen

- Regressionsgerade zeichnen
- Bestimmtheitsmaß berechnen
- Residuenplot

Verständnisfragen

1. Führen Sie eine Prognose für den Preis von 13 durch. Wo muss der prognostizierte Wert im Streuungsdiagramm liegen?
2. Was ist die Streuungszerlegung? Berechnen Sie die Streuungszerlegung für diese Regression.
3. Würde sich das Bestimmtheitsmaß ändern, wenn die Preise in eine andere Währung umgerechnet wird? Was würde in diesem Fall mit den geschätzten Koeffizienten geschehen?
4. Berechnen Sie für die obigen Daten eine Regression folgenden Typs:

$$\ln y_i = \ln \alpha_0 + \ln \alpha_1 \, x_i + u_i$$

5. Ist diese Regression besser geeignet für die vorliegenden Werte?
6. Welche Bedeutung kommt dem Regressionskoeffizienten β_0 zu?
7. Was wird mit den Hebelwerten gemessen?

Teil IV

Wahrscheinlichkeitsrechnung

20

Grundzüge der diskreten Wahrscheinlichkeitsrechnung

Inhalt

20.1 Wahrscheinlichkeit und Realität 137
20.2 Zufallsexperimente 139
20.3 Ereignisoperationen 140
20.4 Zufallsstichproben 141
20.5 Wahrscheinlichkeitsberechnungen 142
20.6 Kolmogorovsche Axiome 150
20.7 Bedingte Wahrscheinlichkeit und Satz von Bayes 152
20.8 Übungen 160
20.9 Fazit 162

20.1 Wahrscheinlichkeit und Realität

Max Frisch in Homo Faber:

> Ich glaube nicht an Fügung und Schicksal, als Techniker bin ich gewohnt mit den Formeln der Wahrscheinlichkeit zu rechnen. Wieso Fügung? Ich gebe zu: Ohne die Notlandung in Tamaulipas (2. IV.) wäre alles anders gekommen; ich hätte diesen jungen Hencke nicht kennengelernt, ich hätte vielleicht nie wieder von Hanna gehört, ich wüßte heute noch nicht, daß ich Vater bin. Es ist nicht auszudenken, wie anders alles gekommen wäre ohne diese Notlandung in Tamaulipas. Vielleicht würde Sabeth noch leben. Ich bestreite nicht: Es war mehr als Zufall, daß alles so gekommen ist, es war eine ganze Kette von Zufällen. Aber wieso Fügung? Ich brauche, um das Unwahrscheinliche als Erfahrungstatsache gelten zu lassen, keinerlei Mystik; Mathematik genügt mir. Das Wahrscheinliche und das Unwahrscheinliche unterscheiden sich nicht dem Wesen nach, sondern nur

> der Häufigkeit nach, wobei das Häufigere von vornherein als glaubwürdiger erscheint. Es ist aber, wenn einmal das Unwahrscheinliche eintritt, nichts Höheres dabei, keinerlei Wunder oder Derartiges, wie es der Laie so gerne haben möchte. Indem wir vom Wahrscheinlichen sprechen, ist ja das Unwahrscheinliche immer schon inbegriffen und zwar als Grenzfall des Möglichen, und wenn es einmal eintritt, das Unwahrscheinliche, so besteht für unsereinen keinerlei Grund zur Verwunderung, zur Erschütterung, zur Mystifikation.

Max Frisch hat auf den ersten Seiten seines Romans in wunderbarer Weise Wahrscheinlichkeit interpretiert. Er lässt seinen Protagonisten Walter Faber, der die Welt, das Leben anfangs als berechenbare Größe auffasst, eine Reihe von Ereignissen erleben, die ihn dazu führen, am Ende doch nicht mehr alles als berechenbar anzusehen. In diesem Sinne sehen wir auch Statistik: Viele Phänomene lassen sich entdecken und beschreiben, oft jedoch nicht wirklich erklären.

Elena Esposito untersucht in ihrem – vor allem für Statistiker – sehr lesenswerten Essay «Die Fiktion der wahrscheinlichen Realität» die Wirkung der Wahrscheinlichkeit auf die Realität.

> Die Mathematisierung der Wahrscheinlichkeit ... neigt ... dazu, diese als objektive Kategorie der Erkenntnis und nicht einfach als Berechnung zu präsentieren. ... Die Wahrscheinlichkeitsrechnung entwickelt sich zu einer sicheren Methode für die Untersuchung unsicherer Gegenstände und nicht zu der Disziplin der Unsicherheit, die sie ursprünglich war.» [7, Seite 39]

Die Wahrscheinlichkeitsrechnung ist aus dem Glücksspiel entstanden und diente daher ursprünglich der Beschreibung der Unsicherheit und konnte als Grad des Vertrauens interpretiert werden. Esposito [7, Seite 12] zeigt auf, dass mit der Entstehung der modernen Wahrscheinlichkeitstheorie der Übergang zu einer Erklärung der Realität vollzogen wurde und damit die Wahrscheinlichkeit nunmehr als eine Art der Erkenntnis interpretiert wird. «Man weiß genau, dass eine konkret berechnete Wahrscheinlichkeit im Hinblick auf die Zukunft keine Sicherheit bietet. Doch in welchem Verhältnis steht sie dann überhaupt zur Realität?» [7, Seite 10]. Dieser Frage können wir hier nicht nachgehen, doch sollte man sich bei der – vor allem ökonomischen – Anwendung der Wahrscheinlichkeitsrechnung die Wechselwirkung zwischen Fiktion (Prognose) und Realität bewusst machen.

Erfolgt z. B. die Berechnung einer Wahrscheinlichkeit für das Eintreten eines Kursanstiegs innerhalb eines bestimmten Zeitraums (siehe Abschnitt 23.1), dann kann man dem Versuch unterliegen, dass hier eine Realität erklärt wird.

Jedoch ist die Rechnung letztlich die gleiche wie für das Würfelspiel. «Wahrscheinlichkeiten lassen sich berechnen, man kann auf ihrer Grundlage Prognosen erstellen. Dabei ist jedoch vollkommen klar, dass es sich um reine Fiktion handelt, denn die zukünftigen Gegenwarten werden nicht mehr oder weniger wahrscheinlich sein, sie werden sich nicht zu 40 oder 75 Prozent verwirklichen, sondern genauso so, wie sie sein werden.» [7, Seite 31]

20.2 Zufallsexperimente

Zufallsexperimente sind Experimente deren Ausgang nicht vorhersagbar sind. Der unbekannte Ausgang wird als Zufall bezeichnet. Ein Würfel liefert beispielsweise zufällig Zahlen zwischen 1 und 6.

R-Anweisung
Mit dem Befehl

```
> x <- sample(1:6, size = 10, replace = TRUE)
> cat("Zufallsergebnis =", x)

Zufallsergebnis = 6 1 5 2 6 3 5 6 4 1
```

wird eine einfache Zufallsstichprobe mit 10 Elementen erzeugt.

Jede Wiederholung des Versuchs wird mit hoher Wahrscheinlichkeit andere Werte zeigen.

Der Ausgang eines Zufallsexperiments wird als **Ergebnis** bezeichnet. Die möglichen Ergebnisse heißen **Ereignisse**. Ereignisse werden mit $A, B, \ldots$ oder mit $A_1, A_2, \ldots$ bezeichnet. Handelt es sich bei einem Ereignis um eine einelementige Teilmenge von der Ergebnismenge, dann werden die Ereignisse als **Elementarereignis** ω bezeichnet. Die Menge der Elementarereignisse wird mit Ω bezeichnet und heißt **Ergebnismenge**. Beispiel für einen Würfel, der eine Sechs nach einem Wurf anzeigt:

$$A = \omega_6 = 6$$
$$\Omega = \{1,2,3,4,5,6\}$$

Werden z. B. die geraden Zahlen eines Würfels als Ereignis A festgelegt, so ist das Ereignis aus den Elementarereignissen $\omega_2 = 2, \omega_4 = 4, \omega_6 = 6$ zusammengesetzt.

Die Ergebnismenge Ω kann aber auch unendlich sein. Das einfache Spiel Mensch-ärgere-Dich-nicht führt zu einer theoretisch unendlichen Ergebnismenge. Das Ergebnis des Experiments ist die Anzahl der Würfe mit einem Würfel, bis zum ersten Mal eine Sechs auftritt. Da keine sichere Obergrenze für die Anzahl der Würfe bis zum ersten Auftreten einer Sechs angegeben werden kann, ist die Menge

$$\Omega = \{1,2,3,\ldots\} = \mathbb{N}$$

der natürlichen Zahlen eine geeignete Ergebnismenge. Es ist dabei theoretisch nicht auszuschließen, dass keine Sechs auftritt und somit die Ergebnismenge beim Warten auf die erste Sechs unendlich viele Elemente enthält.

Die hier beschriebenen Ergebnismengen werden als diskret bezeichnet, d. h. sie sind endlich oder abzählbar unendlich. In Abschnitt 21.2 werden wir die Ergebnismenge Ω auf die reellen Zahlen erweitern, die nicht abzählbar sind.

20.3 Ereignisoperationen

Ereignisse können als Teilmengen der Ergebnismenge Ω betrachtet werden. Daher können sie mit mengentheoretischen Operationen beschrieben werden. Die Operationen erfolgen innerhalb der Ergebnismenge Ω und sind auf die Betrachtung diskreter (abzählbarer) Ereignisse beschränkt. Werden stetige (überabzählbare) Ereignisse betrachtet, so ist die Einführung einer Algebra notwendig (siehe Abschnitt 21.2). Im Folgenden werden die vier elementaren Ereignisoperationen (Mengenoperationen) beschrieben und in Mengendiagrammen (Venn-Diagramme) dargestellt.

Komplementärereignis: Tritt das Ereignis A nicht ein, wird es als komplementäres Ereignis $\overline{A}$ bezeichnet. Es ist die Menge, die die Menge A nicht beinhaltet. Das komplementäre Ereignis $\overline{A}$ ist die logische Verneinung des Ereignisses A (siehe Abb. 20.1 oben links).

Durchschnittsereignis: Der Durchschnitt zweier Ereignisse besteht aus den Ereignissen, die sowohl zur Menge A als auch zur Menge B gehören. Das Durchschnittsereignis wird mit $A \cap B$ bezeichnet und tritt ein, wenn sowohl das Ereignis A als auch das Ereignis B eintreten. Der Durchschnitt ist das logische UND (siehe Abb. 20.1 oben rechts). Ist die Durchschnittsmenge leer (die beiden Mengen überschneiden sich nicht), so werden die Mengen bzw. Ereignisse als disjunkt bezeichnet. Die Ereignisse A und B schließen sich gegenseitig aus.

Vereinigungsereignis: Die Vereinigung zweier Ereignisse umfasst alle Ereignisse, die sowohl zur Menge A als auch zur Menge B gehören. Das Vereinigungsereignis wird mit $A \cup B$ bezeichnet und tritt ein, wenn das Ereignis A oder das Ereignis B eintritt. Die Vereinigung ist das logische ODER (siehe Abb. 20.1 unten links).

Differenzereignis: Die Differenz zweier Ereignisse besteht aus den Ereignissen, die zur Menge A aber nicht zur Menge B gehören. Das Differenzereignis wird $A \setminus B$ bezeichnet und tritt ein, wenn A aber nicht B eintritt (siehe Abb. 20.1 unten rechts).

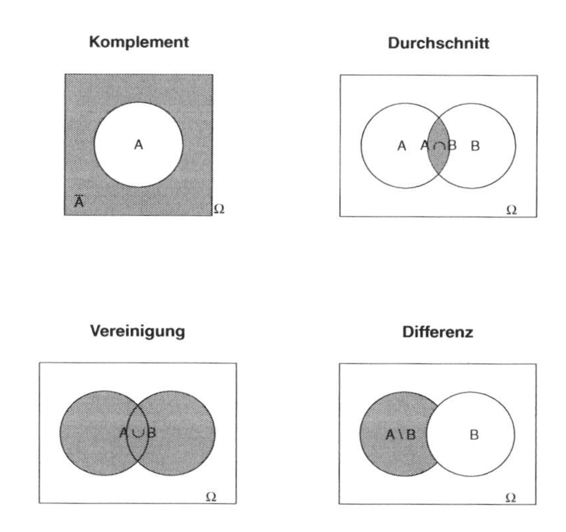

Abb. 20.1: Mengendiagramme elementarer Mengenoperationen

20.4 Zufallsstichproben

Ein Zufallsexperiment liefert eine Zufallsstichprobe. Bei einem neuen Versuch werden wahrscheinlich andere Werte in der Zufallsstichprobe enthalten sein. In einem Programm kann man jedoch den Zufallsgenerator zurückstellen, so dass immer die gleichen Zufallszahlen erzeugt werden. Die folgenden Zufallszahlen stammen von einem simulierten Würfel.

R-Anweisung
Mit dem Befehl

```
> set.seed(10)
```

wird sichergestellt, dass bei einem erneuten Befehlsaufruf wieder die gleichen Zufallszahlen ausgewiesen werden. Mit dieser Anweisung lassen sich z. B. Simulationen exakt wiederholen.

```
> (x <- sample(1:6, size = 10, replace = TRUE))

 [1] 4 2 3 5 1 2 2 2 4 3
```

Mit

```
> sample(s.bmw, size = 20, replace = FALSE)

 [1] 34.23 34.02 33.45 32.76 34.48 35.21 33.17 34.25 34.56 33.66
[11] 34.00 33.36 34.30 34.76 34.96 33.10 32.72 34.47 32.55 34.46
```

können Zufallsstichproben ohne Wiederholung aus dem BMW Datensatz gezogen werden.

SPSS-Anweisung
In SPSS können Zufallsstichproben nur aus vorhanden Datensätzen gezogen werden. Den Befehl findet man unter `Daten > Fälle auswählen > Zufallsstichprobe`. Es handelt sich dabei um Zufallsstichproben ohne Zurücklegen. Eine Stichprobe mit Zurücklegen kann nicht gezogen werden. Unter `Transformieren > Zufallsgeneratoren` kann der Zufallsgenerator eingestellt werden.

20.5 Wahrscheinlichkeitsberechnungen

Die Wahrscheinlichkeit für ein Ereignis A wird mit $\Pr(A)$ bezeichnet. Sie ist durch einen **Wahrscheinlichkeitsraum** definiert, der aus der Ergebnismenge Ω und einem Wahrscheinlichkeitsmaß $\Pr(\cdot)$[1] besteht.

$$\Big(\Omega, \Pr(\cdot)\Big)$$

Im Folgenden wird die intuitive Abzähltechnik der Wahrscheinlichkeitsrechnung beschrieben . Sie ist nur auf diskrete Ergebnismengen anwendbar und kann in drei grundlegende Ansätze unterteilt werden.

- Laplace Wahrscheinlichkeit
- von Mises Wahrscheinlichkeit
- subjektive Wahrscheinlichkeit

[1] Pr steht für engl. probability.

Laplace Wahrscheinlichkeit

Die Wahrscheinlichkeit nach Laplace ist der Quotient der «günstigen» zu den «möglichen» Ereignissen. Die kritische Voraussetzung für dieses Verhältnis ist, dass die Elementarereignisse alle **gleich wahrscheinlich** sein müssen.

$$\Pr(A) = \frac{n(A)}{n(\Omega)}$$

Die Wahrscheinlichkeit mit einem Würfel eine 6 zu würfeln, ist nach Laplace also

$$\Pr(A = 6) = \frac{n(A = 6)}{n(\Omega)} = \frac{1}{6}$$

Die Wahrscheinlichkeit für eine gerade Zahl beim Würfeln beträgt

$$\Pr(A = \text{gerade}) = \frac{n(A)}{n(\Omega)} = \frac{3}{6}$$

In anderen Fällen ist das Auszählen der günstigen und möglichen Fälle notwendig. Ein Beispiel ist das Lottospiel 6 aus 49. Es werden 6 aus 49 Kugeln gezogen, wobei m «Richtige» dabei sein müssen. Hier erfolgt das Zählen der günstigen und möglichen Ereignisse mittels der **Kombinatorik**.

> **Exkurs:** Im Kern geht es um die **Permutation**, die **Kombination** und die **Variation**. Bei der Permutation werden die verschiedenen Anordnungen von n Elementen aus einer Grundgesamtheit gezählt. Die Kombination berechnet die verschiedenen Möglichkeiten aus einer Grundgesamtheit m Elemente zu entnehmen, wenn die Reihenfolge der Entnahme keine Rolle spielt. Ist die Reihenfolge von Bedeutung, spricht man von einer Variation.
>
> In der Kombinatorik wird oft die **Fakultät** verwendet. Sie ist als eine natürliche Zahl n definiert, die sich aus dem Produkt der Zahlen $n\,(n-1)\,(n-2) \times \ldots \times 1$ definiert. Außerdem gilt $0! = 1$.
>
> Die verschiedenen Fälle werden am Würfel und am Urnenmodell erläutert (weitergehende Erläuterungen siehe [15, Kap. 3]).
>
> Ein Würfel mit $n = 6$ Zahlen wird $m = 10$-mal gewürfelt. Da sich die Zahlen wiederholen, handelt es sich um eine **Zufallstichprobe mit Zurücklegen**. Die Reihenfolge in der die Ereignisse eintreten, wird beachtet. Es liegt eine **Variation mit Zurücklegen** vor. Dann ist die Anzahl der verschiedenen Anordnungen mit
>
> $$n \times \underbrace{\ldots}_{n\text{-mal}} \times n = n^m$$

berechenbar. Bei jeder der m Würfe wird aus $n = 6$ Elementen ausgewählt. In unserem Fall liegen

$$6^{10} = 60466176$$

verschiedene Anordnungen vor.

Wird die Reihenfolge der Zahlen bei der Zählung der Anordnungen **nicht** berücksichtigt, dann liegt eine **Kombination mit Zurücklegen** vor. Es können dann

$$\binom{n+m-1}{m} = \binom{6+10-1}{10} = 3003$$

verschiedene Möglichkeiten auftreten. Ein Element kann bis zu m-mal ausgewählt werden. Statt ein Element zurückzulegen, kann man sich die n Elemente auch um die Zahl der Wiederholungen ergänzt denken. Die n Elemente werden also um $m - 1$ Elemente, von denen jedes für eine Wiederholung steht, ergänzt. Dabei werden nur $m - 1$ Elemente ergänzt, weil eine Position durch die erste Auswahl festgelegt ist; außerdem können nur $m - 1$ Wiederholungen erfolgen. Damit ist die Anzahl von Kombinationen mit m aus n Elementen mit Wiederholung gleich der Anzahl der Kombinationen von m Elementen aus $n + m - 1$ Elementen ohne Wiederholung.

Im nächsten Fall betrachten wir eine Urne mit 6 Kugeln, aus der 5 Kugeln gezogen werden. Die Kugeln werden nach der Ziehung nicht wieder in die Urne zurückgelegt. Diese Situation wird als **Zufallsstichprobe ohne Zurücklegen** bezeichnet. Die Reihenfolge in der die Elemente gezogen werden, wird wieder beachtet. Es liegt eine **Variation ohne Zurücklegen** vor. Die Anzahl der verschiedenen Anordnungen ist mit der Formel

$$n \times (n-1) \times \ldots \times (n-m+1) = \frac{n!}{(n-m)!}$$

berechenbar. Bei n Elementen gibt es $n!$ Anordnungen (Permutationen). Da aber eine Auswahl von m aus n Elementen betrachtet wird, werden nur die ersten m ausgewählten Elemente betrachtet, wobei jedes Element nur einmal ausgewählt werden darf. Die restlichen $n - m$ Elemente werden nicht beachtet. Daher ist jede ihrer $(n - m)!$ Anordnungen hier ohne Bedeutung. Sie müssen aus den $n!$ Anordnungen herausgerechnet werden. Für $n = m$ folgt für die obige Gleichung $n!$. In unserem Beispiel können

$$\frac{6!}{(6-5)!} = 720$$

verschiedene Anordnungen auftreten.

Werden die gezogenen Kugeln nicht zurückgelegt und ist die Reihenfolge der Ziehung der Kugel ohne Bedeutung, dann können

$$\frac{n!}{m!\,(n-m)!} = \binom{n}{m}$$

verschiedene Anordnungen auftreten. Es handelt sich dann um eine **Kombination ohne Zurücklegen**. Die Situation ist vergleichbar mit der Variation ohne Zurücklegen, nur bleibt die Anordnung der m Elemente unberücksichtigt. Ihre Anzahl beträgt $m!$ und ist heraus zurechnen. Die obige Formel wird als **Binomialkoeffizient** bezeichnet. In dem Urnenbeispiel können nun bei 5 Zügen

$$\binom{6}{5} = 6$$

verschiedene Anordnungen entstehen.

Eine Zusammenfassung der Formeln (siehe Tab. 20.1):

Tabelle 20.1: Kombinatorik

	mit Zurücklegen	ohne Zurücklegen
mit Reihenfolge	n^m	$\frac{n!}{(n-m)!}$
ohne Reihenfolge	$\binom{n+m-1}{m}$	$\binom{n}{m}$

Betrachten wir nun das Lottospiel 6 aus 49 für 2 Richtige[2]. Im ersten Schritt wird die Wahrscheinlichkeit für eine Anordnung von 2 «richtigen» Zahlen berechnet. Es sind 6 Zahlen auf dem Lottoschein zu tippen, wovon 2 «Richtige» bei der Ausspielung gezogen werden. 4 getippte Zahlen auf dem Lottoschein dürfen nicht ausgespielt werden. Eine Anordnung bedeutet, dass z. B. die beiden richtigen Zahlen in den ersten beiden Zügen gezogen werden. Grundsätzlich ist es egal, in welchen der 6 Züge die richtigen Zahlen gezogen werden. Für die Auswahl dieser «falschen» Zahlen stehen $49 - 6 = 43$ zur Verfügung. Aus diesen dürfen die $6 - 2 = 4$ getippten nicht gezogen werden (die «Falsche»). Hierfür existieren

$$\binom{43}{4} = \frac{43!}{4!\,(43-4)!} = 123410$$

Möglichkeiten. Für **eine** Anordnung von 2 «Richtigen» existieren also

[2] Es werden nur 2 Richtige betrachtet, weil sonst die Wahrscheinlichkeit sehr klein ist.

$$n(\text{einer Anordnung für 2 Richtige}) = 1 \times \binom{43}{4} \tag{20.1}$$

Möglichkeiten. Es sind die «günstigen» Möglichkeiten.

Die Zahl der «möglichen» Kombinationen 6 aus 49 Kugeln zu ziehen, beträgt

$$n(\Omega) = \binom{49}{6} = 13983816$$

Die Wahrscheinlichkeit für **genau eine** Anordnung von Kugeln ist damit

$$\Pr\left(\text{einer Anordnung für 2 Richtige}\right) = \frac{1 \times \binom{43}{4}}{\binom{49}{6}} = \frac{123410}{13983816} = 0.0088$$

Da aber die Reihenfolge, in welcher die Kugeln gezogen werden, für das Ergebnis ohne Bedeutung ist, treten genau $\binom{6}{2}$ verschiedene Anordnungen von Kugeln auf, die alle zu einem Gewinn führen. Die «günstigen» Fälle (20.1) sind also mit $\binom{6}{2} = 15$ zu multiplizieren und die Wahrscheinlichkeit für 2 Richtige beträgt somit

$$\Pr(\text{2 Richtige}) = \frac{\binom{6}{2}\binom{43}{4}}{\binom{49}{6}} = 0.1324 \tag{20.2}$$

Diese **Wahrscheinlichkeiten** sind alle **a priori** bestimmt worden, also vor bzw. ohne Durchführung eines Experiments.

R-Anweisungen
Mit dem `choose` Befehl wird der Binomialkoeffizient berechnet. Im Zähler steht die Anzahl der günstigen Ereignisse. Im Nenner steht die Anzahl der möglichen Ereignisse.

```
> wins <- 2
> choose(43, 6 - 2) * choose(6, wins)/choose(49, 6)

[1] 0.132378
```

Von Mises Wahrscheinlichkeit

Bei der Berechnung der Wahrscheinlichkeit nach von Mises, wird die Wahrscheinlichkeit aus dem Grenzwert einer Folge von relativen Häufigkeiten bestimmt. Die Bestimmung der Wahrscheinlichkeit erfolgt hier erst nach

Durchführung der Experimente und wird daher als **a posteriori** oder **empirische Wahrscheinlichkeit** bezeichnet.

$$\Pr(A) = \lim_{n \to \infty} f_n(A) \tag{20.3}$$

Damit die Wahrscheinlichkeitsberechnung nach Gl. (20.3) vorgenommen werden kann, muss eine hohe Zahl von Versuchen durchgeführt werden. Es wird $n = 300$ gesetzt, also 300 Würfe werden simuliert, wenngleich dies von unendlich weit noch unendlich entfernt ist.

$$\Pr(6) = 0.1667$$

R-Anweisung
Mit `sample` wird eine einfache Zufallsstichprobe erzeugt. Hier werden 300 Zahlen aus dem Bereich 1 bis 6 zufällig gezogen. In der dritten Befehlszeile werden die Werte auf `wahr` gesetzt, die den Wert 6 besitzen $x == 6$. Mit `mean()` wird hier die relative Häufigkeit berechnet, da nur `wahr=1` und `falsch=0` addiert werden. Der Grenzwert der relativen Häufigkeit ist nach von Mises ein Maß für die Wahrscheinlichkeit.

```
> set.seed(10)
> x <- sample(1:6, size = 300, replace = TRUE)
> mean(x == 6)

[1] 0.1666667
```

Es wird (näherungsweise) die gleiche Wahrscheinlichkeit $\frac{1}{6}$ wie bei der a priori Wahrscheinlichkeit ausgewiesen: In $\frac{1}{6}$ der Fälle tritt eine Sechs auf. Man kann sich die Folge der relativen Häufigkeiten, deren Grenzwert als Wahrscheinlichkeit festgelegt ist, auch grafisch ansehen. Eine mögliche Folge der relativen Häufigkeiten ist in der Abb. 20.2 dargestellt.

Die Folge der relativen Häufigkeiten konvergiert gegen $\frac{1}{6}$. Ob dies zufällig oder gesetzmäßig ist, wird mit dem schwachen Gesetz der großen Zahlen beantwortet. Hierzu mehr unter Abschnitt 26.2.

R-Anweisung für Experten
Die Grafik kann dann mit folgender Befehlsfolge gezeichnet werden.

```
> x <- sample(1:6, size = n, replace = TRUE)
> p.mises <- cumsum(x == 6)/(1:n)
> plot(p.mises, type = "l", ylab = expression(f[n](6)),
```

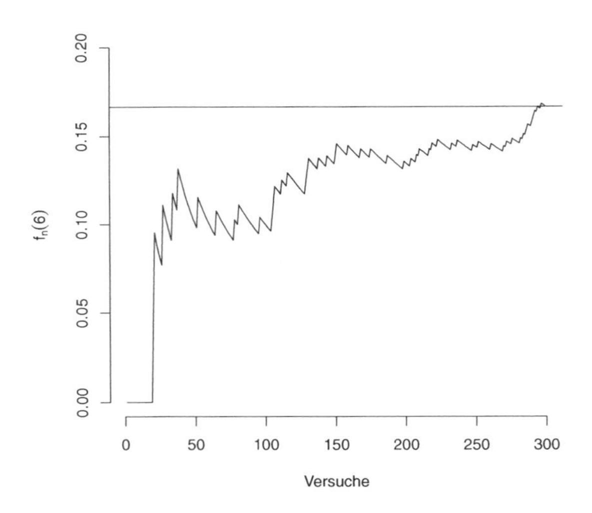

Abb. 20.2: Empirische Wahrscheinlichkeit einer Sechs beim Würfeln

```
+     bty = "n", ylim = c(0, 0.2))
> abline(h = 1/6)
```

Und noch einmal das Lottospiel: Nun der Versuch, die Wahrscheinlichkeit von 2 Richtigen im Lottospiel empirisch zu berechnen. Dazu wird zuerst das Lottoexperiment programmiert.

R-Anweisung für Experten

```
> lotto.experiment <- function(n.games = 1, n.balls = 49,
+     n.playout = 6, rn.start = 10) {
+     result <- matrix(0, n.playout, n.games)
+     set.seed(rn.start)
+     for (i in 1:n.games) {
+         result[, i] <- sort(sample(1:n.balls, n.playout))
+     }
+     colnames(result) <- paste(1:n.games, ":", sep = "")
+     result
+ }
```

Mit der folgenden Anweisung werden 300 Spiele simuliert. Die Auswahl der Zahlen ist willkürlich. Die Wahrscheinlichkeit, abgeschätzt durch die relative Häufigkeit, liegt für 2 «Richtige» nach 300 Spielen bei

$$\Pr\left(2 \text{ Richtige}\right) = 0.1467$$

R-Anweisung für Experten

```
> wins <- 2
> n <- 300
> select <- c(4,15,20,21,22,25) # Lottotipp
> x <- lotto.experiment(n)
> success <- matrix(0,n)
> for(i in 1:n){success[i] <- sum(select %in% x[,i])==wins}
> (pr <- sum(success)/n)

[1] 0.1466667
```

Nach Laplace beträgt die Wahrscheinlichkeit dafür $\Pr(2 \text{ Richtige}) = 0.1324$. Existiert die Differenz, weil zu wenig Versuche unternommen werden? Die grafische Darstellung (siehe Abb. 20.3) der relativen Häufigkeiten zeigt wieder das Bild einer Folge von relativen Häufigkeiten, welche zu der Laplace Wahrscheinlichkeit konvergiert. Es handelt sich um eine Zufallsfolge, deren Verlauf mit jedem Versuch anders aussieht, aber immer gegen 0.1324 konvergiert.

Subjektive Wahrscheinlichkeit

Bei der subjektiven Wahrscheinlichkeitsbestimmung geht man häufig von einer **Wettchance** (engl. odds) aus, die in einem Verhältnis $a \div b$ ausgedrückt wird. Dieses Verhältnis kann man in eine Wahrscheinlichkeit für das Ereignis A umrechnen.

$$\frac{a}{b} = \frac{\Pr(A)}{\Pr(\overline{A})} \qquad \Rightarrow \qquad \Pr(A) = \frac{a}{a+b}$$

Für die Auflösung der obigen Gleichung wird die Normierung $\Pr\left(A\right) + \Pr\left(\overline{A}\right) = 1$ verwendet (siehe Abschnitt 20.6).

Bei einer Wettchance von $1 \div 5$ für das Ereignis $A = 6$ stellt sich auch die Wahrscheinlichkeit

$$\Pr(A = 6) = \frac{1}{1+5} = \frac{1}{6}$$

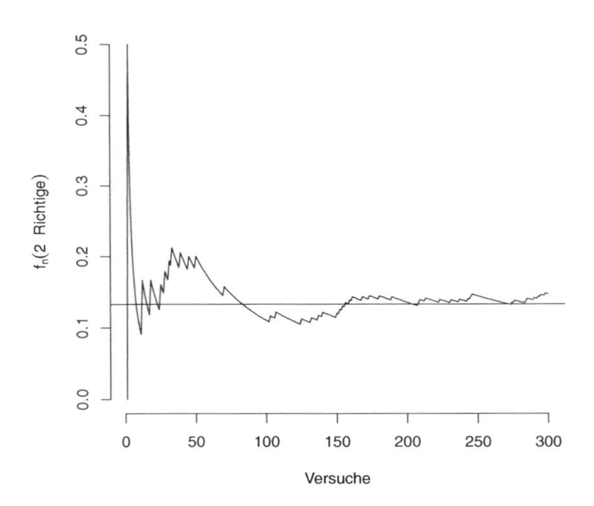

Abb. 20.3: Empirische Wahrscheinlichkeit von 2 Richtigen im Lotto

ein. Werden nur gerade und ungerade Zahlen beim Würfel unterschieden, so ist das Wettverhältnis:

$$\frac{a}{b} = \frac{3}{3} \qquad \Rightarrow \quad \Pr(A) = \frac{3}{3+3} = 0.5$$

Im Lotto beträgt die Wettchance für 2 Richtige

$$a = \binom{6}{2}\binom{43}{4} = 1851150 \quad \text{zu} \quad b = \sum_{\substack{i=0 \\ i \neq 2}}^{6} \binom{6}{i}\binom{43}{6-i} = 12132666$$

oder 1 zu 6.554124. Die Wahrscheinlichkeit ist folglich wieder

$$\Pr(2 \text{ Richtige}) = \frac{1}{1 + 6.554124} = 0.1323780$$

20.6 Kolmogorovsche Axiome

Keine der obigen Wahrscheinlichkeitsbegriffe ist für eine Definition der Wahrscheinlichkeit geeignet. Was aber existiert, ist eine Vereinbarung zum Rechnen mit Wahrscheinlichkeiten, die **Kolmogorovschen Axiome**. Jedem Elementarereignis $\{\omega_j\}$ aus der abzählbaren unendlichen Ergebnismenge

$$\Omega = \{\omega_1, \omega_2, \dots\}$$

wird eine Wahrscheinlichkeit

$$\Pr(\omega_j) \geq 0$$

zugeordnet, wobei

$$\sum_{j=1}^{\infty} \Pr(\omega_j) = 1$$

erfüllt sein muss. Wir definieren dann die Wahrscheinlichkeit für ein Ereignis A als

$$\Pr(A) = \sum_{j \in \mathbb{N}: \omega_j \in A} \Pr(\omega_j) \quad \text{für } A \subset \Omega.$$

Für die Wahrscheinlichkeit eines Ereignisses A gilt dann, dass

$$\Pr(A) \geq 0 \qquad \text{(Nichtnegativität)}$$
$$\Pr(\Omega) = 1 \qquad \text{(Normierung)}$$

Sind alle A_i disjunkt, dann gilt

$$\Pr(A_1 \cup A_2 \cup \ldots) = \sum_{i=1}^{\infty} \Pr(A_i) \qquad (\sigma\text{-Additivität})$$

gilt. Mit der **Sigma-Additivität** wird die Additivität von abzählbar unendlich vielen disjunkten Mengen A_i ($i \in \mathbb{N}$) bezeichnet, wenn

$$\Pr(\dot{\bigcup}_{i \in \mathbb{N}} A_i) = \sum_{i \in \mathbb{N}} \Pr(A_i)$$

gilt[3]. Liegen nur endlich viele Mengen (Ereignisse) vor, dann wird aus der σ-Additivität die «normale» Additivität.

Man bezeichnet die Festlegung der Wahrscheinlichkeit $\Pr(\cdot)$ auf die Teilmengen von Ω als einen **Wahrscheinlichkeitsraum** $(\Omega, \Pr(\cdot))$.

Zwei Ereignisse A und B werden als disjunkt bezeichnet, wenn die Schnittmenge $A \cap B = \emptyset$ die leere Menge ergibt. Die Additivität der Wahrscheinlichkeiten bedeutet dann, dass $\Pr(A \cup B) = \Pr(A) + \Pr(B)$ gilt. Aus der Additivität für **disjunkte** Ereignisse folgt der **Additionssatz**, der hier für zwei Ereignisse angegeben wird.

$$\Pr(A \cup B) = \Pr(A) + \Pr(B) - \Pr(A \cap B)$$

Der Additionssatz wird am folgenden Beispiel deutlich: In einer Urne mit 200 Kugeln befinden sich 40 rote Kugeln und 80 grüne Kugeln. Die Wahrscheinlichkeit für das Ziehen einer roten Kugel (R) beträgt

[3] Mit $\dot{\bigcup}$ wird die Vereinigung disjunkter Mengen bezeichnet.

$$\Pr(R) = \frac{40}{200} = 0.2$$

Die Wahrscheinlichkeit für das Ziehen einer grünen Kugel (G) beträgt

$$\Pr(G) = \frac{80}{200} = 0.4$$

Da sich G und R gegenseitig ausschließen, beträgt die Wahrscheinlichkeit für das Ziehen einer grünen oder roten Kugel

$$\Pr(G \cup R) = \Pr(G) + \Pr(R) = 0.4 + 0.2 = 0.6$$

Nun betrachten wir eine Urne in der von den 40 roten Kugeln 5 rote Kugeln mit einem Stern (S) gekennzeichnet sind. Insgesamt besitzen 15 Kugeln einen Stern. Die Wahrscheinlichkeiten für eine Kugel mit Stern und eine rote Kugel mit Stern sind

$$\Pr(S) = \frac{15}{200} = 0.075 \qquad \Pr(R \cap S) = \frac{5}{200} = 0.025$$

Die Wahrscheinlichkeit dafür, dass die gezogene Kugel rot oder mit einem Stern gekennzeichnet ist, beträgt

$$\Pr(R \cup S) = \Pr(R) + \Pr(S) - \Pr(R \cap S) = 0.2 + 0.075 - 0.025 = 0.25$$

Die Wahrscheinlichkeit für rote Kugeln mit Stern muss abgezogen werden, da diese Schnittmenge bereits in den Wahrscheinlichkeiten $\Pr(S)$ und $\Pr(R)$ enthalten ist.

20.7 Bedingte Wahrscheinlichkeit und Satz von Bayes

Statt das Interesse auf die gesamte Ereignismenge Ω eines Wahrscheinlichkeitsraums zu richten, kann sich das Interesse auch auf eine Teilmenge $B \subset \Omega$ beschränken (siehe Abb. 20.4).

Beispiel: Unter der Bedingung eine rote Kugel zu ziehen, wird die Wahrscheinlichkeit gesucht, dass diese rote Kugel auch einen Stern besitzt.

Der durch B bedingte Wahrscheinlichkeitsraum $\big(B, \Pr(\cdot \mid B)\big)$ liefert die bedingte Wahrscheinlichkeit

$$\Pr(A \mid B) = \frac{\Pr(A \cap B)}{\Pr(B)} \quad \text{für } A, B \in \Omega \text{ und } \Pr(B) > 0 \tag{20.4}$$

Eine bedingte Wahrscheinlichkeit von A kann größer, gleich oder kleiner sein als die nicht bedingte Wahrscheinlichkeit von A.

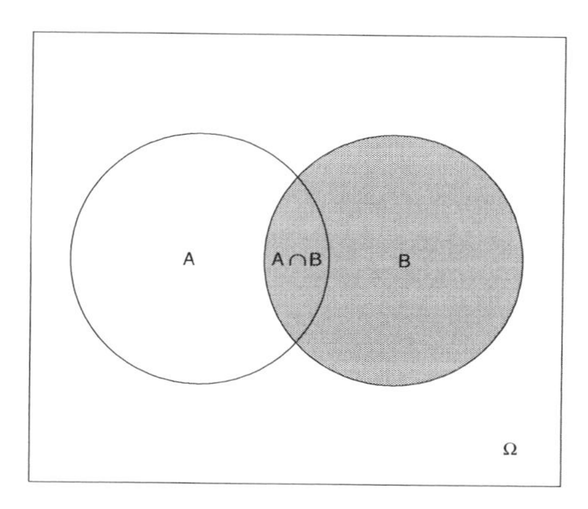

Abb. 20.4: Wahrscheinlichkeit von A unter der Bedingung B

Für das vorhin angeführte Beispiel beträgt die Wahrscheinlichkeit

$$\Pr(S \mid R) = \frac{0.025}{0.2} = 0.125$$

Aus der Definition der bedingten Wahrscheinlichkeit folgt durch einfache Umformung unmittelbar der **Multiplikationssatz** für zwei Ereignisse.

$$\Pr(A \cap B) = \Pr(A \mid B)\Pr(B) = \Pr(B \mid A)\Pr(A)$$

Die bedingte Wahrscheinlichkeit wird zur Definition der **statistischen Unabhängigkeit** eingesetzt. Zwei Ereignisse heißen statistisch unabhängig, wenn

$$\Pr(A \cap B) = \Pr(A)\Pr(B)$$

gilt. Die statistische Unabhängigkeit ist symmetrisch. Ist A von B unabhängig, dann ist auch B von A unabhängig. Aus der bedingten Wahrscheinlichkeit ergibt sich der **Satz der totalen Wahrscheinlichkeit**. A und $\overline{A}$ sind zwei disjunkte Ereignisse. Das Ereignis B ist aus den bedingten Wahrscheinlichkeiten $\Pr(B \mid A)$ und $\Pr(B \mid \overline{A})$ über den Satz der totalen Wahrscheinlichkeit bestimmbar.

$$\begin{aligned}\Pr(B) &= \Pr(B \mid A)\Pr(A) + \Pr(B \mid \overline{A})\Pr(\overline{A}) \\ &= \Pr(A \cap B) + \Pr(\overline{A} \cap B)\end{aligned}$$

Exkurs: Es wird eine Ziehung aus einer Urne ohne Zurücklegen betrachtet. Die Urne enthält m rote Kugeln und $n - m$ grüne Kugeln.

Wie groß ist die Wahrscheinlichkeit im i-ten Zug eine rote Kugel zu ziehen? Das Ereignis wird im Folgenden mit A_i bezeichnet. Im ersten Zug eine rote Kugel zu ziehen, beträgt

$$\Pr(A_1) = \frac{m}{n}$$

Unter der Voraussetzung, dass im ersten Zug eine rote Kugel gezogen wird, beträgt die Wahrscheinlichkeit für eine rote Kugel im zweiten Zug

$$\Pr(A_2 \mid A_1) = \frac{m-1}{n-1}$$

Sind in den ersten beiden Zügen rote Kugeln gezogen worden, so beträgt die Wahrscheinlichkeit für eine rote Kugel im dritten Zug

$$\Pr(A_3 \mid A_2 \cap A_1) = \frac{m-2}{n-2}$$

Diese Überlegung lässt sich fortführen. Nun kann die Wahrscheinlichkeit für eine rote Kugel im zweiten Zug ermittelt werden. Sie setzt sich zusammen aus der Wahrscheinlichkeit im ersten und im zweiten Zug eine rote Kugel zu ziehen oder im ersten Zug keine rote Kugel und im zweiten Zug eine rote Kugel zu ziehen.

$$\begin{aligned}
\Pr(A_2) &= \Pr(A_1 \cap A_2) \cup \Pr(\overline{A}_1 \cap A_2) \\
&= \Pr(A_2 \mid A_1) \Pr(A_1) + \Pr(A_2 \mid \overline{A}_1) \Pr(\overline{A}_1) \\
&= \frac{m-1}{n-1} \frac{m}{n} + \frac{m}{n-1} \frac{n-m}{n} = \frac{m}{n}
\end{aligned}$$

Dies ist der **Satz der totalen Wahrscheinlichkeit**. Die Wahrscheinlichkeit im i-ten Zug eine rote Kugel zu ziehen ist hier also konstant, obwohl sich die Zusammensetzung der Urne durch die Ziehung ohne Zurücklegen mit jedem Zug verändert. Sie beträgt $\Pr(A_i) = \frac{m}{n}$. Die Ursache dieses verblüffenden Ergebnisses liegt darin begründet, dass die relative Zusammensetzung für das Ereignis A_i gleich bleibt.

Der **Satz von Bayes** stellt nun unter Verwendung des Satzes der totalen Wahrscheinlichkeit den Zusammenhang zwischen $\Pr(A \mid B)$ und $\Pr(B \mid A)$ her.

$$\Pr(A \mid B) = \frac{\Pr(B \mid A) \Pr(A)}{\Pr(B \mid A) \Pr(A) + \Pr(B \mid \overline{A}) \Pr(\overline{A})}$$

Interpretation des Bayesanischen Satzes: Man besitzt Vorwissen über das Zufallsereignis A, das sich in Form der Wahrscheinlichkeit $\Pr(A)$ angeben lässt. Diese Wahrscheinlichkeit wird als a priori Wahrscheinlichkeit bezeichnet. Oft handelt es sich dabei um eine subjektive Wahrscheinlichkeit (Einschätzung). Ist die Wahrscheinlichkeit für das Ereignis B nun abhängig von dem Eintreten des Ereignisses A, so kann die Wahrscheinlichkeit dafür, dass bei Durchführung des Experiments das Ereignis B eintritt, nur als bedingte Wahrscheinlichkeit $\Pr(B \mid A)$ angegeben werden. Man nennt diese bedingte Wahrscheinlichkeit auch die Experiment- oder Modellwahrscheinlichkeit. Mit Hilfe des Satzes von Bayes lässt sich dann die bedingte Wahrscheinlichkeit $\Pr(A \mid B)$ bestimmen. Sie heißt **a posteriori Wahrscheinlichkeit** und kann als Verbesserung der a priori Wahrscheinlichkeit $\Pr(A)$ mittels der Beobachtung des Ereignisses B interpretiert werden.

Als Beispiel wird folgendes Experiment betrachtet: Es gibt zwei Urnen. Die Urne U_1 ist mit 6 roten und 3 weißen Kugeln gefüllt; die Urne U_2 ist mit 5 roten (R) und 4 weißen (W) Kugeln gefüllt. Wenn ein Würfel eine Eins oder eine Sechs zeigt, wird aus Urne U_1 eine Kugel entnommen, ansonsten wird aus Urne U_2 eine Kugel entnommen. Wie groß ist die empirische Wahrscheinlichkeit für $\Pr(U_1 \mid R)$? Hierfür wird das Experiment mit 100 Versuchen simuliert.

R-Anweisung für Experten
Programmierung des Urnenbeispiels.

```
> set.seed(10)
> n <- 100
> result <- NULL
> dice <- sample(1:6, size = n, replace = TRUE)
> for (i in 1:n) {
+     if (dice[i] == 1 | dice[i] == 6) {
+         u1 <- sample(c("r", "w"), size = 1, prob = c(6,
+             3))
+         result <- cbind(result, u1)
+     }
+     else {
+         u2 <- sample(c("r", "w"), size = 1, prob = c(5,
+             4))
+         result <- cbind(result, u2)
+     }
+ }
> p.u1 <- sum(dimnames(result)[[2]] == "u1")/n
> p.u2 <- sum(dimnames(result)[[2]] == "u2")/n
> p.ru1 <- sum(result[dimnames(result)[[2]] == "u1"] ==
+     "r")/n
> p.r.u1 <- p.ru1/p.u1
> p.ru2 <- sum(result[dimnames(result)[[2]] == "u2"] ==
+     "r")/n
> p.r.u2 <- p.ru2/p.u2
```

```
> p.r <- p.r.u1 * p.u1 + p.r.u2 * p.u2
> p.u1.r <- p.r.u1 * p.u1/p.r
> p.u2.r <- p.r.u2 * p.u2/p.r
> cat("Pr(u1) =", round(p.u1, 4), " Pr(u2) =", round(p.u2,
+     4))

Pr(u1) = 0.26  Pr(u2) = 0.74

> cat("Pr(r|u1) =", round(p.r.u1, 4), " Pr(r|u2) =",
+     round(p.r.u2, 4))

Pr(r|u1) = 0.6154  Pr(r|u2) = 0.5676

> cat("Pr(u1|r) =", round(p.u1.r, 4), " Pr(u2|r) =",
+     round(p.u2.r, 4))

Pr(u1|r) = 0.2759  Pr(u2|r) = 0.7241
```

Die Ergebnisse sind:

$$\begin{array}{lll} \Pr(U_1) = 0.26 & \Pr(U_2) = 0.74 & \\ \Pr(R \mid U_1) = 0.6154 & \Pr(R \mid U_2) = 0.5676 & \Pr(R) = 0.58 \\ \Pr(U_1 \mid R) = 0.2759 & \Pr(U_2 \mid R) = 0.7241 & \end{array}$$

Die a priori Wahrscheinlichkeit $\Pr(U_1)$ ist durch das Experiment «verbessert» worden. Das Experiment liefert $\Pr(R \mid U_1)$. Sie ist größer als die Wahrscheinlichkeit für Urne 2. Daher erhöht sich a posteriori, also nach dem Experiment, die Wahrscheinlichkeit $\Pr(U_1 \mid R)$ für eine rote Kugel, hingegen reduziert sich die a posteriori Wahrscheinlichkeit für $\Pr(U_2 \mid R)$.

Man kann aus den Angaben des Beispiels auch die Laplace Wahrscheinlichkeiten berechnen. Die folgenden Wahrscheinlichkeiten sind durch die Angaben bekannt:

$$\begin{array}{ll} \Pr(U_1) = \frac{1}{3} & \Pr(U_2) = \frac{2}{3} \\ \Pr(R \mid U_1) = \frac{2}{3} & \Pr(R \mid U_2) = \frac{5}{9} \end{array}$$

Mit dem Satz der totalen Wahrscheinlichkeit kann die Wahrscheinlichkeit für eine rote Kugel angegeben werden.

$$\begin{aligned}\Pr(R) &= \Pr(R \mid U_1)\Pr(U_1) + \Pr(R \mid U_2)\Pr(U_2) \\ &= \frac{2}{3} \times \frac{1}{3} + \frac{5}{9} \times \frac{2}{3} = \frac{16}{27}\end{aligned}$$

Nun können die beiden gesuchten Wahrscheinlichkeiten berechnet werden.

$$\Pr(U_1 \mid R) = \frac{\Pr(R \mid U_1)\Pr(U_1)}{\Pr(R)} = \frac{3}{8}$$

$$\Pr(U_2 \mid R) = \frac{\Pr(R \mid U_2)\Pr(U_2)}{\Pr(R)} = \frac{10}{16}$$

Es zeigt sich wieder, dass die Laplace und die von Mises Wahrscheinlichkeiten zu ähnlichen Ergebnissen führen, wenn die Experimente unabhängig voneinander erfolgen.

Der Satz von Bayes soll an einem weiteren Beispiel (vgl. [2, Seite 17]) verdeutlicht werden: Bei Nacht geschieht ein Unfall. Ein Auto wird von einem Taxi beschädigt. Ein Zeuge behauptet, es sei ein blaues Taxi gewesen. Dies ist das Ereignis B. Es bezeichnet die Aussage «blaues Taxi gesehen». Es wird angenommen, dass in der Stadt zwei Taxiunternehmen existieren. Das eine Unternehmen besitzt 5 blaue und das andere 25 grüne Taxen. Das Ereignis B^* bzw. $G^*(= \overline{B}^*)$ bezeichnet die Aussage, dass es sich tatsächlich um ein blaues bzw. grünes Taxi handelt. Es gilt also: $n(B^*) = 5$ und $n(\overline{B}^*) = 25$ und damit

$$\Pr(B^*) = \frac{5}{30} \qquad \Pr(\overline{B}^*) = \frac{25}{30}$$

Mittels eines Tests wird festgestellt, dass der Zeuge bei Nacht mit 80 Prozent Wahrscheinlichkeit ein blaues Taxi als blaues Taxi und ein grünes Taxi als grünes erkennt. Hierbei handelt es sich um bedingte Wahrscheinlichkeiten.

$$\Pr(B \mid B^*) = 0.8 \quad \text{und} \quad \Pr(\overline{B} \mid \overline{B}^*) = 0.8$$

Unter der Bedingung, dass das Taxi blau (grün) ist, erkennt der Zeuge mit 80 Prozent ein blaues (grünes) Taxi. In 20 Prozent sieht er ein grünes (blaues) Taxi, obwohl es blau (grün) ist. Reicht diese Wahrscheinlichkeit aus, um mit hoher Sicherheit das Taxiunternehmen mit den blauen Taxen zu beschuldigen?

Dazu muss die Wahrscheinlichkeit für ein blaues Taxi unter der Bedingung, dass ein blaues Taxi gesehen wurde, ermittelt werden.

$$\Pr(B^* \mid B) = \frac{\Pr(B \cap B^*)}{\Pr(B)}$$

Die Wahrscheinlichkeit $\Pr(B \cap B^*)$, ein als blau bezeichnetes Taxi ist auch tatsächlich blau, und $\Pr(B)$, die Wahrscheinlichkeit, ein blaues Taxi zu erkennen (hierunter fallen auch grüne Taxen), sind zu berechnen. Die bedingte

Wahrscheinlichkeit $\Pr(B \mid B^*)$ kann umgestellt werden, so dass die Wahrscheinlichkeit $\Pr(B \cap B^*)$ bestimmt werden kann.

$$\Pr(B \cap B^*) = \Pr(B \mid B^*) \times \Pr(B^*) = 0.8 \times \frac{5}{30} = \frac{4}{30}$$

Bevor wir die Berechnungen fortsetzen, stellen wir das Problem grafisch dar (siehe Abb. 20.5). Zur Zeichnung des Baumdiagramms teilt man die 30 Taxen bei jeder Gabelung entsprechend den Wahrscheinlichkeiten auf. Die erste Teilung besteht aus den 5 blauen und den 25 grünen Taxen. Die zweite Teilung besteht darin, die blau-erkannten und die grün-erkannten Taxen aufzuteilen. 80 Prozent der 5 blauen Taxen werden erkannt, also 4. Entsprechend werden 20 Prozent der blauen Taxen als grün erkannt, also 1. Für die grünen Taxen geht man entsprechend vor: 80 Prozent der grünen Taxen werden als grün erkannt, also 20; 20 Prozent werden als blau erkannt, also 5. Man sieht, dass $B = 4 + 5 = 9$ Taxen als blau erkannt werden, aber nur 4 von den blau erkannten Taxen sind auch tatsächlich blau. Im Mengendiagramm werden die Mengen B und B^* abgetragen.

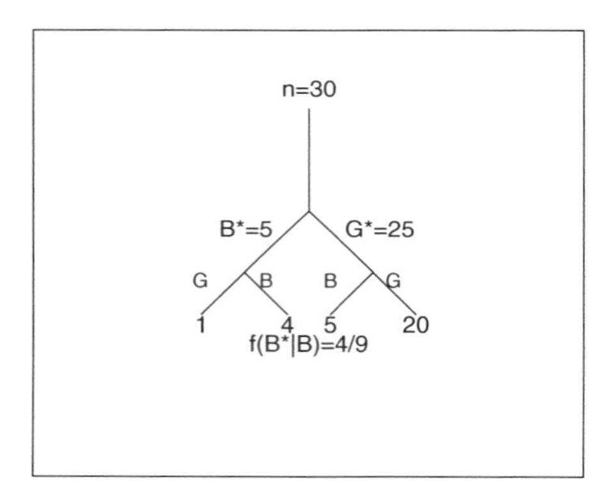

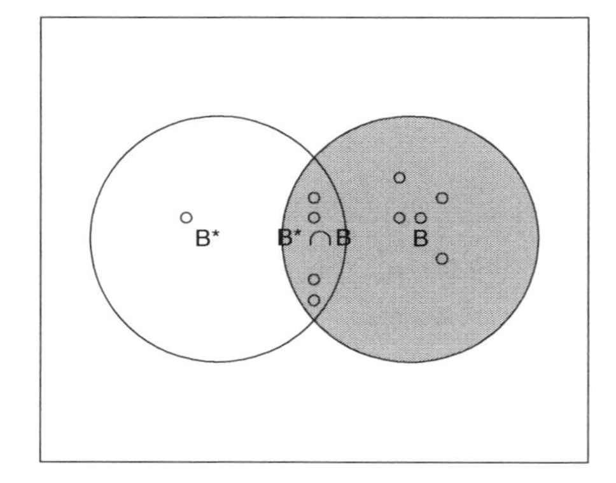

Abb. 20.5: Baumdiagramm und Mengendiagramm

Die Wahrscheinlichkeit $\Pr(B)$ bestimmt sich aus dem Satz der totalen Wahrscheinlichkeit.

$$\begin{aligned}\Pr(B) &= \Pr(B \cap B^*) + \Pr(B \cap \overline{B}^*) \\ &= \Pr(B \mid B^*)\Pr(B^*) + \Pr(B \mid \overline{B}^*)\Pr(\overline{B}^*) \\ &= \Pr(B \mid B^*)\Pr(B^*) + \left(1 - \Pr(\overline{B} \mid \overline{B}^*)\right)\left(1 - \Pr(B^*)\right) \\ &= 0.8\,\frac{5}{30} + (1 - 0.8)\left(1 - \frac{5}{30}\right) = \frac{9}{30}\end{aligned}$$

Aus diesen Angaben lässt sich nun die gesuchte Wahrscheinlichkeit berechnen.

$$\Pr(B^* \mid B) = \frac{\frac{4}{30}}{\frac{9}{30}} = \frac{4}{9}$$

In nur 4 von 9 Fällen ist ein beobachtetes blaues Taxi auch tatsächlich ein blaues Taxi. In 5 von 9 Fällen ist es also grün. Dies ist eine **Irrtumswahrscheinlichkeit**.

$$\Pr(\overline{B}^* \mid B) = \frac{5}{9} = \Pr(G \mid B)$$

Sie ist größer als die gesuchte (Treffer-) Wahrscheinlichkeit. Woran liegt das? Es kommen nur relativ wenig blaue Taxen im Beispiel vor. Daher ist es auch relativ selten, ein blaues Taxi zu sehen und gleichzeitig gibt es relativ viele als blau erkannte Taxen, die tatsächlich grün sind. Hätte der Zeuge behauptet ein grünes Taxi gesehen zu haben, wäre seine Aussage – bei gleicher Erkennungsquote – sehr viel zutreffender.

$$\Pr(\overline{B}^* \mid \overline{B}) = \frac{\frac{20}{30}}{\frac{21}{30}} = \frac{20}{21}$$

Gesetzt den Fall, dass

$$\Pr(B^*) = \Pr(\overline{B}^*) = 0.5$$

ist, dann gilt für die bedingten Wahrscheinlichkeiten die folgende Symmetrie.

$$\Pr(B \mid B^*) = \Pr(B^* \mid B) \quad \text{und} \quad \Pr(\overline{B} \mid \overline{B}^*) = \Pr(\overline{B}^* \mid \overline{B})$$

Die im Beispiel hergestellten Zusammenhänge stellen das Theorem von Bayes dar.

$$\Pr(B^* \mid B) = \frac{\Pr(B \mid B^*)\Pr(B^*)}{\Pr(B)}$$

Der Anteil der blauen Taxen (und der grünen Taxen) wird als Vorinformation bezeichnet. Sie stehen vor der Zeugenbeobachtung fest (siehe Tab. 20.2). $\Pr(B \mid B^*)$ wird als beobachtete Information bezeichnet. Die Zeugenaussage verändert die Vorinformation, die a priori Wahrscheinlichkeit. Es wird also die Vorinformation mit der Beobachtung gewichtet. Dieser Zusammenhang wird durch das Bayes Theorem beschrieben.

In den Zellen der Tab. 20.2 stehen die gemeinsamen Wahrscheinlichkeiten, also die gewichteten Vorinformationen z. B. $\Pr(B^* \cap B) = 0.8 \times \frac{5}{30} = \frac{4}{30}$. In der letzten Zeile stehen die totalen Wahrscheinlichkeiten von den Ereignissen B bzw. $\overline{B}$. Um eine bedingte Wahrscheinlichkeit zu erhalten, muss die gewichtete Vorinformation mit der totalen Wahrscheinlichkeit normiert werden.

Tabelle 20.2: Wahrscheinlichkeit der Zeugenaussage

	B	$\overline{B}$	Vorinf.
B^*	$0.8 \times \frac{5}{30}$	$0.2 \times \frac{5}{30}$	$\frac{5}{30}$
$\overline{B}^*$	$0.2 \times \frac{25}{30}$	$0.8 \times \frac{25}{30}$	$\frac{25}{30}$
$\sum$	$\frac{9}{30}$	$\frac{21}{30}$	1

$$\Pr(B^* \mid B) = \frac{\frac{5}{30} \times 0.8}{\frac{9}{30}} = \frac{4}{9}$$

Aufgrund der Zeugenaussage ist die Wahrscheinlichkeit, dass das blaue Taxi den Unfall verursacht hat von $\frac{5}{30}$ auf $\frac{4}{9}$ gestiegen. Man hat also durch die Beobachtung erheblich dazu gelernt. Nach allgemeinem Rechtsempfinden jedoch reicht dies noch nicht aus, um den Besitzer der blauen Taxen zu verurteilen, da die Irrtumswahrscheinlichkeit größer als die Trefferwahrscheinlichkeit ist.

20.8 Übungen

Übung 20.1. Die Wahrscheinlichkeit dafür, dass in einem Werk ein Erzeugnis der Norm genügt, sei 0.9. Ein Prüfverfahren ist so angelegt, dass ein der Norm genügendes Stück das Resultat «normgerecht» mit der Wahrscheinlichkeit 0.95 angezeigt wird. Für ein Stück, das der Norm nicht genügt, zeigt das Prüfverfahren «normgerecht» mit einer Wahrscheinlichkeit von 0.1 an. Wie groß ist die Wahrscheinlichkeit dafür, dass ein unter diesem Prüfverfahren für normgerecht befundenes Stück auch tatsächlich der Norm genügt?

Übung 20.2. Das obige Prüfverfahren soll nochmal auf die bereits als einwandfrei geprüften Werkstücke angewandt werden. Wie hoch ist dann die Wahrscheinlichkeit, ein einwandfreies Werkstück nach der Prüfung zu erhalten?

Übung 20.3. Ein medizinischer Test zur Erkennung einer Krankheit K, an der die Bevölkerung zu 5 Prozent leidet, besitzt folgende Eigenschaften: Ist ein Proband an der Krankheit K erkrankt, so zeigt der Test diese (Ereignis B: Test zeigt Erkrankung an) mit einer Wahrscheinlichkeit von 95 Prozent an; ist ein Proband nicht an der Krankheit erkrankt ($\overline{K}$), so zeigt der Test mit einer Wahrscheinlichkeit von 10 Prozent eine Erkrankung an.

Berechnen Sie die Wahrscheinlichkeit, dass ein zufällig ausgewählter Proband

1. an der Krankheit K leidet, obwohl der Test $\overline{B}$ ausweist;

2. an der Krankheit nicht leidet ($\overline{K}$), obwohl der Test eine Erkrankung anzeigt (B).

Übung 20.4. Karl liebt den Alkohol. Die Wahrscheinlichkeit, dass er nach Büroschluss trinkt, beträgt 0.8 (Ereignis «trinkt»). Karl ist vergesslich. Die Wahrscheinlichkeit, dass er seinen Schirm stehen lässt, ist 0.7 (Ereignis «ohne Schirm») und dass er dieses tut, wenn er getrunken hat, ist sogar 0.8 (bedingtes Ereignis). Karl kommt ohne Schirm nach Hause.

1. Berechnen Sie, wie groß die Wahrscheinlichkeit ist, dass er dieses Mal getrunken hat.
2. Berechnen Sie, wie groß die Wahrscheinlichkeit ist, dass er dieses Mal nicht getrunken hat.

Übung 20.5. Auf 3 Maschinen werden Werkstücke produziert. Die erste Maschine stellt 30 Prozent der Produktion her, die zweite 20 Prozent und die dritte 50 Prozent. Die Wahrscheinlichkeit dafür, dass ein produziertes Stück fehlerhaft ist, beträgt für die erste Maschine 10 Prozent, für die zweite 5 Prozent und für die dritte 17 Prozent. Berechnen Sie, wie groß die Wahrscheinlichkeit ist, dass ein zufällig herausgegriffenes Werkstück, von dem man weiß, dass es fehlerhaft ist, von der zweiten Maschine produziert wurde?

Übung 20.6. Es werden ein roter und ein grüner Würfel geworfen. Wie groß ist die Wahrscheinlichkeit, dass

1. die Augensumme X wenigstens 3 beträgt,
2. die Augensumme X kleiner oder gleich 4 ist unter der Bedingung, dass der rote Würfel die Augenzahl $Y = 2$ zeigt?

Übung 20.7. Aus einer fiktiven Untersuchung geht hervor, dass Studenten mit einer Wahrscheinlichkeit von $\Pr(L) = 0.4$ für die Klausur lernen. Die Wahrscheinlichkeit, die Klausur zu bestehen beträgt $\Pr(K) = 0.5$. Ferner wurde ermittelt, dass die Wahrscheinlichkeit gelernt und die Klausur bestanden zu haben, bei 0.4 liegt.

1. Bestimmen Sie die Wahrscheinlichkeit, die Klausur zu bestehen unter der Bedingung zu lernen.
2. Bestimmen Sie die Wahrscheinlichkeit, die Klausur zu bestehen unter der Bedingung unvorbereitet (nicht gelernt) in die Klausur zu gehen.

20.9 Fazit

In diesen Abschnitten wurde verdeutlicht, dass Ergebnisse von zufälligen Ereignissen bestimmten Wahrscheinlichkeiten zugeordnet werden können. Beispielsweise gilt für gleich wahrscheinliche Ereignisse die Laplace Wahrscheinlichkeit, die als Quotient der günstigen zu den möglichen Ereignissen definiert ist. Die anderen Definitionsversuche für Wahrscheinlichkeiten verwenden nicht diese einschränkende Bedingung der Gleichwahrscheinlichkeit, haben dafür aber andere Einschränkungen. Die Kolmogorovschen Axiome fassen bestimmte Eigenschaften und Rechenregeln für Wahrscheinlichkeiten zusammen, stellen aber keine Definition dar.

Wahrscheinlichkeiten werden häufig unter bestimmten Voraussetzungen betrachtet. In diesem Fall wird die Wahrscheinlichkeit auf eine Teilmenge des Ereignisraumes beschränkt. Mit dem Satz von Bayes können dann die bedingten Wahrscheinlichkeiten berechnet werden. Die hier beschriebenen Zusammenhänge sind bei der statistischen Testtheorie von Bedeutung.

21

Wahrscheinlichkeitsverteilungen

Inhalt

21.1 Diskrete Zufallsvariablen 163
21.2 Stetige Zufallsvariablen 165
21.3 Erwartungswert 168
21.4 Varianz 169
21.5 Kovarianz 171
21.6 Erwartungswert, Varianz und Kovarianz linear transformierter Zufallsvariablen 172
21.7 Chebyschewsche Ungleichung 174
21.8 Übungen 176
21.9 Fazit 177

Eine **Zufallsvariable** X transformiert ein Ereignis A in eine reelle Zahl. Der Wert der Zufallsvariablen hängt vom Ausgang des Zufallsexperiments ab.

$$X : A \to \mathbb{R}$$

Bei einem Würfelspiel können nur die geraden oder ungeraden Augenzahlen (A und $\overline{A}$) von Interesse sein. Dann ist eine adäquate Zufallsvariable z. B.

$$X(A) = 0 \qquad \text{und} \qquad X(\overline{A}) = 1$$

Die Zufallsvariable ordnet jedem Ereignis eine reelle Zahl zu. Die Wahl von 0 und 1 ist dabei willkürlich.

Eine Zufallsvariable kann in vielen Fällen wie eine «normale mathematische» Variable behandelt werden. Wir können Funktionen mit ihr definieren und diese addieren, multiplizieren, integrieren.

21.1 Diskrete Zufallsvariablen

Bei einer **diskreten Zufallsvariablen** lässt sich jedem möglichen Ereignis genau eine bestimmte Eintrittswahrscheinlichkeit zuordnen. Die Zuordnung der Wahrscheinlichkeiten $\Pr(X)$ zu den möglichen Ereignissen x des Zufallsexperiments erfolgt über die so genannte **Wahrscheinlichkeitsfunktion** $f_X(x)$. Sie wird von der relativen Häufigkeit durch das Subskript X unterschieden.

$$\Pr(X = x) = f_X(x) \quad \text{mit } 0 \leq f_X(x) \leq 1 \text{ und } \sum_i f_X(x_i) = 1$$

Für die Wahrscheinlichkeitsfunktion eines Würfels können wir die auf dem Würfel abgebildeten Zahlen als Zufallsvariablen verwenden, also $X = \{x_1 = 1, x_2 = 2, \ldots, x_6 = 6\}$. Die Wahrscheinlichkeitsfunktion besitzt (bei Gültigkeit der Gleichwahrscheinlichkeitsannahme) für alle x_i den Wert $\frac{1}{6}$.

$$\Pr(X = x_i) = f_X(x_i) = \frac{1}{6} \quad \text{für } i = 1, \ldots, 6$$

In Abb. 21.1 (obere Grafik) ist die Wahrscheinlichkeitsfunktion abgetragen.

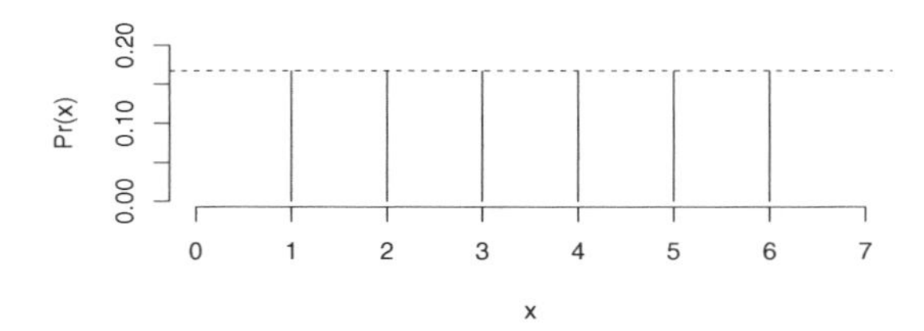

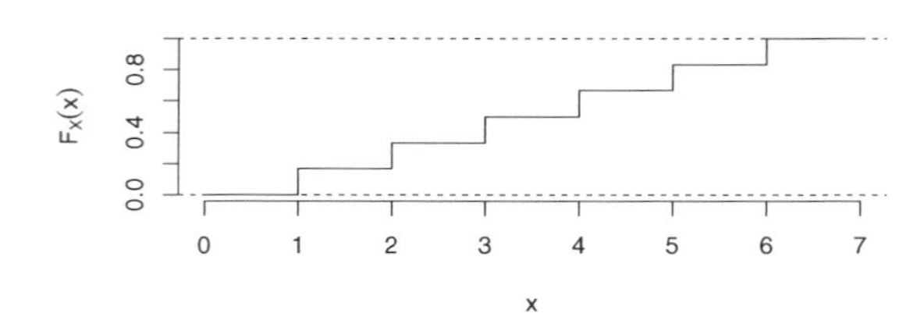

Abb. 21.1: Wahrscheinlichkeitsfunktion und Verteilungsfunktion eines Würfels

Die Wahrscheinlichkeitsfunktion für die Zufallsvariable «gerade» und «ungerade» Augenzahl kann nur zwei Werte besitzen. Häufig wählt man $x_1 = 0$ und $x_2 = 1$.

$$\Pr(X = 0) = 0.5 \qquad \Pr(X = 1) = 0.5$$

Die kumulierte Wahrscheinlichkeitsfunktion wird als **Verteilungsfunktion** bezeichnet.

$$F_X(x) = \sum_{x_i \leq x} f_X(x_i)$$

In Abb. 21.1 (untere Grafik) ist die Verteilungsfunktion eines Würfels abgetragen.

21.2 Stetige Zufallsvariablen

Bisher wurden Wahrscheinlichkeiten nur für diskrete Wahrscheinlichkeitsräume betrachtet. Wird für $\Omega = \mathbb{R}$ gesetzt, so können die zuvor beschriebenen Wahrscheinlichkeitsmaße nicht mehr auf alle Teilmengen von Ω definiert werden. Dies liegt daran, dass die reellen Zahlen nicht abzählbar sind, was für die natürlichen Zahlen gegeben ist. Daher wird die Zufallsvariable, die auf $\mathbb{R}$ definiert wird auch als stetige Zufallsvariable bezeichnet. Die fehlende Abzählbarkeit führt u. a. dazu, dass eine Wahrscheinlichkeit für ein bestimmtes Ereignis $\Pr(X = x) = 0$ (siehe Seite 165) und somit die Teilmenge für $X = x$ nicht existiert.

Für den Fall $\Omega = \mathbb{R}$ existiert ein System von Teilmengen, das den Kolmogorovschen Axiomen genügt. Es ist die **Sigma-Algebra der Borelmengen** (vgl. [12]). Bei stetigen Zufallsvariablen wird die Wahrscheinlichkeit $\Pr(\cdot)$ auf den Definitionsbereich von $\mathcal{A}$ (und nicht auf die Teilmengen von Ω) definiert. Der **Wahrscheinlichkeitsraum** besteht dann aus $(\Omega, \mathcal{A}, \Pr)$ (siehe Seite 151).

Bei einer **stetigen Zufallsvariablen** werden die reellen Zahlen als mögliche Ausprägungen genommen. Eine Zufallsvariable X heißt stetig, wenn eine nicht negative integrierbare Funktion $f_X : \mathbb{R} \to \mathbb{R}$ mit der Eigenschaft

$$\int_{-\infty}^{\infty} f_X(x)\,\mathrm{d}x = 1$$

existiert. Bei einer stetigen Ergebnismenge können aufgrund der Überabzählbarkeit die Ereignisse nicht mehr addiert werden. Die Integration ist das stetige Analogon zur Summation. Die Funktion $f_X(x)$ heißt nun **Dichtefunktion**.

Aufgrund der unendlich vielen Ausprägungen in der reellen Zahlenmenge ist der Abstand zwischen zwei Zahlen unendlich klein. Die Wahrscheinlichkeit für ein bestimmtes Ereignis ist daher gleich Null.

$$\Pr(X = x) = 0$$

Eine Wahrscheinlichkeit größer als Null tritt bei einer stetigen Zufallsvariablen X dann auf, wenn ein Intervall betrachtet wird. Die **Verteilungsfunktion** $F_X(x)$ gibt die Wahrscheinlichkeit für das Intervall $[-\infty, x]$ an.

$$F_X(x) = \Pr(X < x) = \int_{-\infty}^{x} f_X(\xi)\,\mathrm{d}\xi$$

Als Bereich kann auch das Intervall $[a,b]$ angegeben werden. Die Wahrscheinlichkeit für die stetige Zufallsvariable mit der Dichte $f_X(x)$ ist dann

$$\Pr(a < X < b) = \int_{a}^{b} f_X(x)\,\mathrm{d}x \quad \text{mit } f_X(x) \geq 0 \text{ und } \int_{-\infty}^{+\infty} f_X(x) = 1$$

Die Fläche unter der Kurve (bestimmtes Integral[1]) ist damit ein Maß für die Wahrscheinlichkeit. Nun ergibt sich auch eine anschauliche Erklärung dafür, dass $\Pr(X = x) = 0$ gilt. Die Fläche eines Punktes ist Null. Daher ist die Wahrscheinlichkeit gleich Null.

Ein Beispiel für eine einfache stetige Dichtefunktion ist die **Rechteckverteilung** (siehe Abb. 21.2 obere Grafik).

$$f_X(x) = \begin{cases} 0.2 & \text{für } 1 < x < 6 \\ 0 & \text{sonst} \end{cases} \tag{21.1}$$

Allgemein ist die Dichtefunktion einer Rechteckverteilung durch

$$f_X(x) = \begin{cases} \frac{1}{b-a} & \text{für } a < x < b \\ 0 & \text{sonst} \end{cases}$$

gegeben. Im Beispiel ist die Wahrscheinlichkeit für $\Pr(X < 3)$ die Fläche von 1 bis 3 unter der Dichtefunktion. Diese Fläche wird durch die Verteilungsfunktion

$$F_X(x) = P(X < x) = \int_{-\infty}^{x} f_X(\xi)\,\mathrm{d}\xi$$

angegeben (siehe Abb. 21.2 untere Grafik):

$$F_X(3) = \Pr(X < 3) = \int_{1}^{3} 0.2\,\mathrm{d}x = 0.2\,[x]_1^3 = 0.4$$

Dieses Ergebnis lässt sich hier auch leicht mit einer geometrischen Betrachtung überprüfen. In der Regel werden die Wahrscheinlichkeiten mit Statistikprogrammen berechnet. Weitere Wahrscheinlichkeitsfunktionen sind in den Abschnitten 22 und 23 aufgeführt.

[1] Genau genommen handelt es sich um Lebesgue Integrale. Die Funktion $f_X(x)$ muss so messbar sein, dass für jede reelle Zahl ξ die Menge $\{x : f_X(x) < \xi\}$ eine Borelmenge ist. Aufgrund der Beschaffenheit für die hier angegebenen Dichten können die Berechnungen mit dem Riemann Integral durchgeführt werden.

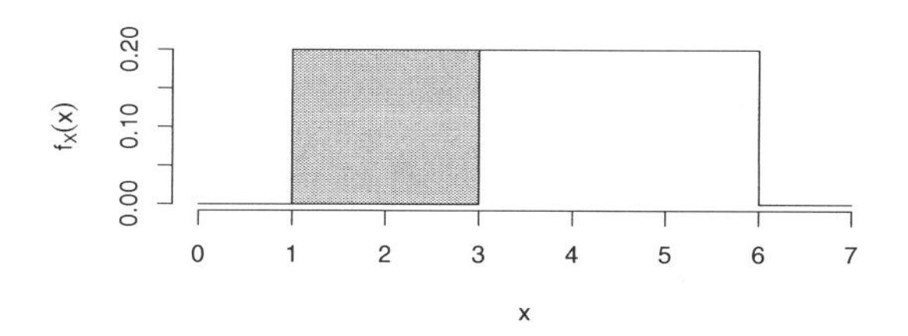

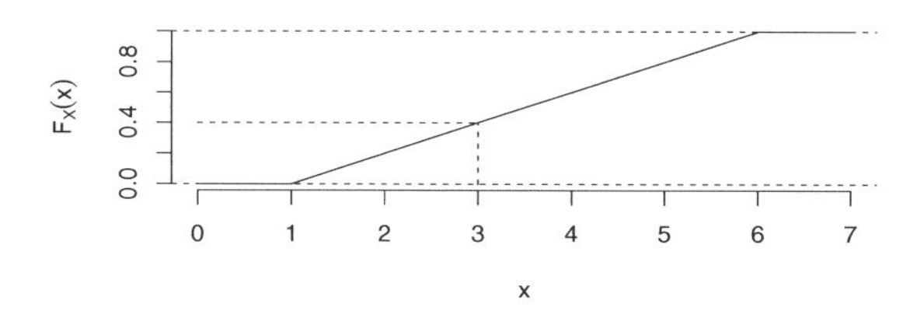

Abb. 21.2: Dichte- und Verteilungsfunktion einer Rechteckverteilung

R-Anweisung
Rechteckverteile Zufallszahlen lassen sich mit der Anweisung

```
> runif(n = 10, min = 1, max = 6)

 [1] 2.115442 3.679475 4.312645 5.240353 1.745916 4.350497
 [7] 4.808178 5.993172 2.316486 5.425930
```

erzeugen. Die Dichte wird mit dem Befehl

```
> dunif(x = 3, min = 1, max = 6)

[1] 0.2
```

ermittelt. Die Wahrscheinlichkeit, dass die Zufallszahl einen bestimmten Wert (z. B. 3) nicht überschreitet, wird mit

```
> punif(q = 3, min = 1, max = 6)

[1] 0.4
```

berechnet.

21.3 Erwartungswert

Ebenso wie in der deskriptiven Statistik existieren auch für Wahrscheinlichkeitsverteilungen Parameter, die diese beschreiben. Die beiden wichtigsten Parameter sind der Erwartungswert und die Varianz.

Der Erwartungswert einer **diskreten Wahrscheinlichkeitsverteilung** errechnet sich aus der Produktsumme aller möglichen Ereignisse mit den zugeordneten Wahrscheinlichkeiten. Der große Unterschied zum arithmetischen Mittel ist die Gewichtung mit der Wahrscheinlichkeitsfunktion. Beim Mittelwert werden die relativen Häufigkeiten einer Stichprobe verwendet. Beim Erwartungswert ist es die Wahrscheinlichkeitsfunktion. Der Erwartungswert ist also nicht von der Stichprobe abhängig. Bei einer diskreten Zufallsvariable ist der Erwartungswert als

$$\mathrm{E}(X) = \sum_i x_i f_X(x_i)$$

definiert. Wie groß ist der Erwartungswert für einen Würfel?

$$\mathrm{E}(X) = \sum_{i=1}^{6} \frac{i}{6} = 3.5$$

Im Gegensatz dazu errechnet sich das arithmetische Mittel aus einer Stichprobe von n Werten. Wird der Würfel beispielsweise 10-mal geworfen, dann könnte sich folgendes Ergebnis einstellen:

$$\bar{x} = \frac{1}{10}\big(4+2+3+5+1+2+2+2+4+3\big) = 2.8$$

R-Anweisung

```
> set.seed(10)
> x <- sample(1:6, 10, replace = TRUE)
> (xbar <- mean(x))

[1] 2.8
```

Der Mittelwert wird in der Regel vom Erwartungswert abweichen. Mit zunehmender Zahl von Versuchen wird sich der Mittelwert dem Erwartungswert annähern (siehe schwaches Gesetz der großen Zahlen Abschnitt 26.2). Dies ist eine wichtige Eigenschaft, die eine Schätzung erfüllen sollte (siehe Abschnitt 25).

Der Erwartungswert einer **stetigen Wahrscheinlichkeitsverteilung** wird durch Integration bestimmt.

$$\mathrm{E}(X) = \int_{-\infty}^{+\infty} x\, f_X(x)\, \mathrm{d}x$$

Wie groß ist der Erwartungswert der Rechteckverteilung in Gl. (21.1)?

$$\mathrm{E}(X) = 0.2 \int_{1}^{6} x\, \mathrm{d}x = 0.1 \left[x^2\right]_1^6 = 3.5$$

Allgemein kann der Erwartungswert der Rechteckverteilung durch

$$\mathrm{E}(X) = \frac{1}{b-a} \int_{a}^{b} x\, \mathrm{d}x = \frac{b^2 - a^2}{2\,(b-a)} = \frac{(b-a)\,(b+a)}{2\,(b-a)} = \frac{a+b}{2}$$

angegeben werden.

21.4 Varianz

Der zweite wichtige Parameter ist die **Varianz** und die daraus abgeleitete Standardabweichung. Sie ist der Erwartungswert der quadratischen Abweichungen vom Erwartungswert.

$$\mathrm{Var}(X) = \mathrm{E}\left[\left(X - \mathrm{E}(X)\right)^2\right]$$

Auch hier ist zu unterscheiden zwischen der Stichprobenvarianz (der Varianz einer Stichprobe) und der Varianz einer Wahrscheinlichkeitsverteilung. Mit der Varianz wird wie zuvor die Streuung (Weite) der Verteilung beschrieben. Die Varianz einer **diskreten Zufallsvariable** ist durch

$$\begin{aligned} \mathrm{Var}(X) &= \sum_i \left(x_i - \mathrm{E}(X)\right)^2 f_X(x_i) \\ &= \sum_i x_i^2 f_X(x_i) - \mathrm{E}(X)^2 \qquad (21.2) \\ &= \mathrm{E}(X^2) - \mathrm{E}(X)^2 \end{aligned}$$

definiert. Die letzte Darstellung der Formel kann aus dem so genannten **Varianzverschiebungssatz** hergeleitet werden (auflösen des quadratischen Ausdrucks). Diese Form erleichtert das Berechnen meist erheblich, ist aber bei der numerischen Berechnung häufig mit einem höheren Rundungsfehler verbunden.

Wie groß ist die Varianz beim Werfen eines Würfels?

$$\mathrm{Var}(X) = \sum_{i=1}^{6} (i - 3.5)^2 \frac{1}{6} = 2.9167$$

Die Stichprobenvarianz für die obigen 10 Würfe des Würfels beträgt:

$$s^2 = \frac{1}{10-1}\big((4-2.8)^2 + (2-2.8)^2 + \ldots + (4-2.8)^2 + (3-2.8)^2\big) = 1.5111$$

R-Anweisung

```
> set.seed(10)
> x <- sample(1:6, 10, replace = TRUE)
> var(x)

[1] 1.511111
```

Auch die Stichprobenvarianz sollte sich mit zunehmendem Stichprobenumfang der wahren Varianz nähern.

Die Varianzformel für eine **stetige Zufallsvariable** ist analog zu der einer diskreten definiert.

$$\begin{aligned}\mathrm{Var}(X) &= \int_{-\infty}^{+\infty} \Big(x - \mathrm{E}(X)\Big)^2 f_X(x)\,\mathrm{d}x \\ &= \int_{-\infty}^{+\infty} x^2 f_X(x)\,\mathrm{d}x - \mathrm{E}(X)^2 \\ &= \mathrm{E}(X^2) - \mathrm{E}(X)^2\end{aligned}$$

Wie groß ist die Varianz der Rechteckverteilung in Gl. (21.1)?

$$\mathrm{Var}(X) = \int_{-\infty}^{+\infty} x^2\, 0.2\,\mathrm{d}x - 3.5^2 = \left[\frac{0.2}{3}x^3\right]_1^6 - 3.5^2 = 2.0833$$

Die Varianz der Rechteckverteilung in einer allgemeinen Form lautet:

$$\mathrm{Var}(X) = \frac{1}{b-a}\int_a^b x^2\,\mathrm{d}x - \left(\frac{a+b}{2}\right)^2 = \frac{(b-a)^2}{12}$$

Sowohl für die diskrete als auch für die stetige Zufallsvariable ist die **Standardabweichung** die Quadratwurzel der Varianz.

$$\sigma_X = \sqrt{\mathrm{Var}(X)}$$

21.5 Kovarianz

Die Kovarianz ist als

$$\operatorname{Cov}(X,Y) = \mathrm{E}\Big[\big(X - \mathrm{E}(X)\big)\big(Y - \mathrm{E}(Y)\big)\Big] = \mathrm{E}(X,Y) - \mathrm{E}(X)\,\mathrm{E}(Y) \qquad (21.3)$$

definiert. Sie besitzt die gleichen Eigenschaften wie in Abschnitt 16.1 beschrieben. Wir wollen hier die Eigenschaft der Kovarianz bei **statistischer Unabhängigkeit** näher betrachten. Unabhängigkeit liegt vor, wenn die gemeinsame Dichte von X und Y das Produkt der Randdichten ist (siehe Abschnitt 20.7).

$$f_{X,Y}(x,y) = f_X(x)\,f_Y(y)$$

Der gemeinsame Erwartungswert ist im diskreten Fall (analog gilt es auch für stetige Zufallsvariablen):

$$\mathrm{E}(X,Y) = \sum_i \sum_j x_i\,y_j\,f_{X,Y}(x_i,y_j)$$

Wird die Eigenschaft der statistischen Unabhängigkeit in die Kovarianzformel eingesetzt, erhält man das Ergebnis

$$\begin{aligned}
\mathrm{E}(X,Y) &= \sum_i \sum_j x_i\,y_j\,f_X(x_i)\,f_Y(y_j) \\
&= \sum_i \Big(x_i\,f_X(x_i) \sum_j y_j\,f_Y(y_j) \Big) \\
&= \sum_i x_i\,f_X(x_i)\,\mathrm{E}(Y) = \mathrm{E}(X)\,\mathrm{E}(Y)
\end{aligned}$$

Die Gl. (21.3) wird mit diesem Ergebnis Null: $\operatorname{Cov}(X,Y) = 0$. Bei Vorliegen einer statistischen Unabhängigkeit ist die Kovarianz stets Null. Jedoch kann aus einer Kovarianz von Null **nicht** auf statistische Unabhängigkeit geschlossen werden, weil der Erwartungswert $\mathrm{E}(X,Y)$ auch zufällig dem Produkt der Erwartungswerte entsprechen kann.

Beispiel: Bei der folgenden zweidimensionalen Verteilung (siehe Tab. 21.1) von x und y ist die Kovarianz Null.

$$\begin{aligned}
\mathrm{E}(X,Y) &= 2 \times 2 \times 0.2 + 2 \times 4 \times 0 + 2 \times 6 \times 0.2 + 4 \times 2 \times 0 + 4 \times 4 \times 0.2 \\
&\quad + 4 \times 6 \times 0 + 6 \times 2 \times 0.2 + 6 \times 4 \times 0 + 6 \times 6 \times 0.2 \\
&= 16 \\
\mathrm{E}(X) &= 2 \times 0.4 + 4 \times 0.2 + 6 \times 0.4 = 4 \\
\mathrm{E}(Y) &= 2 \times 0.4 + 4 \times 0.2 + 6 \times 0.2 = 4 \\
\operatorname{Cov}(X,Y) &= \mathrm{E}(X,Y) - \mathrm{E}(X)\,\mathrm{E}(Y) = 16 - 4 \times 4 = 0
\end{aligned}$$

Tabelle 21.1: Zweidimensionale Häufigkeitsverteilung mit Kovarianz Null

	y			
x	2	4	6	$f_X(x)$
2	0.2	0.0	0.2	0.4
4	0.0	0.2	0.0	0.2
6	0.2	0.0	0.2	0.4
$f_Y(y)$	0.4	0.2	0.4	1

Tabelle 21.2: Unabhängige zweidimensionale Häufigkeitsverteilung

	y			
x	2	4	6	$f_X(x)$
2	0.16	0.08	0.16	0.4
4	0.08	0.04	0.08	0.2
6	0.16	0.08	0.16	0.4
$f_Y(y)$	0.4	0.2	0.4	1

Die Verteilung ist jedoch nicht statistisch unabhängig. Das Produkt der Randverteilungen $f_X(x) \times f_Y(y)$ liefert eine andere Verteilung.

Die Verteilung in Tab. 21.2 besitzt ebenfalls eine Kovarianz von Null. Sie ist aber statistisch unabhängig.

21.6 Erwartungswert, Varianz und Kovarianz linear transformierter Zufallsvariablen

Es wird die lineare Transformation

$$U = a + \sum_{i=1}^{n} b_i X_i$$

angenommen, wobei a und b_i konstante Parameter sind.

Der Erwartungswert der linear transformierten Zufallsvariablen $\mathrm{E}(U)$ ist dann

$$\mathrm{E}(U) = a + \sum_{i=1}^{n} b_i \, \mathrm{E}(X_i)$$

und zwar unabhängig davon, ob die Zufallsvariablen X_i korreliert sind.

Sind die Zufallsvariablen X_i unkorreliert, dann ist die Varianz der linear transformierten Zufallsvariablen:

$$\operatorname{Var}(U) = \sum_{i=1}^{n} b_i^2 \operatorname{Var}(X_i)$$

Beispiel: Der Gewinn setzt sich aus der Differenz von Erlös und Kosten zusammen. Der Erlös sei die Zufallsvariable X und habe den Erwartungswert $E(X) = 1500$ Euro und die Varianz $\operatorname{Var}(X) = 100$. Die Kosten sind durch die Zufallsvariable Y mit einem Erwartungswert $E(Y) = 800$ Euro und einer Varianz $\operatorname{Var}(Y) = 50$ beschrieben und stochastisch unabhängig vom Erlös ($\operatorname{Cov}(X, -Y) = 0$). Dies trifft für die Realität in der Regel nicht zu, da mit Variation des Absatzes auch die Kosten variieren. Der Gewinn kann als eine linear transformierte Zufallsvariable U aus Erlös X minus Kosten Y geschrieben werden. Der Erwartungswert des Gewinns $E(U)$ beträgt damit

$$E(U) = 1500 - 800 = 700 \text{ Euro}$$

und zwar unabhängig davon, ob Erlös und Kosten korreliert sind. Die Varianz $\operatorname{Var}(U)$ beträgt:

$$\operatorname{Var}(U) = 100 + 50 = 150$$

Trotz der Differenz von $X - Y$, sind die Varianzen zu addieren, da $b^2 = (-1)^2 = 1$ gilt. Die Streuung reduziert sich also nicht, wenn zwei Zufallsvariablen voneinander subtrahiert werden, sondern erhöht sich. Dies erscheint auch unmittelbar einleuchtend, wenn man einmal annimmt, dass die Erlöse und die Kosten die gleiche Varianz hätten, dann wäre die Varianz des Gewinns ja keinesfalls null.

Liegt eine Linearkombination von zwei Zufallsvariablen in Form von $a + X$ und Y vor, dann ist die Kovarianz:

$$\operatorname{Cov}(a + X, Y) = \operatorname{Cov}(X, Y)$$

Sind die beiden Zufallsvariablen X und Y jeweils mit einem Faktor b und d multiplikativ verknüpft, so gilt:

$$\operatorname{Cov}(b\,X, d\,Y) = b\,d \operatorname{Cov}(X, Y)$$

Die obigen Eigenschaften der Kovarianz sind übrigens der Grund, warum die Kovarianz nur den linearen Zusammenhang misst. Für $Y = a + b\,X$ gilt $\operatorname{Cov}(X, Y) = b \operatorname{Cov}(X, X) = b \operatorname{Var}(X)$. Die Kovarianz wird in diesem Fall nur um den Faktor b skaliert.

Werden noch allgemeiner zwei Zufallsvariablen U und V betrachtet, die eine linear Kombination von stochastisch abhängigen Zufallsvariablen X_i und Y_j sind

$$U = a + \sum_{i=1}^{n} b_i\,X_i \qquad V = c + \sum_{j=1}^{m} d_j\,Y_j$$

dann gilt:

$$\operatorname{Cov}(U,V) = \sum_{i=1}^{n}\sum_{j=1}^{m} b_i d_j \operatorname{Cov}(X_i, Y_j)$$

Aus dieser Aussage ergibt sich z. B., dass die Varianz einer Summe $X + Y$ dann

$$\begin{aligned}\operatorname{Var}(X+Y) &= \operatorname{Cov}(X+Y, X+Y)\\ &= \operatorname{Cov}(X,X) + \operatorname{Cov}(X,Y) + \operatorname{Cov}(Y,X) + \operatorname{Cov}(Y,Y)\\ &= \operatorname{Var}(X) + 2\operatorname{Cov}(X,Y) + \operatorname{Var}(Y)\end{aligned}$$

ist. Für weitere Details zur Transformation von Zufallsvariablen vgl. z. B. [17, Kap. 4].

Beispiel: Wird nun unterstellt, dass mit steigenden Erlösen auch die Kosten steigen, so gilt $\operatorname{Cov}(X,Y) > 0$. Wird angenommen, dass die $\operatorname{Cov}(X,Y) = 10$ beträgt, so ergibt sich für die Varianz:

$$\begin{aligned}\operatorname{Var}(U) &= \operatorname{Var}(X) + \operatorname{Var}(-Y) + 2\operatorname{Cov}(X,-Y)\\ &= \operatorname{Var}(X) + \operatorname{Var}(Y) - 2\operatorname{Cov}(X,Y)\\ &= 100 + 50 - 20 = 130\end{aligned}$$

Ein Teil der Streuung wird durch die Subtraktion der gemeinsamen gleichgerichteten Variation absorbiert. Dies ist die Idee der Portfolio-Theorie von Markowitz (vgl. z. B. [15, Kap. 11.5.4]).

21.7 Chebyschewsche Ungleichung

Bei vielen Fragestellungen der Wahrscheinlichkeitsrechnung steht man vor dem Problem, die Wahrscheinlichkeit dafür zu bestimmen, dass die Zufallsvariable einen Wert in einem bestimmten Intervall annimmt (siehe auch Abschnitt 22.3 und 27.2). Sehr häufig betrachtet man dabei Intervalle, die symmetrisch um den Erwartungswert $E(X)$ liegen. Die Intervallbreite drückt man dann durch ein Vielfaches der Standardabweichung aus: $c\sigma_X$. Man sucht die Wahrscheinlichkeit für

$$\Pr\big(E(X) - c\sigma_X < X < E(X) + c\sigma_X\big) = \Pr\big(\mid X - E(X) \mid < c\sigma_X\big)$$

Diese Wahrscheinlichkeit kann man nur genau bestimmen, wenn die Wahrscheinlichkeitsverteilung der Zufallsvariablen bekannt ist. Dies ist bei vielen Problemen in der Praxis nicht der Fall. Die **Ungleichgung von Chebyschew** liefert eine Möglichkeit, diese Wahrscheinlichkeit abzuschätzen, wenn die Verteilung nicht bekannt ist.

Gegeben ist die Zufallsvariable X mit dem Erwartungswert $\mathrm{E}(X)$ und der Varianz $\mathrm{Var}(X)$. Die Wahrscheinlichkeit, dass sich die Zufallsvariable X um wenigstens c von dem Erwartungswert unterscheidet, wird Chebyschewsche Ungleichung genannt.

$$\Pr(\mid X - \mathrm{E}(X) \mid \geq c\sigma_X) \leq \frac{1}{c^2} \tag{21.4}$$

Eine häufig gebrauchte Schreibweise für die Gl. (21.4) ist, wenn man $\tilde{c} = c\sigma_X$ ersetzt:

$$\Pr(\mid X - \mathrm{E}(X) \mid \geq \tilde{c}) \leq \frac{\sigma_X^2}{\tilde{c}^2}$$

Sie ist dann von Vorteil, wenn die Grenze als ein Wert $\tilde{c}$ vorgegeben werden soll. Für die Wahrscheinlichkeit, dass sich X um höchstens $c\sigma_X$ bzw. $\tilde{c}$ von $\mathrm{E}(X)$ unterscheidet, gilt dann

$$\Pr(\mid X - \mathrm{E}(X) \mid < c\sigma_X) > 1 - \frac{1}{c^2}$$
$$\Pr(\mid X - \mathrm{E}(X) \mid < \tilde{c}) > 1 - \frac{\sigma_X^2}{\tilde{c}^2}$$

Exkurs: Die Herleitung der Chebyschewschen Ungleichung für eine diskrete Zufallsvariable ist

$$\begin{aligned}
\mathrm{Var}(X) &= \sum_i \left(X_i - \mathrm{E}(X)\right)^2 f_X(x_i) \\
&= \sum_{|X_i - \mathrm{E}(X)| < \tilde{c}} \left(X_i - \mathrm{E}(X)\right)^2 f_X(x_i) + \sum_{|X_i - \mathrm{E}(X)| \geq \tilde{c}} \left(X_i - \mathrm{E}(X)\right)^2 f_X(x_i) \\
&\geq \sum_{|X_i - \mathrm{E}(X)| \geq \tilde{c}} \left(X_i - \mathrm{E}(X)\right)^2 f_X(x_i) \\
&\geq \tilde{c}^2 \sum_{|X_i - \mathrm{E}(X)| \geq \tilde{c}} f_X(x_i) \quad \text{weil } \mid X_i - \mathrm{E}(X) \mid \geq \tilde{c} \text{ gewählt wurde} \\
&\geq \tilde{c}^2 \Pr\left(\mid X - \mathrm{E}(X) \mid \geq \tilde{c}\right) \\
\frac{\mathrm{Var}(X)}{\tilde{c}^2} &\geq \Pr\left(\mid X - \mathrm{E}(X) \mid \geq \tilde{c}\right)
\end{aligned}$$

Die Herleitung der Chebyschewschen Ungleichung für eine stetige Zufallsvariable ist ganz ähnlich. Es wird die Summation durch die Integration ersetzt.

Man benötigt also nur die beiden Parameter Erwartungswert und Varianz, um die Wahrscheinlichkeit abschätzen zu können. Freilich müssen in der Regel die beiden Parameter geschätzt werden (siehe Abschnitt 25). Aufgrund der wenigen Annahmen die eingehen, kann die Chebyschewsche Ungleichung auch nur eine grobe Abschätzung der Wahrscheinlichkeit liefern.

$$\begin{aligned} \Pr\left(\mathrm{E}(X) - \sigma_X < X < \mathrm{E}(X) + \sigma_X\right) &> 0 \\ \Pr\left(\mathrm{E}(X) - 2\sigma_X < X < \mathrm{E}(X) + 2\sigma_X\right) &> 0.75 \\ \Pr\left(\mathrm{E}(X) - 3\sigma_X < X < \mathrm{E}(X) + 3\sigma_X\right) &> 0.89 \end{aligned}$$

Man benutzt die Ungleichung von Chebyschew aber nicht nur zur Abschätzung der Wahrscheinlichkeit für ein vorgegebenes Intervall, sondern auch zur Abschätzung von Bereichen in die eine Zufallsvariable mit vorgegebener Wahrscheinlichkeit fällt.

Eine Zufallsvariable besitzt den Erwartungswert $\mathrm{E}(X) = 6$ und die Standardabweichung $\sigma_X = 2$. In welchem um $\mathrm{E}(X)$ symmetrischen Bereich liegt der Wert der Zufallsvariablen mit einer Wahrscheinlichkeit von mindestens 0.96? Es ist $1 - \frac{1}{c^2} = 0.96$ oder $\frac{1}{c^2} = 0.04$. Daraus folgt $c = 5$. Es gilt somit

$$\Pr\left(\mid X - \mathrm{E}(X) \mid < 5 \times 2\right) > 0.96 \Leftrightarrow \Pr\left(6 - 5 \times 2 < X < 6 + 5 \times 2\right) > 0.96$$

Die Zufallsvariable X liegt also bei den gegebenen Parametern mit 96 Prozent Wahrscheinlichkeit in dem Bereich zwischen -4 und 16.

21.8 Übungen

Übung 21.1. Was ist eine Zufallsvariable? Was misst die Fläche unter einer Dichtefunktion?

Übung 21.2. Berechnen Sie den Erwartungswert und Varianz der folgenden Rechteckverteilung.

$$f_X(x) = \begin{cases} 0.5 & \text{für } 3 < x < 5 \\ 0 & \text{sonst} \end{cases}$$

Übung 21.3. Wie groß ist die Wahrscheinlichkeit, dass die rechteckverteilte Zufallsvariable aus Übung 21.2 zwischen 3.5 und 4.5 liegt?

Übung 21.4. Die Abweichung des Kurses einer Aktie vom Kaufkurs 30 Euro (Erwartungswert) soll nicht mehr als 1 Euro betragen. Die Standardabweichung beträgt 0.7. Wie viel Prozent der Aktien werden vom vorgegeben Kursintervall abweichen?

Übung 21.5. Ein Produkt wird in Tüten zu je 1 kg abgefüllt. Die tatsächlichen Gewichte schwanken zufällig mit $\mathrm{E}(X) = 1000$ gr und $\sigma_X = 4$ gr. Alle abgepackten Tüten mit einem Gewicht von 990 gr bis 1 010 gr gelten als einwandfrei. Wie groß ist die mindestens Wahrscheinlichkeit, dass eine Zuckertüte die Sollvorschrift erfüllt?

21.9 Fazit

In diesen Abschnitten wurde aufbauend auf den Begriff der Wahrscheinlichkeit der Begriff der Zufallsvariable definiert. Sie kann diskreter oder stetiger Art sein. Mit der Zufallsvariable werden die Dichtefunktion und die Verteilungsfunktion erläutert. Diese Funktionen besitzen – ähnlich der empirischen Verteilung – ein Lagemaß, den Erwartungswert und ein Streuungsmaß, die Varianz. In den beiden folgenden Abschnitten werden weitere Wahrscheinlichkeitsverteilungen vorgestellt.

22

Normalverteilung

Inhalt

22.1 Entstehung der Normalverteilung 179
22.2 Von der Normalverteilung zur Standardnormalverteilung 182
22.3 Berechnung von Wahrscheinlichkeiten normalverteilter Zufallsvariablen 184
22.4 Berechnung von Quantilen aus der Normalverteilung 186
22.5 Anwendung auf die parametrische Schätzung des Value at Risk für die BMW Aktie 189
22.6 Verteilung des Stichprobenmittels 192
22.7 Übungen 192
22.8 Fazit 193

Die Normalverteilung ist eine stetige Verteilung. Ihre besondere Bedeutung liegt darin, dass sie eine Grenzverteilung für viele stochastische Prozesse ist. Diese Eigenschaft ist in Grenzwertsätzen erfasst. Einer davon ist der zentrale Grenzwertsatz (siehe Abschnitt 26.4).

22.1 Entstehung der Normalverteilung

Es wird eine Stichprobe mit 20 rechteckverteilten Zufallszahlen erzeugt.

R-Anweisung

```
> set.seed(10)
> (rn.unif <- runif(n = 20, min = -3, max = 3))
```

```
 [1]  0.04486922 -1.15938896 -0.43855400  1.15861249 -2.48918419
 [6] -1.64738030 -1.35281686 -1.36616960  0.69497585 -0.42197085
[11]  0.90993400  0.40642652 -2.31894611  0.57555183 -0.85170015
[16] -0.42714349 -2.68858007 -1.41493400 -0.60725561  2.01680486
```

Diese Stichprobe ist rechteckverteilt und nicht normalverteilt! Nun wird aus dieser Stichprobe das **Stichprobenmittel** $\bar{X}_n$ berechnet. Das Stichprobenmittel ist der Mittelwert aus den Realisationen der Zufallsvariablen X.

$$\bar{X}_n = -0.5688$$

R-Anweisung

```
> mean(rn.unif)

[1] -0.5688425
```

Es liegt in der Nähe von Null. Große Werte für das Stichprobenmittel werden unwahrscheinlich sein, weil dann ja überwiegend große Zufallswerte auftreten müssten. Wahrscheinlicher ist, dass das Stichprobenmittel in der Umgebung von Null liegt. Positive und negative Zufallswerte heben sich im Stichprobenmittel auf. Wird nun eine Folge von Stichprobenmitteln betrachtet, die aus einer Folge von Stichproben berechnet wird, so werden viele Mittelwerte in der Nähe des Erwartungswerts (hier Null) liegen und nur wenige weit davon entfernt. In der folgenden Simulation werden 300 Stichproben mit jeweils 20 rechteckverteilten Zufallswerten erzeugt. Daraus werden 300 Stichprobenmittel berechnet und als Histogramm abgetragen.

Legt man eine Normalverteilungsdichte darüber, erkennt man, dass die Stichprobenmittel annähernd normalverteilt sind. Für das Zustandekommen der Normalverteilung ist die Länge der Folge, also die Anzahl der Stichproben wichtig, nicht die Größe der einzelnen Stichproben. Die Größe der einzelnen Stichproben beeinflusst die Weite der Verteilung und damit ihre Streuung.

Die Normalverteilung ist durch die folgende Dichtefunktion definiert.

$$f_X(x \mid \mu_X, \sigma_X) = \frac{1}{\sqrt{2\pi}\sigma_X} \mathrm{e}^{-\frac{(x-\mu_X)^2}{2\sigma_X^2}} \quad \text{für } x, \mu_X \in \mathbb{R}, \sigma_X \in \mathbb{R}^+ \tag{22.1}$$

Die Normalverteilung besitzt den Erwartungswert $\mathrm{E}(X) = \mu_X$ und die Varianz $\mathrm{Var}(X) = \sigma_X^2$.

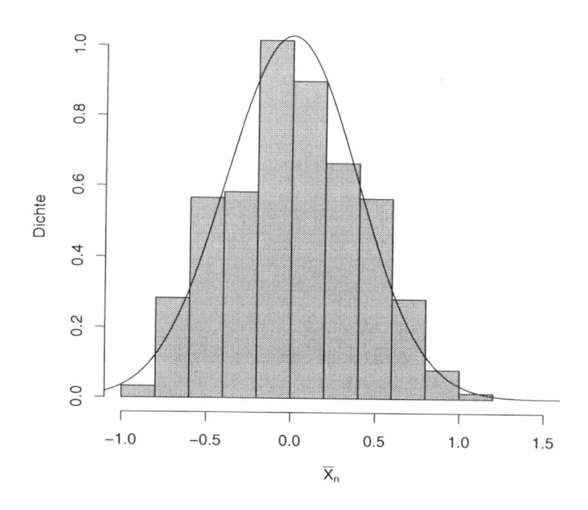

Abb. 22.1: Entstehung der Normalverteilung

Für eine normalverteilte Zufallsvariable schreibt man

$$X \sim N(\mu_X, \sigma_X)$$

In Abb. 22.1 liegt eine Normalverteilung mit Erwartungswert $\mu_X = 0$ und Varianz $\sigma_X^2 = \frac{3}{20}$ über dem Histogramm. Da die Normalverteilung hier aus einer Rechteckverteilung entstanden ist, bestimmt deren Varianz $\text{Var}(X) = \frac{(b-a)^2}{12}$ die Varianz der Normalverteilung. Für die Rechteckverteilung werden die Eckwerte $a = -3$ und $b = 3$ eingesetzt, so dass die Varianz 3 beträgt. Die Varianz des Stichprobenmittels beträgt $\frac{\sigma_X^2}{n}$. Dazu mehr in Abschnitt 26.

R-Anweisung

```
> set.seed(10)
> xbar.n <- NULL
> trails <- 300
> n.sample <- 20
> x.from <- -3
> x.to <- 3
> for (i in 1:trails) {
+     xbar.n[i] <- mean(runif(n = n.sample, min = x.from,
+         max = x.to))
+ }
```

```
> hist(xbar.n, prob = TRUE, main = "", col = "lightgray")
> mu.unif <- (x.from + x.to)/2
> sigma.unif <- sqrt((x.to - x.from)^2/12)
> curve(dnorm(x, mu.unif, sigma.unif/sqrt(n.sample)),
+       x.from, x.to, n = 2001, add = TRUE)
```

Die Normalverteilung ergibt sich aus den wiederholten Realisationen einer Zufallsvariable, deren Summen als die Überlagerungen etwa gleich starker, zufälliger Schwankungen angesehen werden können. Diese Folge von Summen konzentriert sich um einen wahrscheinlichsten Wert, wenn unterstellt wird, dass positive und negative Abweichungen gleich wahrscheinlich und kleine häufiger als große Abweichungen vom wahren Wert der Zufallsvariable auftreten.

Die Normalverteilung ist als ein Instrument zur Darstellung der Fehlerverteilung entstanden. Wird es mit der gleichen Schlussfolgerung z. B. auf die Verteilung individueller Merkmale wie der Körpergröße angewandt, so ist der Abstand zum Erwartungswert tendenziell ebenfalls als eine Art Fehler zu bewerten (vgl. [7, Seite 42]). Ferner sollte man sich verdeutlichen, dass die Normalverteilung eine «Tendenz zur Mitte» aufzeigt. Jedoch nicht die häufigen, sondern die seltenen Ereignisse sind die, welche oft die enormsten Folgen – vor allem in der Ökonomie – zeigen (vgl. [6, Seite 34]).

22.2 Von der Normalverteilung zur Standardnormalverteilung

Wie verändert sich die Normalverteilung mit verschiedenen Erwartungswerten und Standardabweichungen? Dies zeigt Abb. 22.2. Der Erwartungswert μ_X bestimmt die Lage der Normaldichte. Für $\mu_X = 5$ liegt der Gipfel der Dichte bei 5. Die Standardabweichung σ_X bestimmt die Weite der Dichte. Für $\sigma_X = 1$ ist die Verteilung schmaler als für $\sigma_X = 2$.

Die Normalverteilung mit Erwartungswert $\mu_X = 0$ und Standardabweichung $\sigma_X = 1$ wird als **Standardnormalverteilung** bezeichnet. Man kann aus jeder Normalverteilung mit $\mu_X \in \mathbb{R}$ und $\sigma_X \in \mathbb{R}^+$ eine Standardnormalverteilung mittels der **Standardisierung**

$$Z = \frac{X - \mu_X}{\sigma_X} \tag{22.2}$$

erzeugen. Wieso gilt die Standardisierung? Wird die lineare Transformation der Form

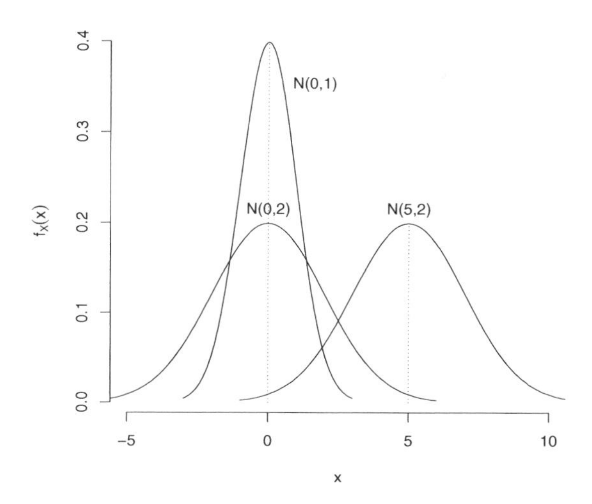

Abb. 22.2: Normalverteilungen

$$X = \mu_X + \sigma_X Z$$

in die Verteilungsfunktion von X eingesetzt, so ergibt sich

$$F_X(x) = \Pr(X < x) = \Pr\left(\mu_X + \sigma_X Z < x\right) = \Pr\left(Z < \frac{x - \mu_X}{\sigma_X}\right) = F_Z(z)$$

Wird die Verteilungsfunktion mit der transformierten Zufallsvariablen Z differenziert, so erhält man die Dichtefunktion

$$f_X(x) = \frac{\mathrm{d}}{\mathrm{d}x} F_Z\left(\frac{x - \mu_X}{\sigma_X}\right) = \frac{1}{\sigma_X} f_Z\left(\frac{x - \mu_X}{\sigma_X}\right) = \frac{1}{\sigma_X} f_Z(z)$$

Für die bisherigen Umformungen werden für die Zufallsvariable keinerlei Verteilungsannahmen für X und Z benötigt, lediglich die Differenzierbarkeit der stetigen Verteilungsfunktion muss sichergestellt sein. Wird nun für Z die Dichtefunktion der Standardnormalverteilung eingesetzt, so erhält man für X wieder die Normalverteilung mit μ_X und σ_X: $X \sim N(\mu_X, \sigma_X)$.

$$\frac{1}{\sigma_X} f_Z(z) = \frac{1}{\sigma_X} \frac{1}{\sqrt{2\pi}} \mathrm{e}^{-\frac{z^2}{2}} = \frac{1}{\sqrt{2\pi}\sigma_X} \mathrm{e}^{-\frac{(x-\mu_X)^2}{2\sigma_X^2}} = f_X(x)$$

Man kann also mittels der Standardisierung aus einer normalverteilten Zufallsvariable eine standardnormalverteilte Zufallsvariable generieren und umgekehrt, eine standardnormalverteilten in eine normalverteilte Zufallsvariable umrechnen.

22.3 Berechnung von Wahrscheinlichkeiten normalverteilter Zufallsvariablen

Nun folgen einige Rechenschritte, um zu zeigen, wie für eine normalverteilte Zufallsvariable $\big(X \sim N(\mu_X,\sigma_X)\big)$ mittels der Standardisierung Wahrscheinlichkeiten berechnet werden können.

Die Wahrscheinlichkeiten für $X = \{3,5,7\}$ mit Erwartungswert $\mu_X = 5$ und Standardabweichung $\sigma_X = 2$ erhält man, wenn die Werte in die Verteilungsfunktion

$$F_X(x) = \int_{-\infty}^{x} \frac{1}{\sqrt{2\pi}\sigma_X}\,\mathrm{e}^{-\frac{(\xi-\mu_X)^2}{2\sigma_X^2}}\,\mathrm{d}\xi$$

gesetzt werden.

$$\Pr(X < 3) = 0.1587 \qquad \Pr(X < 5) = 0.5 \qquad \Pr(X < 7) = 0.8413$$

Dies ist natürlich etwas aufwendig. Daher erfolgt die Berechnung in der Regel mit einem Statistikprogramm. Die erste Wahrscheinlichkeit berechnet sich mit folgender Anweisung.

R-Anweisung
Wahrscheinlichkeiten der Normalverteilung werden mit `pnorm` berechnet.

```
> pnorm(q = 3, mean = 5, sd = 2)

[1] 0.1586553
```

SPSS-Anweisung
In SPSS wird über die Menüfolge `Transformieren > Variable berechnen` die Funktionsgruppe `Verteilungsfunktion` `Cdf.Normal` aufgerufen. Es muss noch eine neue Zielvariable festgelegt werden. Dann erhält man die gesuchte Wahrscheinlichkeit. Sie wird in der Datentabelle n-mal eingesetzt.

Die Standardisierung (22.2) liefert folgende Werte

$$Z = \begin{cases} \frac{3-5}{2} & = -1 \\ \frac{5-5}{2} & = 0 \\ \frac{7-5}{2} & = 1 \end{cases} \tag{22.3}$$

Die standardisierte Zufallsvariable folgt einer Normalverteilung mit $\mu_Z = 0$ und $\sigma_Z = 1$. Die Werte in Gl. (22.3) besitzen in einer $N(0,1)$ Verteilung die gleichen Wahrscheinlichkeiten, wie die Werte $X = \{3,5,7\}$ einer $N(5,2)$ Verteilung (siehe Abb. 22.3 für $\Pr(Z < 1)$ und $\Pr(X < 7)$). Die Wahrscheinlichkeiten für die standardisierten Werte können leicht aus der Tabelle der Standardnormalverteilung im Anhang B abgelesen werden. Einfacher und schneller ist die Berechnung auch hier mit einem Statistikprogramm.

$$\Pr(Z < -1) = 0.1587 \qquad \Pr(Z < 0) = 0.5 \qquad \Pr(Z < 1) = 0.8413$$

R-Anweisung

```
> pnorm(q = 1, mean = 0, sd = 1)

[1] 0.8413447
```

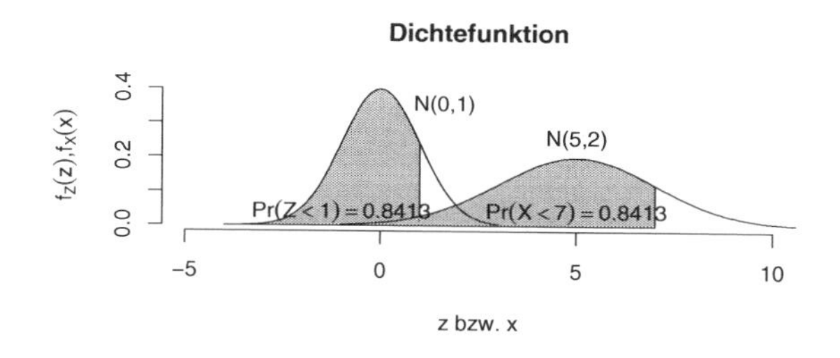

Abb. 22.3: Wahrscheinlichkeiten in der Normalverteilung

Wie groß ist die Wahrscheinlichkeit, dass die Zufallsvariable im Bereich zwischen 3 und 7 liegt?

$$\Pr(3 < X < 7) = F_X(7) - F_X(3) = 0.8413 - 0.1586 = 0.6827$$

Im Bereich von 3 bis 7 liegen rund 68 Prozent der Werte einer normalverteilten Zufallsvariablen (siehe Abb. 22.4).

R-Anweisung
Die Wahrscheinlichkeit $\Pr(3 < X < 7)$ für $X \sim N(5,2)$ wird in R wie folgt berechnet.

```
> pnorm(7, 5, 2) - pnorm(3, 5, 2)

[1] 0.6826895
```

Die Werte 3 und 7 eingesetzt in die Standardisierungsformel (22.2), ergeben $Z = \pm 1$. Es gilt also

$$\Pr(-1 < Z < 1) = \Pr(3 < X < 7) \quad \Leftrightarrow \quad F_Z(1) - F_Z(-1) = F_X(7) - F_X(3)$$

Die Wahrscheinlichkeit mit den standardisierten Werten berechnet, liefert die gleiche Wahrscheinlichkeit.

R-Anweisung

```
> pnorm(1, 0, 1) - pnorm(-1, 0, 1)

[1] 0.6826895
```

Das Intervall

$$[\mu_X - \sigma_X, \mu_X + \sigma_X]$$

wird als einfaches **Streuungsintervall** bezeichnet. In dem obigen Beispiel beträgt das einfache Streuungsintervall für eine $N(5,2)$ Verteilung $[3,7]$ (siehe Abb. 22.4).

22.4 Berechnung von Quantilen aus der Normalverteilung

Statt einen Wert für die Zufallsvariable vorzugeben, kann auch die Wahrscheinlichkeit – also die Fläche unter der Dichtefunktion – vorgegeben werden. Der Wert der Zufallsvariable, der mit der Fläche von $1 - \alpha$ verbunden ist, wird als Quantil $z_{1-\alpha}$ bezeichnet, wenn es sich um eine standardnormalverteilte Zufallsvariable $Z \sim N(0,1)$ handelt. Wird hingegen eine normalverteilte Zufallsvariable $X \sim N(\mu_X, \sigma_X)$ unterstellt, wird das Quantil mit $x_{1-\alpha}$ bezeichnet. Die Berechnung der empirischen Quantile wird hier auf die Wahrscheinlichkeitsfunktion übertragen.

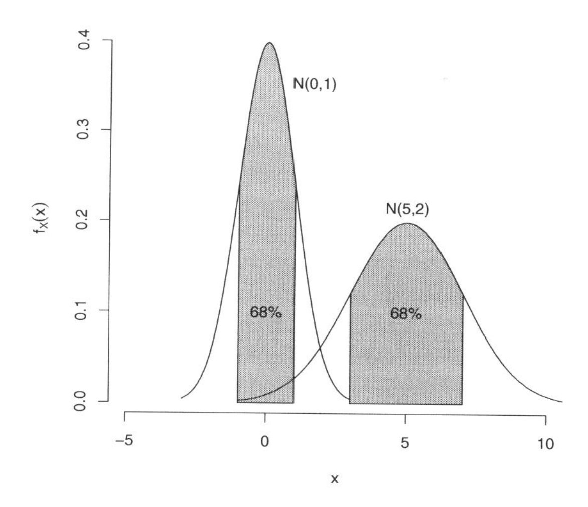

Abb. 22.4: Einfaches Streuungsintervall

$$\Pr(X < x_{1-\alpha}) = F_X(x_{1-\alpha}) = 1 - \alpha \qquad \Longleftrightarrow \qquad x_{1-\alpha} = F_X^{-1}(1 - \alpha)$$

Mit F_X^{-1} wird die Umkehrfunktion der Verteilungsfunktion bezeichnet und mit α die Restwahrscheinlichkeit. Sie spielt später eine Rolle. Typische Werte für α sind 0.005, 0.025, 0.05. Für die Standardnormalverteilung ergeben sich die folgenden Quantile $z_{1-\alpha}$.

$$z_{0.995} = 2.5758 \qquad z_{0.975} = 1.96 \qquad z_{0.95} = 1.6449$$

R-Anweisung

Die Quantile der Normalverteilung können mit dem `qnorm()` Befehl berechnet werden. Mit `c(0.995,0.975,0.950)` werden die drei Wahrscheinlichkeiten als Zahlenfolge dem `qnorm()` übergeben und alle drei Wahrscheinlichkeiten auf einmal berechnet. Fehlt die Angabe von `mean` und `sd`, so wird für sie 0 und 1 standardmäßig eingesetzt.

```
> qnorm(c(0.995, 0.975, 0.95))

[1] 2.575829 1.959964 1.644854
```

SPSS-Anweisung

In SPSS wird über die Menüfolge `Transformieren > Variable berechnen` die Funktionsgruppe `Quantilfunktionen Idf.Normal` aufgerufen. Es muss noch eine neue Zielvariable festgelegt werden. Dann erhält man das gesuchte Quantil.

Die Flächenaufteilung unter der Standardnormalverteilung ist für das $z_{0.95}$-Quantil in der Abb. 22.5 dargestellt. Für $1 - \alpha = 0.95$ besitzt Z den Wert 1.645. Dies bedeutet, dass in 95 Prozent der Fälle die Zufallsvariable Z einen Wert kleiner als 1.645 annimmt.

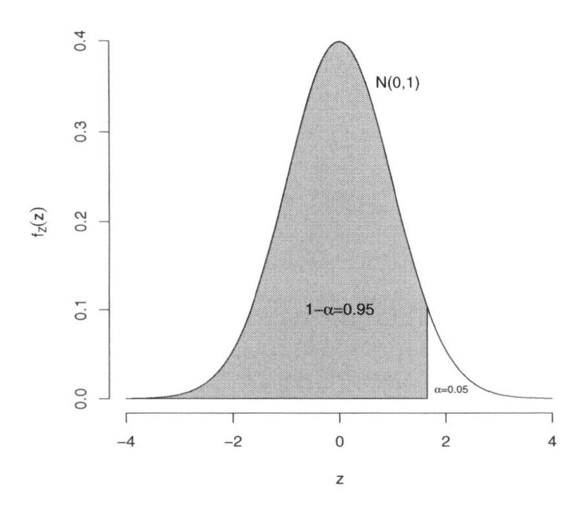

Abb. 22.5: 0.95 Quantile der Standardnormalverteilung

$$\Pr(Z < 1.645) = 0.95 \tag{22.4}$$

Das Quantil z_α bzw. x_α ist aufgrund der Symmetrie der Normalverteilung gleich dem negativen Wert des Quantils $z_{1-\alpha}$.

$$z_\alpha = -z_{1-\alpha}$$

Der Wert des Quantils $z_{0.05}$ beträgt somit $-z_{0.95} = -1.645$.

Nun kann die Restwahrscheinlichkeit α auch auf das linke und rechte Ende der Dichte gleich verteilt werden. Dann wird bei einer Wahrscheinlichkeit von $1 - \alpha$ jeweils $\frac{\alpha}{2}$ auf jeder Seite liegen. Mit welchen Quantilen ist eine Wahrscheinlichkeit von 95 Prozent dann verbunden?

$$z_{0.025} = -1.96 \qquad z_{0.975} = 1.96$$

Die Quantile, die die Wahrscheinlichkeit von 95 Prozent umschließen, sind also $[-1.96, 1.96]$. Die Symmetrie der Verteilung ist in den Quantilen abzulesen (siehe Abb. 22.6).

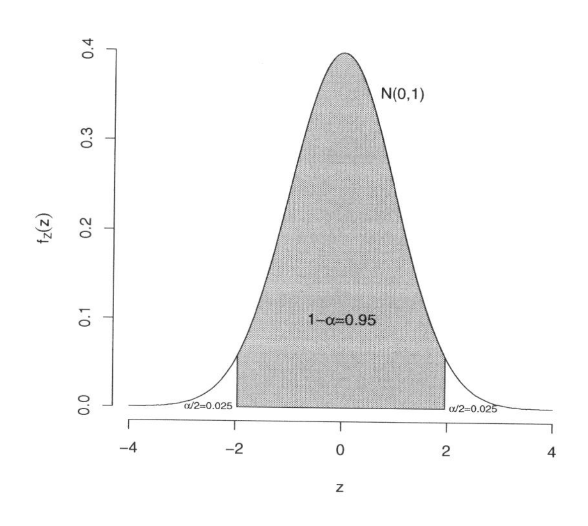

Abb. 22.6: 0.025 und 0.975 Quantil der Standardnormalverteilung

22.5 Anwendung auf die parametrische Schätzung des Value at Risk für die BMW Aktie

Bei der parametrischen Schätzung des Value at Risk (VaR) wird davon ausgegangen, dass die Kursdifferenzen einer bestimmten Zufallsverteilung folgen. Häufig wird für diese Zufallsverteilung die Normalverteilung angenommen. In Abb. 22.7 zeigt sich, dass die Kursdifferenzen ($X = \Delta$ BMW-Kurs) für den betrachteten Zeitraum fast normalverteilt sind. In der Wissenschaft ist die Normalverteilungshypothese für Kursdifferenzen bzw. für Tagesrenditen aber umstritten, und in der Praxis nicht immer haltbar. Tagesrenditen weisen häufig einen «Trend zur Mitte» und «dicke Enden» (engl. fat tail) auf. Der Bereich um den Mittelwert ist im Vergleich zur Normalverteilung dann überrepräsentiert, die äußersten Enden der Verteilung ebenfalls. Dies bedeutet, dass der VaR mit der Normalverteilung tendenziell unterschätzt und damit der Verlust zu niedrig ausgewiesen wird. Beide Effekte zeigen sich auch in Abb. 22.7.

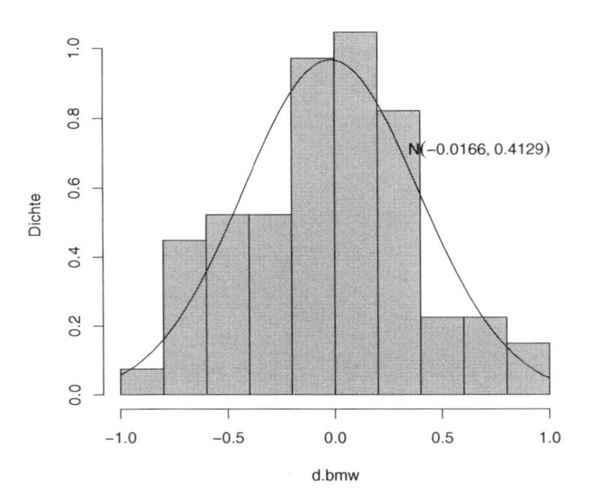

Abb. 22.7: Kursdifferenzen BMW Aktie

Zur Schätzung des VaR müssen bei normalverteilten Kursdifferenzen die Parameter der Normalverteilung – Erwartungswert und Varianz – aus der Stichprobe geschätzt werden. Dies geschieht mit dem arithmetischen Mittel und der Stichprobenvarianz. Der Value at Risk ist das α Prozent-Quantil einer Normalverteilung mit $\bar{X}_n = -0.0166$ und $s_X = 0.4129$.

$$\begin{aligned}
\mathrm{VaR}_{1-\alpha} &= -F_X^{-1}(\alpha) \\
\Pr(X < x_\alpha) &= \alpha \\
&= \Pr\left(\frac{X - \mu_X}{\sigma_X} < z_\alpha\right) \\
&= \Pr\left(X < \underbrace{\mu_X + z_\alpha\,\sigma_X}_{x_\alpha}\right) \\
&\approx \Pr(X < \bar{X}_n + z_\alpha\, s_X) \\
x_{0.05} &\approx -0.0165 - 1.6448 \times 0.4129 \\
\mathrm{VaR}_{0.95} &\approx 0.6957
\end{aligned}$$

Der $\mathrm{VaR}_{0.95}$ beträgt rund 0.69 Euro pro Aktie. In 95 Prozent der Fälle wird kein Kursrückgang (Verlust) von mehr als 0.69 Euro eintreten (siehe Abb. 22.8). Der parametrische VaR weicht etwas von der nicht-parametrischen VaR Bestimmung in Abschnitt 8.3ab. Eine andere Stichprobe könnte zu größeren Unterschieden zwischen den VaR Werten führen.

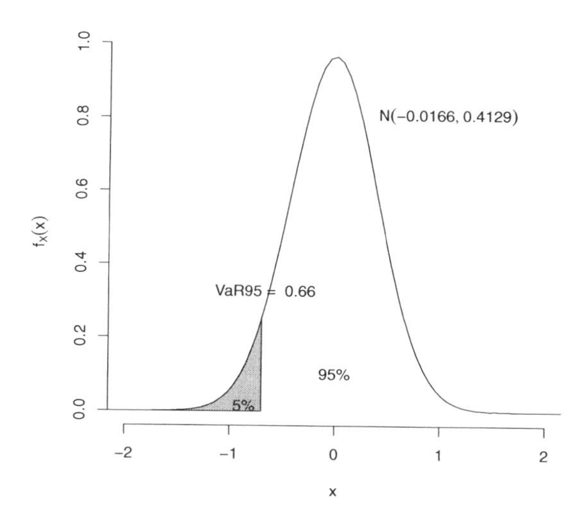

Abb. 22.8: Parametrischer VaR der BMW Aktie

R-Anweisung
Die erste Differenz des BMW-Kurses wird mit

```
> d.bmw <- diff(s.bmw)
```

berechnet. Bei normalverteilten Wertänderungen wird der VaR mit dem Befehl qnorm bestimmt.

```
> d.bar <- mean(d.bmw)
> d.sd <- sd(d.bmw)
> -qnorm(0.05, d.bar, d.sd)

[1] 0.6957274
```

Die Grafik 22.7 wird wie folgt erzeugt.

```
> hist(d.bmw, breaks = 10, prob = TRUE, main = "",
+     col = "lightgray")
> curve(dnorm(x, mean(d.bmw), sd(d.bmw)), from = -1,
+     to = 1, add = TRUE)
> text(0.3, 0.7, bquote(paste(N(.(round(mean(d.bmw),
+     4)), .(round(sd(d.bmw), 4))))), pos = 4)
```

22.6 Verteilung des Stichprobenmittels

Die Summe normalverteilter Zufallsvariablen ist wieder normalverteilt. Diese wichtige Eigenschaft der Normalverteilung nennt man **Reproduktivität**.

$$X_i \sim N(\mu_X, \sigma_X) \quad \Rightarrow \quad \sum_{i=1}^{n} X_i \sim N(n\,\mu_X, \sqrt{n}\,\sigma_X)$$

Diese Eigenschaft wird mittels der momenterzeugenden Funktion nachgewiesen (vgl. z. B. [14, Seite 179ff]). Mit der momenterzeugenden Funktion werden die Momente einer Zufallvariablen berechnet (der Erwartungswert ist z. B. das erste Moment einer Zufallvariablen, die Varianz das zweite zentrale Moment). Aus der Eigenschaft der Reproduktivität ergibt sich auch, dass das Stichprobenmittel wieder normalverteilt ist. Ist $X_i \sim N(\mu_X, \sigma_X)$ verteilt, so gilt

$$\bar{X}_n \sim N\left(\mu_X, \frac{\sigma_X}{\sqrt{n}}\right)$$

Diese wichtige Eigenschaft der Normalverteilung findet sich im zentralen Grenzwertsatz und im Hauptsatz der Stichprobentheorie wieder (siehe Abschnitt 26.4 und 26.5).

22.7 Übungen

Übung 22.1. Wie entsteht die Normalverteilung?

Übung 22.2. Wie kann man aus einer normalverteilten Zufallsvariablen X eine standardnormalverteilte Zufallsvariable Z erzeugen?

Übung 22.3. Eine Zufallsvariable X sei mit $\mu_X = 900$ und $\sigma_X = 100$ normalverteilt. Bestimmen Sie die folgenden Wahrscheinlichkeiten

$$\Pr(X < 650)$$
$$\Pr(800 < X < 1050)$$
$$\Pr(X < 800 \vee X > 1200)$$

Übung 22.4. Berechnen Sie die Wahrscheinlichkeit, dass die normalverteilte Zufallsvariable

$$X \sim N(\mu_X, \sigma_X)$$

im Bereich zwischen

$$\mu_X \pm \sigma_X \qquad \mu_X \pm 2\sigma_X \qquad \mu_X \pm 3\sigma_X$$

liegt.

Übung 22.5. X sei eine normalverteilte Zufallsvariable mit $\mu_X = 3$ und $\sigma_X = 4$. Bestimmen Sie die Unter- und Obergrenze für die Zufallsvariable X so, dass sie mit einer Wahrscheinlichkeit von 68 Prozent innerhalb des Intervalls liegt.

Übung 22.6. Es sind folgende 30 Zufallswerte gegeben. Sie sind normalverteilt. Nehmen Sie für $\mu_X = 5$ und $\sigma_X = 2$ an.

```
 [1] 5.0375 4.6315 2.2573 3.8017 5.5891 5.7796 2.5838 4.2726
 [9] 1.7467 4.4870 7.2036 6.5116 4.5235 6.9749 6.4828 5.1787
[17] 3.0901 4.6097 6.8510 5.9660 3.8074 0.6294 3.6503 0.7619
[25] 2.4696 4.2527 3.6249 3.2557 4.7965 4.4924
```

Berechnen und interpretieren Sie die Wahrscheinlichkeit für $\Pr(\bar{X}_n > 4.5)$. Was ist der Unterschied zur Wahrscheinlichkeit $\Pr(X > 4.5)$?

Übung 22.7. Ein Messfehler sei normalverteilt mit $\mu_X = 1.94$ und $\sigma_X^2 = 0.21$.

1. Mit welcher Wahrscheinlichkeit wird ein mittlerer Fehler von weniger als 1.8 mm auftreten?
2. Kann auch die Wahrscheinlichkeit von $\Pr(X < 1.8)$ berechnet werden? Erläutern Sie ihre Antwort.

22.8 Fazit

Die Normalverteilung hat in der Wahrscheinlichkeitsrechnung eine herausragende Stellung. Sie ist die Grenzverteilung für viele Verteilungen und stochastische Prozesse. Ferner sind die Wahrscheinlichkeiten und Quantile einer normalverteilten Zufallsvariable einfach zu berechnen. Jede normalverteilte Zufallsvariable kann in eine standardnormalverteilte Zufallsvariable transformiert werden. Eine weiter sehr wichtige Eigenschaft der Normalverteilung ist ihre Reproduktivität, d. h. dass die Summe identisch normalverteilter Zufallsvariablen wieder eine Normalverteilung besitzt.

23

Weitere Wahrscheinlichkeitsverteilungen

Inhalt

23.1 Binomialverteilung 195
23.2 Hypergeometrische Verteilung 203
23.3 Geometrische Verteilung 207
23.4 Poissonverteilung 212
23.5 Exponentialverteilung 217
23.6 Übungen 223
23.7 Fazit 224

23.1 Binomialverteilung

Die **Binomialverteilung** ist eine diskrete Wahrscheinlichkeitsverteilung mit den Ereignissen $A = 1$ (Erfolg) und $\overline{A} = 0$ (Misserfolg). Ein einzelnes Experiment nennt man ein **Bernoulliexperiment**. Die Zufallsvariable für dieses einzelne Experiment wird als Bernoullizufallsvariable Y_i bezeichnet.

$$Y_i = \begin{cases} 0 & \text{für } \overline{A} \\ 1 & \text{für } A \end{cases}$$

Betrachtet man nun eine Folge von n unabhängigen Experimenten, so wird mit der Summe der Bernoullizufallsvariablen die Anzahl der Erfolge gezählt.

$$X = \sum_{i=1}^{n} Y_i$$

Mit dieser Zufallsvariablen können Zufallsexperimente beschrieben werden, die aus **Stichproben mit Zurücklegen** aus der Grundgesamtheit $\{A, \overline{A}\}$ gewonnen werden. Im folgenden Abschnitt wird mit dem Würfel die Entstehung der Binomialverteilung beschrieben.

Anwendung auf einen Würfel

Es wird wieder das Werfen eines Würfels als Zufallsexperiment betrachtet. Wie groß ist die Wahrscheinlichkeit in 6 Würfen eine Sechs zu würfeln? Die Wahrscheinlichkeit für eine Sechs beträgt $\frac{1}{6}$, die Wahrscheinlichkeit für keine Sechs beträgt $\frac{5}{6}$.

$$\Pr(A = 6) = \frac{1}{6} \quad \text{und} \quad \Pr(A = \{1,2,3,4,5\}) = \frac{5}{6}$$

In 6 Würfen eine Sechs zu würfeln, bedeutet also 1 Erfolg und 5 Misserfolge.

$$\Pr(6) = \frac{1}{6}\left(\frac{5}{6}\right)^5 = 0.067$$

Dies ist die Wahrscheinlichkeit dafür, dass im ersten Wurf eine Sechs auftritt und in den fünf weiteren Würfen keine Sechs. In welchem Wurf die Sechs auftritt, spielt keine Rolle, so dass $\binom{6}{1}$ verschiedene Kombinationen möglich sind. Die Wahrscheinlichkeit eine Sechs in $n = 6$ Würfen beträgt somit:

$$\Pr(X = 1) = \binom{6}{1}\frac{1}{6}\left(\frac{5}{6}\right)^5 = 0.4019$$

R-Anweisung
Mit

```
> dbinom(x = 1, size = 6, prob = 1/6)

[1] 0.4018776
```

wird die Binomialdichte $\Pr(X = 1)$ für einen Würfel berechnet.

Wird nun nicht nur nach der Wahrscheinlichkeit für eine Sechs in n Würfen gefragt, sondern auch danach wie groß sie für $x = \{0,1,\ldots,n\}$ Sechsen ist, erhält man die Binomialverteilung (siehe Abb. 23.1). So sieht man z. B., dass die Wahrscheinlichkeit für eine Sechs in 6 Würfen ist doppelt so groß ist, wie für zwei Sechsen in 6 Würfen. Je mehr Sechsen in den 6 Würfen auftreten sollen, desto geringer ist die Wahrscheinlichkeit.

Verallgemeinert man die obigen Überlegungen, dann erhält man die Binomialverteilung. Sie besitzt die Dichtefunktion

$$f_X(x \mid n,\theta) = \binom{n}{x}\theta^x\,(1-\theta)^{n-x} \quad \text{für } x = 0,1,\ldots,n$$
$$\text{mit } n \in \mathbb{N} \text{ und } 0 < \theta < 1$$

Mit θ wird die Erfolgswahrscheinlichkeit für das Ereignis A bezeichnet. Mit n wird die Größe der Stichprobe angegeben und mit x die Zahl der Ereignisse, deren Wahrscheinlichkeit man berechnen möchte. Für eine binomialverteilte Zufallsvariable schreibt man: $X \sim Bin(n,\theta)$.

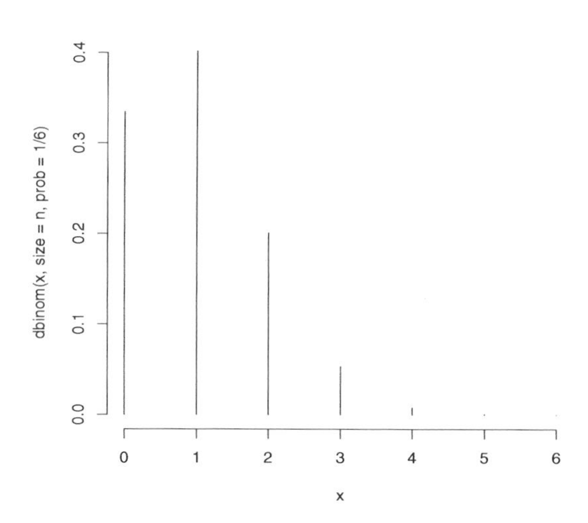

Abb. 23.1: Binomialverteilung für x Sechsen in 6 Würfen

Wie viele Sechsen werden in 6 Würfen erwartet? In einem Wurf werden $\frac{1}{6}$ Sechsen erwartet; in $n = 6$ Würfen dann $6 \times \frac{1}{6} = 1$. Dies ist der Erwartungswert der Binomialverteilung. Die Wahrscheinlichkeit für das Ereignis A wird $\Pr(A) = \theta$ bezeichnet.

$$\mathrm{E}(X) = n\,\theta$$

Die Varianz der Binomialverteilung ist:

$$\mathrm{Var}(X) = n\,\theta\,(1-\theta)$$

Wie groß ist die Wahrscheinlichkeit höchstens zwei Sechsen in 6 Würfen zu würfeln? Es ist die Wahrscheinlichkeit, die sich aus der Verteilungsfunktion ergibt.

$$\Pr(X \leq 2) = \Pr(X=0) + \Pr(X=1) + \Pr(X=2) = 0.9377$$

R-Anweisung

Die Wahrscheinlichkeit für $\Pr(X \leq 2)$ wird mit

```
> pbinom(2, size = 6, prob = 1/6)

[1] 0.9377143
```

berechnet.

Wie groß ist die Wahrscheinlichkeit mindestens zwei Sechsen in 6 Würfen zu würfeln? Es ist die Wahrscheinlichkeit

$$\Pr(X \geq 2) = 1 - \Pr(X < 2)$$

gesucht. Da es sich hier um eine diskrete Verteilung handelt, ist die Wahrscheinlichkeit von

$$\Pr(X < 2) \quad \text{identisch mit} \quad \Pr(X \leq 1) = \Pr(X = 0) + \Pr(X = 1)$$

Die gesuchte Wahrscheinlichkeit beträgt: $\Pr(X \geq 2) = 0.2632$

R-Anweisung

```
> 1-pbinom(1,size=6,prob=1/6)

[1] 0.2632245

> # oder
> pbinom(1,6,1/6,lower=FALSE)

[1] 0.2632245
```

Anwendung auf die Kursänderungen der BMW Aktie

Mit der Binomialverteilung kann der Frage nachgegangen werden, an wie vielen Tagen im Monat mit einem Kursanstieg zu rechnen ist. Ein Kursanstieg wird als Erfolg mit $Y = 1$ und ein Kursverlust (einschließlich keiner Kursänderung) als Misserfolg mit $Y = 0$ bewertet. Die Zufallsvariable $X = \sum Y_i$ misst dann die Anzahl der Erfolge (Kursanstiege) bei einer fest vorgegebenen Anzahl von Versuchen (hier Tagen) und ist binomialverteilt, vorausgesetzt, die Folge der Kursänderungen erfolgt unabhängig voneinander.

Der Parameter θ der Binomialverteilung wird mit dem Mittelwert der Folge der Kursänderungen, hier der relative Anteil der Kursanstiege, geschätzt.

$$\hat{\theta} = 0.4925$$

In einem QQ-Plot werden die Verteilung der Kursanstiege eines gleitenden 20 Tagezeitraums gegen die Quantile der Binominalverteilung abgetragen. Die Abb. 23.2 zeigt eine gute Übereinstimmung mit einer Binomialverteilung für $n = 20$ und $\hat{\theta} = 0.4925$.

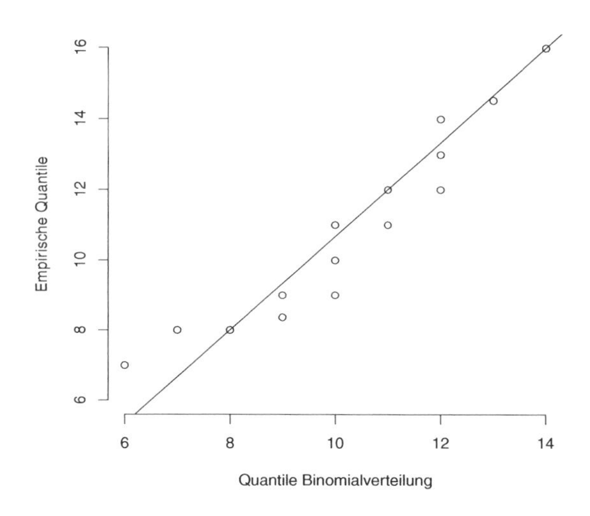

Abb. 23.2: Binomial-QQ-Plot der BMW Aktie für $n = 20$

R-Anweisung

```
> d.bmw <- diff(s.bmw)
> Y <- ifelse(d.bmw > 0, 1, 0)
> (theta.hat <- mean(Y))
```

Anweisungen für QQ-Plot.

```
> anz.anstieg.20tage <- rollapply(Y, 20, sum)
> qqplot(qbinom(ppoints(20), size = 20, prob = theta.hat),
+      anz.anstieg.20tage, xlab = "Quantile Binomialverteilung",
+      ylab = "Empirische Quantile", bty = "n")
> qqline(anz.anstieg.20tage, distribution = function(p) qbinom(p,
+      size = 20, prob = theta.hat))
```

Die Erfolgswahrscheinlichkeit $\hat{\theta}$ von 0.49 zeigt an, dass im betrachteten Zeitraum die Kursrückgänge überwiegen. Es ist also eher mit einem Kursverlust als mit einem Kursanstieg zu rechnen.

Für die Zufallsvariable wird also angenommen, dass sie $X \sim Bin(n, 0.49)$ verteilt ist. Die Eingangs gestellte Frage «An wie vielen Tagen eines Monats ist mit einem Kursanstieg zu rechnen?» kann nun mittels θ beantwortet werden. Der Erwartungswert der oben identifizierten Binomialverteilung beträgt für $n = 20$ (der Monat wird mit 20 Arbeitstagen festgelegt):

$$\mathrm{E}(X) = 20 \times 0.4925 = 9.8507$$

Also an weniger als 10 Tagen eines Monats ist mit einem Kursanstieg zu rechnen.

Mit der Binomialverteilung kann auch der Frage nachgegangen werden, wie groß die Wahrscheinlichkeit ist, innerhalb eines Monats, an keinem Tag, an mindestens einem Tag und an mindestens 10 Tagen einen Kursanstieg zu beobachten. Voraussetzung für diese Rechnung ist, dass die Erfolgswahrscheinlichkeit θ in der Zeit konstant ist. Jedoch ist dies gerade bei Finanzmärkten oft nicht gegeben.

$$\Pr(X = 0) = 1.283e - 06 \qquad \Pr(X > 1) = 0.999999 \qquad \Pr(X > 10) = 0.5616$$

R-Anweisung

```
> dbinom(x = 0, size = 20, prob = theta.hat)

[1] 1.282574e-06

> 1 - pbinom(q = 0, size = 20, prob = theta.hat)

[1] 0.9999987

> 1 - pbinom(q = 9, size = 20, prob = theta.hat)

[1] 0.561622
```

Die Wahrscheinlichkeit an keinem Tag einen Kursanstieg der BMW Aktie im Monat zu beobachten, ist sehr gering. Bei einer Erfolgswahrscheinlichkeit von beinahe 50 Prozent ist es auch eher unwahrscheinlich in 20 Versuchen keinen Erfolg zu haben. Mit sehr hoher Wahrscheinlichkeit wird hingegen an mindestens einem Tag ein Kursanstieg im Monat zu beobachten sein. Die

Wahrscheinlichkeit an mindestens 10 Tagen einen Kursanstieg zu beobachten, liegt über 50 Prozent.

Wie verlässlich sind diese Angaben? Dies hängt mit der Genauigkeit der Schätzung für θ (sie wird mit $\hat{\theta}$ bezeichnet) zusammen, die durch die Standardabweichung von θ beschrieben wird. Sie ist durch

$$\sigma_\theta = \sqrt{\frac{\theta\,(1-\theta)}{n}}$$

gegeben. Unter bestimmten Voraussetzungen wird mit hoher Wahrscheinlichkeit (um die 95 Prozent) das Konfidenzintervall

$$\Pr\left(\hat{\theta} - 2\sigma_\theta < \theta < \hat{\theta} + 2\sigma_\theta\right) = \Pr\left(0.0843 < \theta < 0.9007\right) \approx 0.95$$

den wahren Wert von θ enthalten (siehe hierzu Abschnitt 27). Damit könnte die Wahrscheinlichkeit für $\Pr(X \geq 10)$ zwischen

$$\Pr(X \geq 10) = 1 - Bin(20, 0.0843) = 0$$

und

$$\Pr(X \geq 10) = 1 - Bin(20, 0.9007) = 1$$

schwanken. Dies ist eine hohe Ungenauigkeit!

R-Anweisung
Mit der folgenden Berechnung wird das Konfidenzintervall für θ berechnet.

```
> n <- length(d.bmw)
> sigma.theta <- sqrt(theta.hat * (1 - theta.hat)/n)
> (ki.theta <- theta.hat + c(-2, 2) * sigma.theta)

[1] 0.3703815 0.6146931
```

Die Wahrscheinlichkeiten für $\Pr(X \geq 10)$ liegen zwischen

```
> 1 - pbinom(q = 9, size = 20, prob = ki.theta)

[1] 0.1659463 0.8990756
```

Approximation mit der Normalverteilung

Die Binomialverteilung konvergiert mit zunehmendem Stichprobenumfang gegen eine Normalverteilung (siehe Abschnitt 26.4). Eine gute Approximation der Binomialverteilung durch die Normalverteilung stellt sich schon für kleine n ein, wenn $n\theta \geq 10$ und $n(1-\theta) \geq 10$ ist. Die Zufallsvariable ist dann näherungsweise normalverteilt mit $\mu_X = n\theta$ und $\sigma_X = \sqrt{n\theta(1-\theta)}$. Die Abb. 23.3 (gestrichelte Linie) zeigt die gute Übereinstimmung einer Binomialverteilung $Bin(20, 0.5)$ mit der Normalverteilung $N(10, \sqrt{5})$. Durch den Übergang zur stetigen Verteilung wird aber die Wahrscheinlichkeit stets unterschätzt. Daher führt man eine so genannte **Stetigkeitskorrektur** ein, die dies ausgleicht. Sie besteht darin, dass die Wahrscheinlichkeit für $\Pr(X \leq x)$ mit $x + 0.5$ berechnet wird (siehe Abb. 23.3).

$$\Pr(X \leq x) \approx \Pr\left(Z < \frac{x + 0.5 - n\theta}{\sqrt{n\theta(1-\theta)}}\right)$$

Die Wahrscheinlichkeit für $\Pr(X = x)$ wird mit

$$\Pr(X = x) \approx \Pr\left(Z < \frac{x + 0.5 - n\theta}{\sqrt{n\theta(1-\theta)}}\right) - \Pr\left(Z < \frac{x - 0.5 - n\theta}{\sqrt{n\theta(1-\theta)}}\right)$$

approximiert.

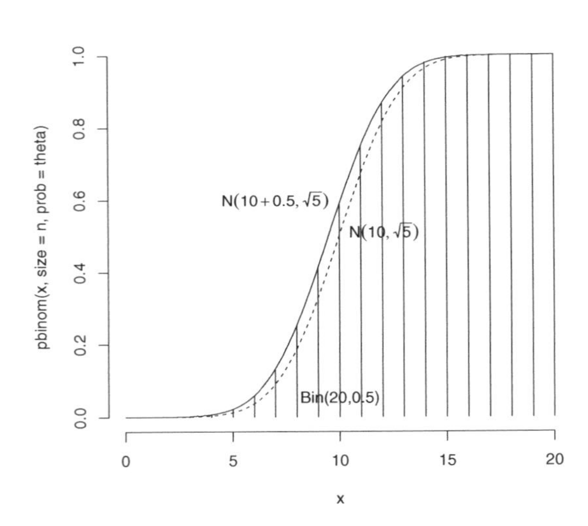

Abb. 23.3: Approximation der Binomialverteilung durch die Normalverteilung

Weitere Anwendungen

Die Binomialverteilung findet z. B. Anwendung bei der Berechnung der Wahrscheinlichkeit von fehlerhaften Teilen in einer Produktionsserie, wenn die Produktion der einzelnen Produkte unabhängig voneinander erfolgt. Die Binomialverteilung ist für Zufallsstichproben mit Zurücklegen geeignet. Jedoch kann man auch Zufallsstichproben ohne Zurücklegen näherungsweise mit der Binomialverteilung untersuchen, wenn die Stichprobe klein im Verhältnis zur Grundgesamtheit ist. Ist das nicht der Fall, so ist die hypergeometrische Verteilung anzuwenden.

23.2 Hypergeometrische Verteilung

Die **hypergeometrische Verteilung** bildet das Zufallsexperiment **Ziehen einer Stichprobe ohne Zurücklegen** ab. Die Zufallsvariable X zählt – wie bei der Binomialverteilung – die Anzahl der Erfolge. Die Grundgesamtheit besteht aus M «gewünschten» Ereignissen und $N - M$ «unerwünschten» Ereignissen. Zieht man n Ereignisse, so existieren $\binom{N}{n}$ verschiedene Kombinationen. Jede Ergebnisfolge besitzt nach Laplace die Wahrscheinlichkeit $\frac{1}{\binom{N}{n}}$. In wie viel Ergebnisfolgen sind x «gewünschte» Ereignisse enthalten? Die x «gewünschten» Ereignisse können aus den M auf $\binom{M}{x}$ verschiedene Arten herausgegriffen werden. Die übrigen $n - x$ «unerwünschten» Ereignisse können aus den $N - M$ auf $\binom{N-M}{n-x}$ verschiedene Weise gezogen werden. Von den $\binom{N}{n}$ möglichen Ergebnisfolgen enthalten also $\binom{M}{x}\binom{N-M}{n-x}$ die x «gewünschte» Ereignisse. Die Berechnung für zwei Richtige im Lotto lässt sich daher auch mittels der hypergeometrischen Verteilung berechnen.

$$\Pr(X = 2) = \frac{\binom{6}{2}\binom{43}{6-2}}{\binom{43+6}{6}} = 0.1324$$

R-Anweisung

```
> M <- 6
> N <- 49
> n <- 6
> dhyper(x = 2, M, N - M, n)

[1] 0.132378
```

Es ist das gleiche Ergebnis wie in Gl. (20.2). Die Urne setzt sich aus M «Richtigen» (weißen) und $N - M$ «Falschen» (schwarzen) Kugeln zusammen. Es werden n Kugeln gezogen, wobei x Erfolge darunter sein müssen. Lässt man X von $x = 0$ bis $x = 6$ durchlaufen, so erhält man die hypergeometrische Verteilung.

Die Dichtefunktion der hypergeometrischen Verteilung ist gegeben durch:

$$f_X(x \mid M, N-M, n) = \frac{\binom{M}{x}\binom{N-M}{n-x}}{\binom{N}{n}} \quad \text{für } x = 0,1,\ldots,n \text{ und } M, N-M, n \in \mathbb{N}$$
$$= \frac{Bin(x \mid M,\theta)\, Bin(n-x \mid N-M,\theta)}{Bin(n \mid N,\theta)} \quad \text{mit } \theta = \frac{M}{N}$$

Für eine hypergeometrisch verteilte Zufallsvariable schreibt man $X \sim Hypge(M,N,n)$.

Anwendung auf das Lottospiel

Mit der Dichte- und der Verteilungsfunktion können die Wahrscheinlichkeiten für genau zwei «Richtige» und für ein oder zwei «Richtige» berechnet werden (siehe Abb. 23.4).[1]

$$\Pr(X=2) = 0.1324 \qquad \Pr(X \leq 2) = 0.9814$$

R-Anweisung

```
> dhyper(2, 6, 43, 6)
[1] 0.132378
> phyper(2, 6, 43, 6)
[1] 0.9813625
```

[1] Auf der Rückseite der Lottoscheine sind die Wahrscheinlichkeiten mit (richtig getippter) und ohne (richtig getippter) Zusatzzahl angegeben. Die Zusatzzahl wird nach den 6 Gewinnzahlen direkt im Anschluss aus den 43 verbleibenden Zahlen gezogen, so dass nur noch 42 in der Urne verbleiben. Wenn die Zusatzzahl mit einer getippten Zahl in einem Tippfeld übereinstimmt, wertet diese den möglichen Gewinn um eine Gewinnklasse auf. Die Wahrscheinlichkeiten für $x = 1\ldots,5$ berechnen sich wie folgt

$$\Pr(x) = \frac{\binom{6}{x}\binom{42}{6-x}}{\binom{49}{6}} \qquad \text{ohne Zusatzzahl}$$
$$\Pr(x) = \frac{\binom{6}{x}\binom{42}{6-x-1}}{\binom{49}{6}} \qquad \text{mit Zusatzzahl}$$

Die erste Wahrscheinlichkeit ist diejenige, welche mit der Laplace Wahrscheinlichkeit (siehe Abschnitt 20.5 Laplace Wahrscheinlichkeit, Seite 143) berechnet wird.

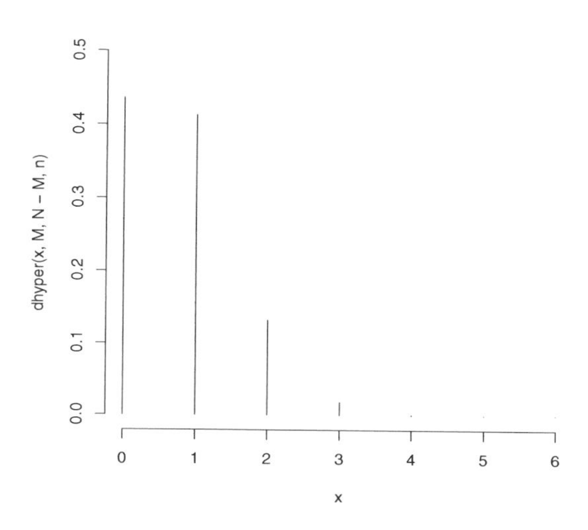

Abb. 23.4: Hypergeometrische Verteilung für x «Richtige» im Lotto

Der Erwartungswert der hypergeometrischen Verteilung ist identisch mit dem der Binomialverteilung. Es werden hier $6 \times \frac{6}{49} = 0.7346$ Richtige bei 6 Kugeln erwartet.

$$\mathrm{E}(X) = n\,\theta \quad \text{mit } \theta = \frac{M}{N}$$

Da die Kugeln bei diesem Zufallsexperiment nicht zurückgelegt werden, sind die einzelnen Züge voneinander abhängig; die Kovarianz ist nicht Null. Ihre Herleitung ist etwas aufwendig.

$$\mathrm{Cov}(Y_i, Y_j) = -\frac{\theta\,(1-\theta)}{N-1} \quad \text{für } i \neq j$$

Die Kovarianz wirkt sich auf die Varianz von $X = \sum Y_i$ der hypergeometrischen Verteilung aus.

$$\mathrm{Var}(X) = n\,\theta\,(1-\theta)\,\frac{N-n}{N-1}$$

Die Varianz der hypergeometrischen Verteilung ist die um die so genannte **Endlichkeitskorrektur** erweiterte Varianz der Binomialverteilung. Die Endlichkeitskorrektur tritt wegen der Abhängigkeit der aufeinander folgenden Züge bei einer Stichprobe ohne Zurücklegen auf.

Weitere Anwendungen

Das hypergeometrische Verteilungsmodell wird auch bei Befragungen mit binären Merkmalen und in der Qualitätskontrolle angewendet. Zum Beispiel:

- Wie hoch ist die Wahrscheinlichkeit für x Befürworter eines Projekts bei n Befragten, wenn insgesamt M Befürworter und $N - M$ Gegner vorliegen?
- Wie hoch ist die Wahrscheinlichkeit für x einwandfreie Produkte in einer Stichprobe von n aus einer Menge von M einwandfreien und $N - M$ defekten Produkten?
- Wie viel defekte Produkte werden höchstens bei einer Wahrscheinlichkeit von $\Pr(X \leq x) = \alpha$ in einer Stichprobe von n auftreten, wenn die Grundgesamtheit aus M defekten und $N - M$ einwandfreien Produkten besteht?

Bei dem letzten Beispiel handelt es sich um eine Quantilsberechnung. Für $n = 10$, $N = 100$, $M = 10$ werden die Quantile für $0.1, 0.2, \ldots, 0.9$ berechnet.

R-Anweisung

```
> n <- 10
> N <- 100
> M <- 10
> qhyper(p = seq(0.1, 0.9, 0.1), M, N - M, n)

[1] 0 0 0 1 1 1 1 2 2
```

In einer Stichprobe von 10 Elementen, die aus einer Grundgesamtheit von 90 einwandfreien und 10 defekten Elementen besteht, wird kein defektes Element mit 10, 20, 30 Prozent Wahrscheinlichkeit auftreten. Ein oder kein defektes Element wird mit 40, 50, 60, 70 Prozent Wahrscheinlichkeit auftreten und mehr als zwei defekte Elemente werden mit 80, 90 Prozent Wahrscheinlichkeit auftreten. Da die hypergeometrische Verteilung diskret ist, können die Wahrscheinlichkeiten nicht exakt eingehalten werden. Es wird das Quantil gewählt, das am nächsten an der vorgegebenen Wahrscheinlichkeit liegt. Daher tritt das gleiche Quantil für mehrere Wahrscheinlichkeiten auf. So ist die Wahrscheinlichkeit von 80 Prozent näher an 2 Elementen als an einem Element und die Wahrscheinlichkeit für 90 Prozent näher an 2 als an 3 Elementen.

Approximation mit der Normalverteilung

Auch die hypergeometrische Verteilung konvergiert mit zunehmenden Stichprobenumfang gegen eine Normalverteilung (siehe 26.4). Eine gute Approximation der hypergeometrischen Verteilung durch die Normalverteilung wird erreicht, wenn $0.1 \leq \frac{M}{N} \leq 0.9$, $n > 30$ und $\frac{n}{N} \leq 0.1$ ist. Die Zufallsvariable ist dann näherungsweise normalverteilt mit $\mu_X = n\,\frac{M}{N}$ und $\sigma_X = \sqrt{n\,\frac{M}{N}\left(1-\frac{M}{N}\right)\frac{N-n}{N-1}}$. In Abb. 23.5 ist eine hypergeometrische Verteilung mit $M = 150$, $N = 300$ und $n = 30$ sowie eine Normalverteilung $N\left(15, \sqrt{5\,\frac{300-30}{300-1}}\right)$ (gestrichelte Linie) abgetragen. Die durchgezogene Linie zeigt die Normalverteilung mit der **Stetigkeitskorrektur** $x + 0.5$.

$$\Pr(X \leq x) \approx \Pr\left(Z < \frac{x + 0.5 - n\,\frac{M}{N}}{\sqrt{n\,\frac{M}{N}\left(1-\frac{M}{N}\right)\frac{N-n}{N-1}}}\right)$$

$$\Pr(X = x) \approx \Pr\left(Z < \frac{x + 0.5 - n\,\frac{M}{N}}{\sqrt{n\,\frac{M}{N}\left(1-\frac{M}{N}\right)\frac{N-n}{N-1}}}\right) - \Pr\left(Z < \frac{x - 0.5 - n\,\frac{M}{N}}{\sqrt{n\,\frac{M}{N}\left(1-\frac{M}{N}\right)\frac{N-n}{N-1}}}\right)$$

23.3 Geometrische Verteilung

Die **geometrische Verteilung** ist eine weitere diskrete Verteilung, die eng in Verbindung mit der Binomialverteilung steht. Bei der Binomialverteilung wird eine feste Anzahl von unabhängigen Bernoulliexperimenten durchgeführt. Die binomialverteilte Zufallsvariable misst die Anzahl der Erfolge. Wird nicht die Anzahl der Erfolge fixiert, sondern werden Bernoulliexperimente durchgeführt bis der erste Erfolg eintritt, dann ist die Anzahl der durchgeführten Bernoulliexperimente eine Zufallsvariable. Mit der Zufallsvariable X werden die Zahl der Versuche ohne den ersten Erfolg gezählt. Die Dichtefunktion der Zufallsvariable X ist

$$f_X(x \mid \theta) = \theta\,(1-\theta)^x \quad \text{für } x = 0, 1, 2, \ldots \tag{23.1}$$

Mit dem Parameter θ wird die Erfolgswahrscheinlichkeit für einen Versuch angegeben. Für eine geometrischverteilte Zufallsvariable schreibt man: $X \sim Geom(\theta)$.

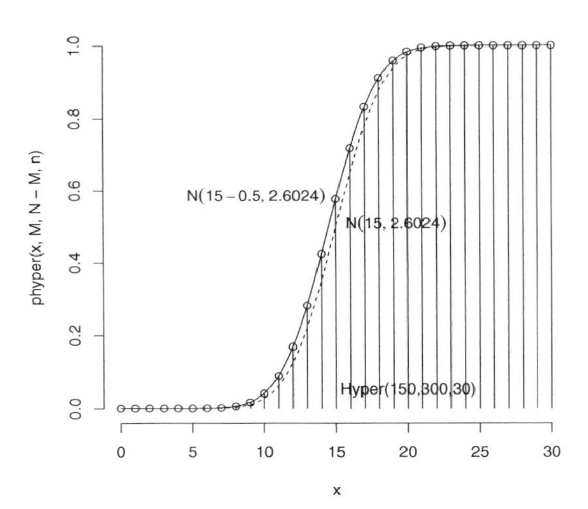

Abb. 23.5: Approximation der hypergeometrischen Verteilung durch die Normalverteilung

Anwendung auf einen Würfel

Die geometrische Verteilung ist ein einfaches Modell für eine diskrete Lebensdauerverteilung oder diskrete Wartezeitverteilung, wie z. B. dem Mensch-ärgere-Dich-nicht-Spiel. Die Zufallsvariable X zählt den ersten Erfolg nicht mit. Die Erfolgswahrscheinlichkeit θ beträgt $\frac{1}{6}$. Wann kommt die erste Sechs? Die Wahrscheinlichkeit wird durch

$$\Pr(X=x) = \frac{1}{6}\left(1-\frac{1}{6}\right)^x \quad \text{für } x = 0,1,2,\ldots$$

berechnet. Für z. B. $x = 4$, also bei 4 Würfen, beträgt die Wahrscheinlichkeit $\Pr(X=4) = 0.0804$ (siehe Abb. 23.6). Man wird in 8.04 Prozent der Fälle erst im 5-ten Wurf eine Sechs erhalten. Erwartungswert von X ist

$$\mathrm{E}(X) = \frac{1}{\theta} - 1 = 5$$

Man erwartet im 5-ten Wurf die erste Sechs. Die Varianz beträgt

$$\mathrm{Var}(X) = \frac{1-\theta}{\theta^2} = 30$$

Ein Erkennungsplot für die geometrische Verteilung erhält man, wenn die Dichtefunktion (23.1) logarithmiert wird (vgl. [23]) .

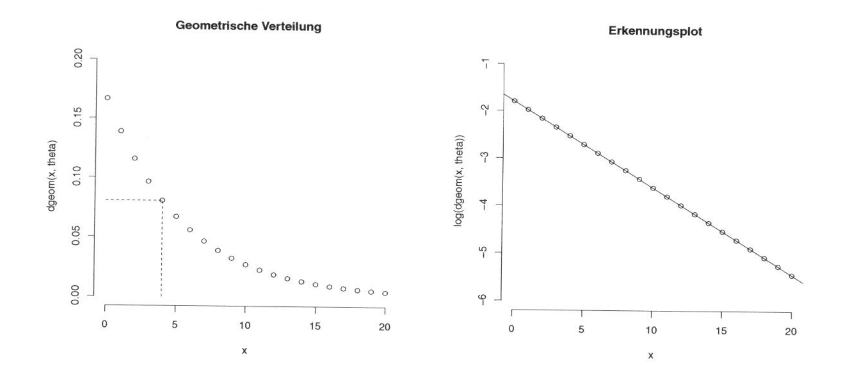

Abb. 23.6: Geometrische Verteilung für einen Würfel und Erkennungsplot

$$\ln \Pr(X = x) = \ln \theta + x \ln(1 - \theta) \tag{23.2}$$

Die Punkte liegen auf einer Geraden mit Steigung $\ln(1 - \theta)$ und Achsenabschnitt $\ln \theta$ (siehe Abb. 23.6 rechts).

Wird die Wahrscheinlichkeit davon beeinflusst, wenn man erst nach dem Δ-ten Wurf anfängt auf einen Erfolg zu warten? Nein, die geometrische Verteilung besitzt kein «Gedächtnis». Formal bedeutet dies, dass die folgende Gleichung

$$\Pr(X = x + \Delta \mid X \geq x) = \Pr(X = \Delta)$$

gilt. Ein Beweis ist z. B. in [18, Seite 64f]. Wir wollen diese Eigenschaft experimentell nachvollziehen. Dazu vergleichen wir die beiden Wahrscheinlichkeiten. Für $\Pr(X = x + \Delta \mid X \geq x)$ verwenden wir die Definition für die bedingte Wahrscheinlichkeit (siehe Gl. 20.4): $\frac{\Pr(X=x+\Delta)}{\Pr(X \geq x)}$.

```
> x <- 4
> theta <- 1/6
> delta <- 7
> # bedingte Wahrscheinlichkeit
> dgeom(x+delta,theta)/pgeom(x-1,theta,lower.tail=FALSE)

[1] 0.04651361

> dgeom(delta,theta)

[1] 0.04651361
```

Die Wahrscheinlichkeiten sind gleich. Das gilt natürlich für beliebige Werte von θ, x und Δ.

Anwendung auf die BMW Aktie

Mit der geometrischen Verteilung kann nun die Fragestellung «Wie viel Tage vergehen bis zum ersten Kursanstieg?» analysiert werden. Die Erfolgswahrscheinlichkeit θ der geometrischen Verteilung beträgt 0.4925 (siehe Binomialverteilung).

Zuerst wird überprüft, ob die Wartezeiten bis zum ersten Kursanstieg aus der Stichprobe mit der geometrischen Verteilung übereinstimmen. Dazu verwenden wir die Überlegung aus dem vorherigen Abschnitt (siehe Gl. 23.2). Für $\Pr(X = x)$ werden die relativen Häufigkeiten bis zum nächsten Kursanstieg aus der Stichprobe eingesetzt und gegen die Wartezeit abgetragen. Die Verteilung der Tage bis zum nächsten Kursanstieg ist annähernd geometrisch verteilt (siehe Abb. 23.7, links oben).

In der Abb. 23.7 (rechts oben) wird nun geprüft, wie eine Verschiebung von einem Tag auf die Verteilung wirkt. Sie sollte keinen Einfluss besitzen. Es zeigt sich nur ein geringer Einfluss, so dass eine Analyse mit der geometrischen Verteilung sinnvoll ist. Die beiden darunter liegenden Grafiken zeigen QQ-Plots (links Verteilung der unveränderten Stichprobe, rechts für die um einen Tag verschobene Wartezeit). Die längste Wartezeit bis zu einem Kursanstieg beträgt 4 Tage. Daher kann nur grob von einer geometrischen Verteilung der Wartezeit ausgegangen werden.

Die Wahrscheinlichkeit z. B. nach höchstens einem Tag einen Kursanstieg zu beobachten $X = 1$ beträgt

$$\Pr(X \leq 1) = \sum_{x=0}^{1} 0.4925 \times (1 - 0.4925)^x = 0.7425$$

Es bestätigt sich, dass die Kurse einem stetigen Auf und Ab unterliegen.

R-Anweisung

```
> d.bmw <- diff(s.bmw)
> Y <- ifelse(d.bmw > 0, 1, 0)
> (theta.hat <- mean(Y))

[1] 0.4925373

> x <- 1
> pgeom(x, theta.hat)

[1] 0.7424816
```

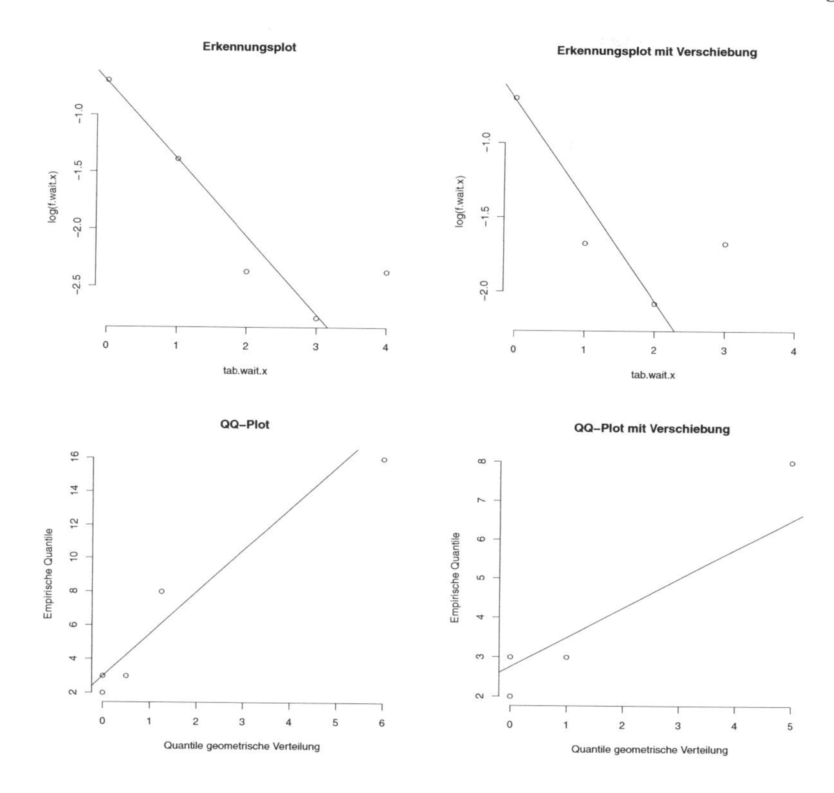

Abb. 23.7: Erkennungs- und QQ-Plot zur geometrischen Verteilung

Anweisungen für den Erkennungsplot für eine geometrische Verteilung. MIt $\Delta = 1$ wird die Wartezeit um einen Tag verschoben.

```
> d.bmw <- diff(s.bmw)
> Y <- ifelse(d.bmw > 0, 1, 0)
> theta.hat <- mean(Y)
> wait.x <- diff(index(Y)[Y == 1]) - 1
> delta <- 1
> wait.x <- wait.x[wait.x >= delta] - delta
> tab.wait <- table(wait.x)
> f.wait.x <- as.vector(tab.wait)/length(wait.x)
> tab.wait.x <- as.numeric(names(tab.wait))
> a <- log(theta.hat)
> b <- log(1 - theta.hat)
> plot(tab.wait.x, log(f.wait.x), bty = "n")
> abline(a = a, b = b)
```

Anweisungen für QQ-Plot.

```
> qqplot(qgeom(ppoints(n.tab), prob = theta.hat), n.wait.x,
+      bty = "n")
> qqline(n.wait.x, distribution = function(p) qgeom(p,
+      prob = theta.hat))
```

Weitere Anwendungen

Die geometrische Verteilung kann für viele diskrete Wartezeit- oder Lebensdauermodelle verwendet werden, wenn keine Alterungsprozesse vorliegen bzw. vernachlässigt werden können. Sie kann für eine einfache Modellierung der Lebensdauer eines Geräts taugen, bis es zum ersten Mal ausfällt, oder für die Wartezeit eines Kunden, bis er bedient wird.

23.4 Poissonverteilung

Die Binomialverteilung liefert die Wahrscheinlichkeit für x Erfolge bei einer festen Anzahl von Versuchen. Die **Poissonverteilung** liefert die Wahrscheinlichkeit für x Erfolge, die innerhalb eines festen Zeitintervalls auftreten. Die Poissonverteilung ist oft ein Modell zur Beschreibung von unabhängigen Zufallsvorgängen in einem festen Kontinuum wie Zeit, Strecke, Fläche oder Volumen.

Die Poissonverteilung wird durch die Dichtefunktion

$$f_X(x \mid \lambda) = \frac{\lambda^x}{x!} \mathrm{e}^{-\lambda} \quad \text{für } x = 0, 1, 2, \ldots \text{ und } \lambda > 0 \tag{23.3}$$

beschrieben. Sie wird nur durch einen Parameter λ bestimmt, der die zu erwartende Anzahl von Ereignissen in einem Zeitintervall t angibt. Der Parameter λ wird häufig aus einer mittleren Intensitätsrate ν und dem Zeitintervall t berechnet. Für eine poissonverteilte Zufallsvariable schreibt man: $X \sim Poi(\lambda)$ mit $\lambda = \nu \times t$. λ ist nicht nur der Erwartungswert der Poissonverteilung, sondern ist zugleich auch die Varianz der Verteilung.

$$\mathrm{E}(X) = \lambda \qquad \mathrm{Var}(X) = \lambda$$

Anwendung auf einen Würfel

Im Würfelbeispiel wird nun die Beobachtung angenommen, dass innerhalb von 2 Minuten eine Sechs aufgetreten ist. Wie groß ist die Wahrscheinlichkeit, dass in der nächsten Minute eine Sechs auftritt? Es ist also die Wahrscheinlichkeit $\Pr(X = 1)$ gesucht. Innerhalb von einer Minute wird eine «halbe» Sechs erwartet, so dass $\lambda = 0.5 \times 1$ zu setzen ist.

$$\Pr(X = 1) = 0.3033$$

R-Anweisung
Die Dichte (Wahrscheinlichkeit) für eine Sechs innerhalb einer Minute (bei durchschnittlich einer Sechs innerhalb von zwei Minuten) beträgt

```
> dpois(x = 1, lambda = 0.5)

[1] 0.3032653
```

Innerhalb der nächsten Minute wird bei diesem Prozess in 30.32 Prozent der Fälle eine weitere Sechs gewürfelt. Die Wahrscheinlichkeit, dass innerhalb der nächsten Minute 2 Sechsen gewürfelt werden, beträgt:

$$\Pr(X = 2) = 0.0758$$

R-Anweisung
Die Dichte (Wahrscheinlichkeit) für zwei Sechsen innerhalb einer Minute (bei durchschnittlich einer Sechs innerhalb von zwei Minuten) beträgt

```
> dpois(x = 2, lambda = 0.5)

[1] 0.07581633
```

Trägt man die Dichtefunktion für die möglichen Werte von x ab, so erhält man die Verteilung der Wahrscheinlichkeiten (siehe Abb. 23.8, links).

Die Logarithmierung der Dichtefunktion (23.3) führt zu einer Geradenfunktion mit Achsenabschnitt $-\lambda$ und Steigung $\ln \lambda$ (vgl. [24, Kap. 6.2]).

$$\ln \Pr(X = x) = \ln \left(\frac{\lambda^x \, \mathrm{e}^{-\lambda}}{x!} \right) \quad \Rightarrow \quad \ln \Pr(X = x) + \ln x! = -\lambda + x \ln \lambda$$

Werden die Quantile gegen $\ln \Pr(X = x) + \ln x!$ abgetragen (siehe Abb. 23.8, rechts), so liegen die Quantile auf der Geraden.

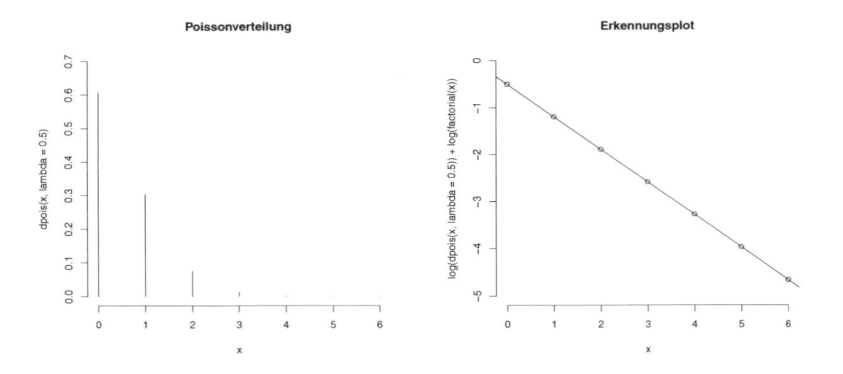

Abb. 23.8: Poissonverteilung für $\lambda = 0.5$ und Erkennungsplot

Anwendung auf die Kursänderungen der BMW Aktie

Mit der Poissonverteilung kann der Frage nachgegangen werden, wie viele Kursanstiege in den nächsten 20 Werktagen (einem Monat) zu beobachten sind. Diese Fragestellung ist sehr ähnlich derjenigen, die bereits mit der Binomialverteilung beantwortet wurde. Insofern stellt sich die Frage, welcher Zusammenhang zwischen der Binomialverteilung und der Poissonverteilung herrscht?

Man betrachtet die Stichprobe als ein Zeitintervall der Länge t, das sich aus n Teilperioden der Länge h zusammensetzt: $n \times h = t$. Im vorliegenden Fall sind es also n Tage mit jeweils 24 Stunden. Jedes Ereignis, das in das Teilintervall der Länge h fällt, wird als eine Bernoullizufallsvariable interpretiert. Die einzelnen Ereignisse werden als unabhängig angenommen und besitzen jedes für sich die Eintrittswahrscheinlichkeit $\theta = \nu \times h$. Die Wahrscheinlichkeit θ nimmt mit kürzeren Zeitintervallen ab (für $h \to 0 : n \to \infty, \theta \to 0$). Es wird aber angenommen, dass die Anzahl der erwarteten Erfolge im Zeitintervall t gegen einen festen Wert $\lambda = n \times \theta \to \nu \times t$ strebt. Als Grenzverteilung der Binomialverteilung ergibt sich dann die Poissonverteilung.

$$\lim_{\substack{n \to \infty \\ \theta \to 0 \\ n\theta \to \lambda}} \binom{n}{x} \theta^x (1-\theta)^{n-x} = \frac{\lambda^x}{x!} \mathrm{e}^{-\lambda}$$

Liegt für die zeitliche Verteilung der Ereignisse hier eine Poissonverteilung vor? Dazu wird zuerst aus der Anzahl der Kursanstiege die Wahrscheinlichkeit θ ermittelt.

$$\hat{\theta} = 0.4925$$

Da wir hier von einem Zeitraum von 20 Tagen ausgehen, ist dieser mit 20 zu multiplizieren, um die erwartete Anzahl von Ereignissen λ zu erhalten.

$$\hat{\lambda} = 0.4925 \times 20 = 9.8507$$

Dieser Wert ist schon aus der Analyse mit der Binomialverteilung bekannt.

Im nächsten Schritt werden die Kursanstiege in einem gleitenden 20 Tageszeitraum gezählt. Damit werden Werte einer Zufallsvariablen erzeugt, die im festen Zeitraum auftreten.

R-Anweisung
Die Poissonereignisse werden durch eine gleitende Zählung von Kursanstiegen innerhalb von 20 Tagen erzeugt. Dafür wird die Funktion `rollapply` eingesetzt, für die die Bibliothek `zoo` benötigt wird. Die Funktion benötigt Werte im zoo Format (siehe Daten einlesen in Abschnitt 3).

```
> d.bmw <- diff(z.bmw)
> Y <- ifelse(d.bmw > 0, 1, 0)
> n.interval <- 20
> pois.z <- rollapply(Y, n.interval, sum)
> cat("Poissionereignisse =", pois.z, fill = 65)

Poissionereignisse = 12 12 12 13 13 14 14 15 16 15 14 13 12 12
12 12 12 11 11 11 11 10 11 10 9 8 9 8 8 8 9 9 9 8 8 9 9 9 9 9 8
8 7 8 8 9 8 8
```

Die Quantile der Stichprobe werden im Erkennungsplot gegen $\ln \Pr(X = x) + \ln(x!)$ abgetragen. Liegen die Quantile nahe bei einer Geraden mit Achsenabschnitt $-\lambda$ und Steigung $\ln \lambda$, so kann von einer Poissonverteilung ausgegangen werden.

In der Abb. 23.9 (rechts) wird einen QQ-Plot gezeigt. Beide Grafiken zeigen eine gute Übereinstimmung mit einer Poissonverteilung. Daher kann die zeitliche Folge der Kursanstiege mit einer Poissonverteilung mit $\hat{\lambda} = 9.8507$ modelliert werden.

Die Eingangs gestellte Frage kann nun mittels des Erwartungswerts beantwortet werden: Es werden im Durchschnitt $\mathrm{E}(X) = \lambda$ Kursanstiege vorliegen. Damit stellt sich das gleiche Ergebnis wie bei der Analyse mit der Binomialverteilung ein. Dies überrascht nicht aufgrund der oben beschriebenen Zusammenhänge zwischen den beiden Verteilungen.

Eine weitere Fragestellung, die mit der Poissonverteilung analysiert werden kann, ist: Wie groß ist die Wahrscheinlichkeit, dass in 20 Tagen 10 Kursanstiege beobachtet werden?

$$\Pr(X = 10) = \frac{9.8507^{10}}{10!} \mathrm{e}^{-9.8507} = 0.125$$

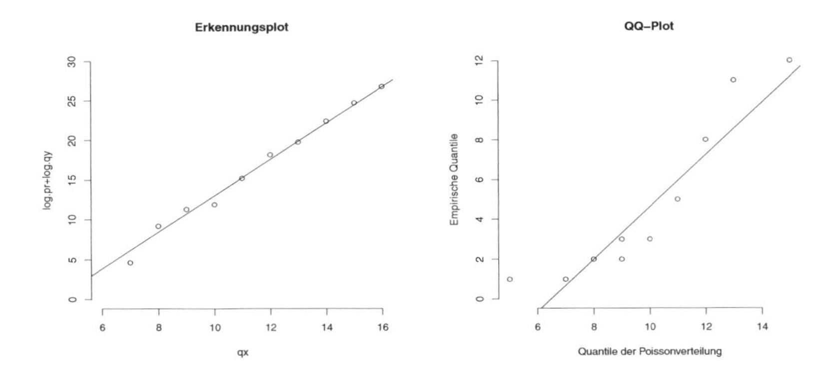

Abb. 23.9: Plot zur Erkennung einer Poissonverteilung und QQ-Plot

R-Anweisung

```
> dpois(x = 10, lambda = lambda.hat)

[1] 0.1249694
```

Mit einer Wahrscheinlichkeit von rd. 12.5 Prozent werden innerhalb eines 20 Tageszeitraums 10 Kursanstiege auftreten. Unter der Binomialverteilung wird die gleiche Frage mit einer Wahrscheinlichkeit von rd. 17.5 Prozent beantwortet. Der Unterschied tritt auf, da die Binomialverteilung eine diskrete Zeiteinteilung (Tage = Anzahl der Versuche) und die Poissonverteilung eine kontinuierliche Zeiteinteilung unterstellt.

R-Anweisung
Die folgenden Anweisungen sind zur Erstellung des Erkennungsplots in Abb. 23.9 (rechts).

```
> n.pois <- table(as.numeric(pois.z))
> f.pois <- n.pois/length(pois.z)
> qx <- as.numeric(names(f.pois))
> log.qy <- log(as.numeric(f.pois)) + log(factorial(qx))
> plot(qx, log.qy, ylab = "log.pr+log.qy", bty = "n")
> lambda.hat <- theta.hat * n.interval
> abline(a = -lambda.hat, b = log(lambda.hat))
```

Anweisungen für den QQ-Plot.

```
> qqplot(qpois(ppoints(length(n.pois)), lambda = lambda.hat),
+      n.pois, xlab = "Quantile der Poissonverteilung",
+      ylab = "Empirische Quantile", bty = "n")
> qqline(n.pois, distribution = function(p) qpois(p,
+      lambda = lambda.hat))
```

Weitere Anwendungen

Mit der Poissonverteilung können Fragestellungen untersucht werden, wie z. B. die Zahl der Telefonanrufe in der kommenden Stunde oder wie viel Studierende werden morgens die Computer im Rechenzentrum nutzen. Wichtig ist, dass die Ereignisse unabhängig voneinander eintreten.

Approximation mit der Normalverteilung

Auch die Poissonverteilung kann ab $\lambda > 9$ ganz gut durch die Normalverteilung approximiert werden. In Abb. 23.10 ist eine Poissonverteilung mit $\lambda = 10$ durch eine Normalverteilung mit $\mu_X = \lambda$ und $\sigma_X = \sqrt{\lambda}$ approximiert (gestrichelte Linie).

Zur besseren Approximation wird manchmal eine so genannte **Stetigkeitskorrektur** vorgenommen, die den Übergang von der diskreten zur stetigen Verteilung ausgleicht. Die Stetigkeitskorrektur besteht darin, dass zur Berechnung der Wahrscheinlichkeit $\Pr(X \leq x)$ der Wert x um 0.5 erhöht wird.

$$\Pr(X \leq x) \approx \Pr\left(Z < \frac{x + 0.5 - \lambda}{\sqrt{\lambda}}\right)$$

Die Wahrscheinlichkeit für $\Pr(X = x)$ wird durch

$$\Pr(X = x) \approx \Pr\left(Z < \frac{x + 0.5 - \lambda}{\sqrt{\lambda}}\right) - \Pr\left(Z < \frac{x - 0.5 - \lambda}{\sqrt{\lambda}}\right)$$

vorgenommen.

23.5 Exponentialverteilung

Die **Exponentialverteilung** beschreibt die zufällige zeitliche Dauer bis das nächste Poissonereignis eintritt. Die Zufallsvariable X misst die Zeit bis zum

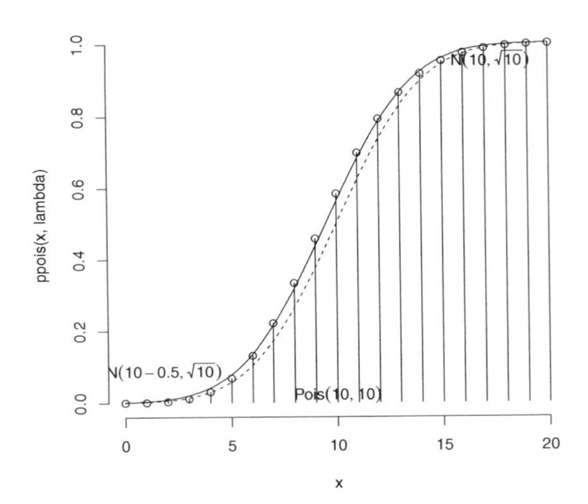

Abb. 23.10: Approximation der Poissonverteilung durch die Normalverteilung

nächsten Ereignis und ist damit **stetig**. Die Exponentialverteilung ist die kontinuierliche Form der geometrischen Verteilung. Die Voraussetzung exponentialverteilter Wartezeiten ist, dass die ausstehende Wartezeit unabhängig von der bereits verstrichenen Wartezeit ist. Diese Annahme ist immer dann verletzt, wenn die Objekte altern wie beispielsweise Lebewesen oder Verschleißteile. Dann besteht eine Abhängigkeit zwischen zukünftiger Lebensdauer und bereits verstrichener Zeitspanne. Als Modellverteilung stehen dann andere Verteilungen wie die Weibull-, Gamma- (die die Exponentialverteilung als Spezialfall enthält) oder Lognormalverteilung zur Verfügung.

Die Dichtefunktion einer exponentialverteilten Zufallsvariable ist durch

$$f_X(x \mid \nu) = \nu \mathrm{e}^{-\nu x} \quad \text{für } x \geq 0 \text{ und } \nu > 0$$

gegeben. Die Dichtefunktion wird ebenfalls nur durch einen Parameter gesteuert, der mit ν bezeichnet wird. Es ist die Intensitätsrate aus der Poissonverteilung. Für eine exponentialverteilte Zufallsvariable schreibt man: $X \sim Exp(\nu)$.

Anwendung auf einen Würfel

Wie groß ist die Wahrscheinlichkeit, dass der zeitliche Abstand zur nächsten Sechs mehr als eine Minute beträgt? Es ist

$$\Pr(X > 1) = 1 - \Pr(X \leq 1)$$

gesucht.

Mit $\nu = 0.5$ (laut Annahme im Anwendungsbeispiel zur Poissonverteilung) ergibt sich eine Wahrscheinlichkeit von

$$\Pr(X > 1) = 1 - 0.5 \int_0^1 \mathrm{e}^{-0.5x}\,\mathrm{d}x = 0.6065$$

R-Anweisung

```
> 1 - pexp(q = 1, rate = 0.5)

[1] 0.6065307
```

Diese Wahrscheinlichkeit ist identisch damit, dass kein Poissonereignis im Zeitintervall t eingetreten ist: $\Pr(X = 0)$, wobei X dann eine poissonverteilte Zufallsvariable mit $\lambda = 0.5$ ist. Wie groß ist die Wahrscheinlichkeit, dass der zeitliche Abstand mehr als zwei Minuten dauert: $\Pr(X > 2)$? X ist eine exponentialverteilte Zufallsvariable mit $\nu = 0.5$.

$$\Pr(X > 2) = 0.3679$$

R-Anweisung

```
> 1 - pexp(q = 2, rate = 0.5)

[1] 0.3678794
```

Dies ist die Wahrscheinlichkeit, dass mehr als 2 Minuten bis zur nächsten Sechs verstreichen. Sie ist identisch mit einer poissonverteilten Zufallsvariablen mit $\lambda = 0.5 \times 2 = 1$ und $x = 0$, also kein Ereignis innerhalb von 2 Minuten.

$$\Pr(X = 0) = 0.3679$$

R-Anweisung

```
> dpois(x = 0, lambda = 1)

[1] 0.3678794
```

Im Beispiel zur Poissonverteilung wird angenommen, dass alle 2 Minuten eine Sechs auftritt. Dies ist der Erwartungswert der Exponentialverteilung: $\mathrm{E}(X) = \frac{1}{0.5}$. Allgemein gilt:

$$\mathrm{E}(X) = \frac{1}{\nu}$$

Es besteht also ein Zusammenhang zwischen Poissonverteilung und der Exponentialverteilung. Die Exponentialverteilung beschreibt die Wahrscheinlichkeitsverteilung bis zum nächsten Poissonereignis. Die Poissonverteilung beschreibt die Wahrscheinlichkeitsverteilung der Anzahl von Ereignissen in einem Zeitintervall.

Die Varianz einer Exponentialverteilung ist

$$\mathrm{Var}(X) = \frac{1}{\nu^2}$$

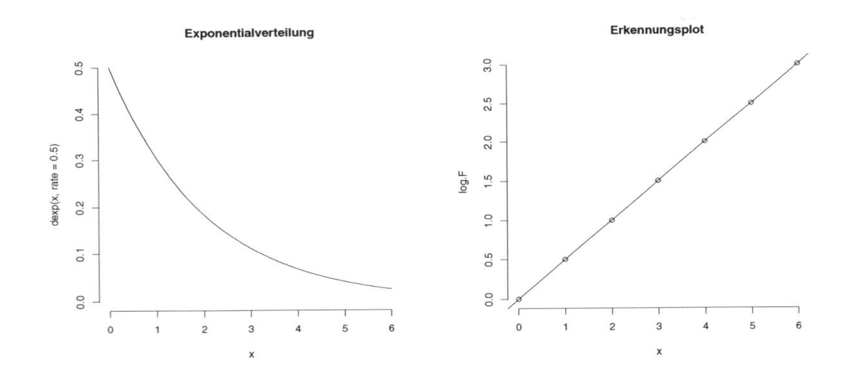

Abb. 23.11: Exponentialverteilung für $\nu = 0.5$ und Erkennungsplot

Man sieht in Abb. 23.11 (links), dass die Wahrscheinlichkeit keine Sechs zu würfeln mit zunehmender Zeit, in der gewürfelt wird, rapide abnimmt. Mit einer durchschnittlichen Zahl von einer Sechs innerhalb von 2 Minuten ist die Wahrscheinlichkeit gering, keine Sechs innerhalb von 6 Minuten zu würfeln.

Die Verteilungsfunktion der Exponentialverteilung wird durch Logarithmierung linearisiert.

$$F_X(x) = 1 - \mathrm{e}^{-\nu x} \qquad \Rightarrow \qquad -\ln\left[1 - F_X(x)\right] = \nu x$$

Wird $-\ln\left[1 - F_X(x)\right]$ gegen x abgetragen, so liegen die Werte einer Exponentialverteilung auf einer Geraden mit Achsenabschnitt Null und Steigung ν (siehe Abb. 23.11, rechts). Mit dieser Darstellung kann eine Exponentialverteilung erkannt werden (vgl. [24, Kap. 6.2]).

R-Anweisung
Die Wahrscheinlichkeit für die Dauer von mehr als einer Minute zwischen zwei Sechsen wird mit der Exponentialverteilung berechnet. Die Anweisung hierfür ist:

```
> 1 - pexp(q = 1, rate = 0.5)

[1] 0.6065307
```

Anwendung auf die Kursänderungen der BMW Aktie

Mit der Exponentialverteilung wird nun der Frage «Wie viele Tage dauert es bis zum nächsten Kursanstieg?» nachgegangen. Voraussetzung ist natürlich, dass die Wartezeiten exponentialverteilt sind. Hier wird der obige Erkennungsplot angewendet. Setzt man für die Verteilungsfunktion $F_X(x)$ die empirische Verteilungsfunktion $F(x)$ ein und trägt dann $-\ln\left[1 - F(x)\right]$ gegen die sortierten Werte x ab, so werden bei Vorliegen einer Exponentialverteilung die Punkte nahe einer Geraden mit Achsenabschnitt Null und Steigung ν liegen (siehe Abb. 23.12, links). Um dies zu überprüfen, müssen zunächst die Tage (ohne Wochenenden) gezählt werden, die zwischen den Kursanstiegen verstrichen sind. Diese werden in der Variablen `wait.x` gespeichert.

R-Anweisung
Die Wartezeit ist um einen Tag zu kürzen, da der Tag an dem der Kursanstieg stattfindet, nicht mitgezählt wird.

```
> d.bmw <- diff(s.bmw)
> Y <- ifelse(d.bmw > 0, 1, 0)
> wait.x <- diff(index(Y)[Y == 1]) - 1
> cat("wait.x =", wait.x, fill = 65)

wait.x = 2 4 0 0 0 0 2 0 0 0 0 0 1 0 0 1 0 4 2 1 0 0 1 3 1 1 4 0
1 0 3 1
```

R-Anweisung
Die Wiederholungen der Werte in `wait.x` werden mit `unique` herausgenommen und mit `sort` sortiert. Die empirische Verteilungsfunktion wird um $-\frac{0.5}{n}$ verändert, um eine Null unter dem Logarithmus zu vermeiden.

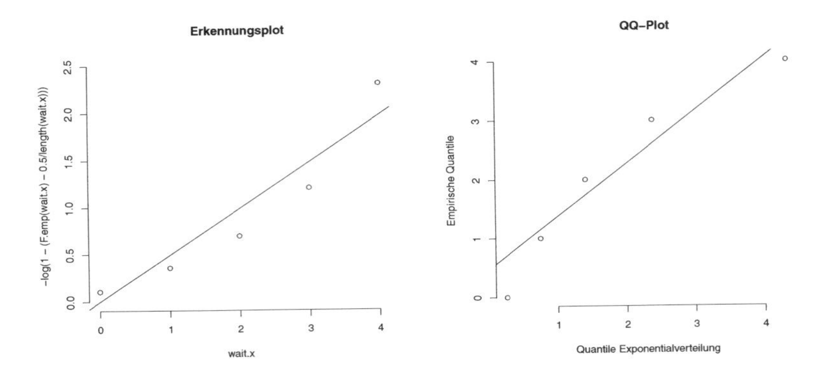

Abb. 23.12: Erkennungsplot einer Exponentialverteilung und QQ-Plot

```
> wait.x <- sort(unique(wait.x))
> F.emp <- ecdf(wait.x)
> n.wait <- length(wait.x)
> plot(wait.x,-log(1-(F.emp(wait.x)-.5/n.wait)),bty='n')
> nu.hat <- mean(Y)
> abline(a=0,b=nu.hat)
```

Anweisungen für QQ-Plot.

```
> qqplot(qexp(ppoints(length(wait.x)), rate = nu.hat),
+     wait.x, xlab = "Quantile Exponentialverteilung",
+     ylab = "Empirische Quantile", bty = "n")
> qqline(wait.x, distribution = function(p) qexp(p,
+     rate = nu.hat))
```

Die Wartezeit kann gut mit einer Exponentialverteilung mit $\hat{\nu} = 0.4925$ beschrieben werden.

Die Wahrscheinlichkeit, dass innerhalb von 2 Tagen ein Kursanstieg auftritt, also $\Pr(X < 2)$, liegt mit der geschätzten Intensitätsrate von $\hat{\nu} = 0.4925$ bei rd. 63 Prozent.

$$\Pr(X < 2) = F_X(2) = 1 - e^{-0.4925 \times 2} = 0.6266$$

R-Anweisung

```
> pexp(q = 2, rate = nu.hat)
```

```
[1] 0.6265886
```

Weitere Anwendungen

Mit der Exponentialverteilung kann die Wahrscheinlichkeit für die Wartezeit bis zum nächsten Poissonereignis modelliert werden. Bezugnehmend auf die genannten Beispiele bei der Poissonverteilung wäre dies die Wahrscheinlichkeit, dass in den kommenden x Minuten kein Telefonanruf eintrifft oder kein Studierender ins Rechenzentrum kommt.

23.6 Übungen

Übung 23.1. Aus einer Produktionsserie, die einen Anteil θ fehlerhafter Teile enthält, werden zufällig 5 Artikel entnommen.

1. Wie groß ist die Wahrscheinlichkeit, darunter kein und drei fehlerhafte Stücke zu finden, wenn $\theta = 0.2$ beträgt?
2. Wie groß ist die Wahrscheinlichkeit unter den 5 zufällig entnommenen Stücken kein und drei einwandfreie Stücke zu finden?

Übung 23.2. Eine Maschine produziert Werkstücke. Erfahrungsgemäß sind 4 Prozent der Produktion Ausschuss. Die verschiedenen Stücke seien bzgl. der Frage «Ausschuss oder nicht» als unabhängig anzusehen. Wie groß ist die Wahrscheinlichkeit, dass von 100 in einer Stunde produzierten Stücke genau 4, mindestens 7 und höchstens 8 Stücke Ausschuss sind?

Übung 23.3. An einer Warteschlange, die die Bedingungen eines Poissonprozesses erfüllen, trifft durchschnittlich alle 2 Minuten ein neuer Kunde ein.

1. Berechnen Sie die Wahrscheinlichkeit, dass mindestens 6 Minuten lang kein Kunde an der Warteschlange eintrifft.
2. Berechnen Sie die Wahrscheinlichkeit, dass höchstens 2 Kunden innerhalb von 6 Minuten an der Warteschlange eintreffen.
3. Berechnen Sie die Wahrscheinlichkeit, dass der nächste Kunde innerhalb von 2 Minuten eintrifft.
4. Berechnen Sie die durchschnittliche Wartezeit für drei Kunden.

23.7 Fazit

Neben der Normalverteilung existieren auch andere wichtige Verteilungen. Einige davon sind in diesem Abschnitt vorgestellt worden. Die Binomial-, die hypergeometrische, die geometrische und die Poissonverteilung gehören zu den diskreten Wahrscheinlichkeitsverteilungen. Mit der Binomialverteilung werden Zufallsexperimente beschrieben, die mit dem Modell einer Stichprobe mit Zurücklegen verbunden sind. Die hypergeometrische Verteilung ist anzuwenden bei Stichproben ohne Zurücklegen. Mit allen drei Verteilungen wird eine Erfolgswahrscheinlichkeit berechnet. Die geometrische Verteilung ist eine einfache Verteilung für die Modellierung einer Wartezeitwahrscheinlichkeit. Die Poissonverteilung kann zur Beschreibung von zeitlich verteilten Zufallsprozessen verwendet werden. Die Exponentialverteilung ist eine stetige Wahrscheinlichkeitsverteilung. Sie kann verwendet werden, um die Wahrscheinlichkeit einer Wartezeit zu berechnen.

Bilanz 3

In den letzten Abschnitten sind die Grundzüge der Wahrscheinlichkeitsrechnung, einige wichtige Verteilungen und deren Anwendungen beschrieben worden.

Aufgabe

Berechnen Sie für die BASF Werte jeweils die Wahrscheinlichkeit, dass der Kurs kleiner als 46 Euro ist, zwischen 44 und 47 Euro liegt und über 47 Euro liegt. Unterstellen Sie eine Normalverteilung für die Kurswerte. Ist diese Annahme realistisch? Verwenden Sie für Ihre Antwort auch grafische Darstellungen.

Verständnisfragen

1. Welche Arten der Wahrscheinlichkeitsberechnungen kennen Sie?
2. Was ist der Unterschied zwischen Mittelwert und Erwartungswert?
3. Was ist eine Rechteckverteilung?
4. Wie entsteht eine Normalverteilung?
5. Durch welche Verteilungsparameter ist die Normalverteilung bestimmt?
6. Was bedeutet die Standardisierung einer normalverteilten Zufallsvariablen?
7. Nennen Sie andere Wahrscheinlichkeitsverteilungen außer der Normalverteilung.
8. Welche Fragestellungen lassen sich mit diesen Wahrscheinlichkeitsverteilungen bearbeiten?

Teil V

Schätzen und Testen

25

Schätzen

Inhalt

25.1 Schätzen des Erwartungswerts 230
25.2 Schätzen der Varianz 232
25.3 Schätzen der Varianz des Stichprobenmittels 234
25.4 Übungen 235
25.5 Fazit 235

Bereits im vorhergehenden Abschnitt haben wir die unbekannten Erwartungswerte und Varianzen aus den Daten und einer Stichprobe berechnet. Diesen Vorgang nennt man Schätzen. Wir haben dazu die bereits bekannten Formeln für den Mittelwert und die Varianz verwendet. Allgemeiner formuliert, handelt es sich hier um einen Vorgang der **induktiven Statistik**. Aus einer Stichprobe wird auf eine Eigenschaft der Grundgesamtheit geschlossen.

$$\underbrace{X_1,\ldots,X_n}_{\text{Stichprobe}} \to \underbrace{F_X(\theta_1,\theta_2,\ldots)}_{\text{Grundgesamtheit}}$$

Im Allgemeinen wird dazu eine Wahrscheinlichkeitsverteilung vorgegeben und aus der Stichprobe werden die Parameter für die theoretische Verteilung geschätzt. Im Beispiel der Normalverteilung sind dies die beiden Parameter μ_X und σ_X^2. Als Schätzer bezeichnet man die Funktion, die aus der Stichprobe einen Wert für θ berechnet.

$$\underbrace{\hat{\theta}(X_1,\ldots,X_n)}_{\text{Schätzer}} \to \underset{\text{Parameter}}{\theta}$$

Es existieren verschiedene Methoden zur Schätzung von Parametern und verschiedene Eigenschaften, die die Schätzungen erfüllen sollten (siehe Tab. 25.1). Eine geforderte Eigenschaft ist, dass der Schätzer im Mittel dem wahren Parameter entsprechen soll. Ein Schätzer, der diese Eigenschaft besitzt, wird als **erwartungstreu** bezeichnet. Ist der Schätzer nicht erwartungstreu, so spricht man von einer Verzerrung (engl. bias). Oft besitzen verzerrte Schätzer eine asymptotische Erwartungstreue, d. h. mit zunehmendem Stichprobenumfang geht die Verzerrung gegen Null. Eine andere wünschenswerte Eigenschaft eines Schätzers ist es, dass er möglichst genau den wahren Parameter bestimmt. Diese Eigenschaft wird als **Effizienz** bezeichnet. Ein Schätzer wird als **konsistent** bezeichnet, wenn er asymptotisch erwartungstreu ist und seine Varianz mit zunehmendem Stichprobenumfang gegen Null konvergiert.

Tabelle 25.1: Eigenschaften von Schätzern

Erwartungstreue	$\mathrm{E}(\hat{\theta}) = \theta$
asymptotische Erwartungstreue	$\lim\limits_{n\to\infty} \mathrm{E}(\hat{\theta}) = \theta$
Verzerrung	$\mathrm{Bias}(\hat{\theta}) = \mathrm{E}(\hat{\theta}) - \theta$
Effizienz	$\mathrm{Var}(\hat{\theta}) < \mathrm{Var}(\hat{\theta}^\star)$
Konsistenz	$\lim\limits_{n\to\infty} \mathrm{E}(\hat{\theta}) = \theta$ und $\lim\limits_{n\to\infty} \mathrm{Var}(\hat{\theta}) = 0$

Die folgenden Schätzfunktionen für den Erwartungswert und die Varianz sind so genannte **Punktschätzer**, da sie einen Wert für den gesuchten Parameter liefern. Dies sollte aber nicht darüber hinweg täuschen, dass die Schätzung aus den Realisationen der Zufallsvariablen berechnet wird. Daher ist die Schätzung selbst von dem zufälligen Ergebnis der Stichprobe abhängig. Die Eigenschaft der Stichprobe überträgt sich auf den Schätzer. Besitzt die Stichprobe eine große Varianz, so wird auch der Schätzer eine größere Ungenauigkeit aufweisen als einer aus einer Stichprobe mit einer kleinen Varianz. Die Varianz eines Schätzers ist daher eine wichtige Größe.

In den beiden folgenden Abschnitten werden die Schätzer für den Erwartungswert und die Varianz angegeben. Auf die Herleitung der Schätzer wird verzichtet.

25.1 Schätzen des Erwartungswerts

Der Erwartungswert wird durch das Stichprobenmittel $\bar{X}_n$ geschätzt. Diese Schätzung ist **erwartungstreu**. Dies bedeutet, dass $\mathrm{E}(\bar{X}_n) = \mu_X$ liefert.

$$\mathrm{E}(\bar{X}_n) = \frac{1}{n}\sum_{i=1}^{n} \mathrm{E}(X_i) = \mu_X$$

Für den Erwartungswert der Normalverteilung wird somit der Erwartungswert durch

$$\hat{\mu}_X = \bar{X}_n$$

geschätzt. Um zwischen dem wahren und unbekannten Erwartungswert μ_X und seiner Schätzung zu unterscheiden, wird die Schätzung des Parameters durch ein Dach ^ gekennzeichnet.

In der folgenden Simulation wird gezeigt, dass mit zunehmenden Stichprobenumfang der Mittelwert den Erwartungswert besser schätzt. Dazu werden jeweils 30 Mittelwerte aus Stichproben vom Umfang $n = 3$ bis $n = 31$ berechnet. Das Ergebnis der Simulation ist in Abb. 25.1 abgetragen. Es ist deutlich zu sehen, dass die Streuung der Mittelwerte mit zunehmenden Stichprobenumfang abnimmt.

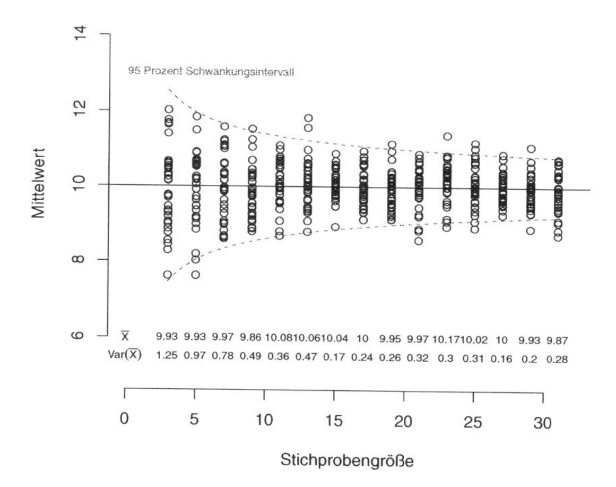

Abb. 25.1: Streuung der Mittelwerte

Die Varianz des Stichprobenmittels für **Stichproben mit Zurücklegen** (einfache Zufallsstichprobe) ist

$$\text{Var}(\bar{X}_n) = \text{Var}\left(\frac{\sum_{i=1}^{n} X_i}{n}\right) = \frac{1}{n^2}\sum_{i=1}^{n}\text{Var}(X_i) = \frac{1}{n^2}\sum_{i=1}^{n}\sigma_X^2 = \frac{n\,\sigma_X^2}{n^2} = \frac{\sigma_X^2}{n}$$

Mit zunehmender Zahl von Beobachtungen wird die Streuung der Mittelwerte kleiner. Der Schätzer $\bar{X}_n$ ist also konsistent.

Für eine **Stichprobe ohne Zurücklegen** muss die Varianz um die so genannte Endlichkeitskorrektur (siehe hypergeometrische Verteilung) korrigiert werden.

$$\mathrm{Var}(\bar{X}_n) = \frac{\sigma_X^2}{n} \frac{N-n}{N-1}$$

25.2 Schätzen der Varianz

Zur Schätzung der Varianz in **Stichproben mit Zurücklegen** wird die Stichprobenvarianz verwendet

$$s_X^2 = \frac{1}{n-1} \sum_{i=1}^{n} (X_i - \bar{X}_n)^2 \tag{25.1}$$

Sie liefert eine erwartungstreue Schätzung der Varianz.

Exkurs: Nachweis der Erwartungstreue für die Varianzschätzung. Die Varianzformel wird umgeformt in

$$\begin{aligned} s_X^2 &= \frac{1}{n-1} \sum_{i=1}^{n} (X_i - \bar{X}_n)^2 = \frac{1}{n-1} \sum_{i=1}^{n} (X_i^2 - 2\, X_i\, \bar{X}_n + \bar{X}_n^2) \\ &= \frac{1}{n-1} \Big(\sum_{i=1}^{n} X_i^2 - n\, \bar{X}_n^2 \Big) \end{aligned}$$

Der Erwartungswert von $\mathrm{E}(s_X^2)$ lässt sich somit schreiben als

$$\mathrm{E}(s_X^2) = \frac{1}{n-1} \Big(\sum_{i=1}^{n} \mathrm{E}(X_i^2) - n\, \mathrm{E}(\bar{X}_n^2) \Big) \tag{25.2}$$

Mit Gl. (21.2) wird der Erwartungswert $\mathrm{E}(X_i^2)$ ersetzt. Analog wird auch der Erwartungswert $\mathrm{E}(\bar{X}_n^2)$ ersetzt.

$$\begin{aligned} \mathrm{Var}(X) = \mathrm{E}(X^2) - \mathrm{E}(X)^2 \Rightarrow \quad \mathrm{E}(X^2) &= \mathrm{Var}(X) + \mathrm{E}(X)^2 \\ &= \sigma_X^2 + \mu_X^2 \\ \mathrm{Var}(\bar{X}_n) = \mathrm{E}(\bar{X}_n^2) - \mathrm{E}(\bar{X}_n)^2 \Rightarrow \quad \mathrm{E}(\bar{X}_n^2) &= \mathrm{Var}(\bar{X}_n) + \mathrm{E}(\bar{X})^2 \\ &= \frac{\sigma_X^2}{n} + \mu_X^2 \end{aligned}$$

Die Gl. (25.2) wird nun wie folgt umgeformt.

$$\begin{aligned} \mathrm{E}(s_X^2) &= \frac{1}{n-1} \left(\sum \left(\sigma_X^2 + \mu_X^2 \right) - n \left(\frac{\sigma_X^2}{n} + \mu_X^2 \right) \right) \\ &= \frac{1}{n-1} \left(n\, \sigma_X^2 - \sigma_X^2 \right) = \sigma_X^2 \end{aligned}$$

Die Schätzung der Varianz mit s_X^2 ist also erwartungstreu.

s_X^2 ist ein erwartungstreuer Schätzer für σ_X^2, daraus folgt aber nicht, dass auch die Standardabweichung σ_X durch s_X erwartungstreu geschätzt wird.

Exkurs: Die Standardabweichung σ_X wird mit s_X unterschätzt, wie die folgende Überlegung zeigt.

$$\begin{aligned} \operatorname{Var}(s_X) = \mathrm{E}(s_X^2) - \left[\mathrm{E}(s_X)\right]^2 \geq 0 \quad &\Rightarrow \quad \mathrm{E}(s_X^2) \geq \left[\mathrm{E}(s_X)\right]^2 \\ \Rightarrow \sigma_X^2 \geq \left[\mathrm{E}(s_X)\right]^2 \quad &\Rightarrow \quad \sigma_X \geq \mathrm{E}(s_X) \end{aligned}$$

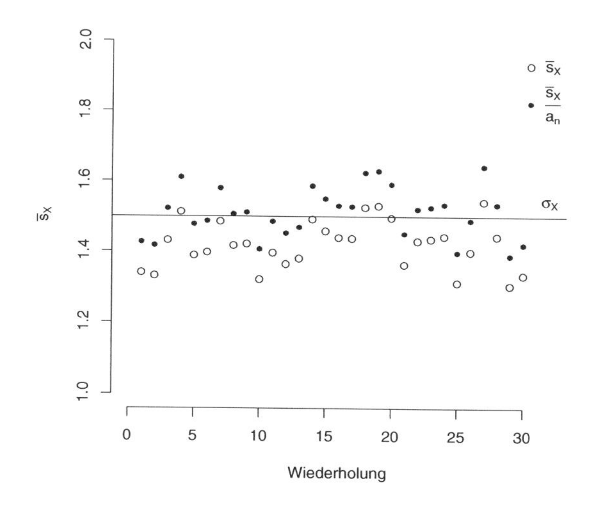

Abb. 25.2: Mittelwerte der Standardabweichung

In der Abb. 25.2 wird von jeweils 30 Standardabweichungen der Mittelwert berechnet ($\bar{s}_X$). Die Standardabweichung selbst wird aus Stichproben mit jeweils $n = 5$ normalverteilten Zufallszahlen $N(0, 1.5)$ geschätzt. Der Vorgang wird insgesamt 30-mal wiederholt. Es ist deutlich zu sehen, dass die Standardabweichung unterschätzt wird. Die durchschnittlichen Schätzungen von $\bar{s}_X$ liegen überwiegend unterhalb der Linie, die die Standardabweichung σ_X anzeigt.

Eine erwartungstreue Schätzung von s_X ist mit $\frac{s_X}{a_n}$ möglich (vgl. [19, Seite 89]). Die Abb. 25.2 zeigt hierfür eine um σ_X zentrierte Verteilung von $\frac{s_X}{a_n}$. Der Korrekturfaktor

$$a_n = \sqrt{\frac{2}{n-1}} \frac{\Gamma\left(\frac{n}{2}\right)}{\Gamma\left(\frac{n-1}{2}\right)}$$

korrigiert die Verzerrung. Es gilt: $\mathrm{E}\left(\frac{s_X}{a_n}\right) = \sigma_X$. $\Gamma(\,)$ bezeichnet die Gammafunktion[1]. Der Korrekturfaktor $\frac{1}{a_n}$ ist für $n = 2,\ldots,20$ aus der folgenden Tabelle abzulesen.

R-Anweisung

```
> n <- 2:20
> a <- gamma(n/2)/gamma((n - 1)/2) * sqrt(2/(n - 1))
> cat("1/a[n]=", 1/a, fill = 60)

1/a[n]= 1.253314 1.128379 1.085402 1.063846 1.050936
1.042352 1.036237 1.031661 1.028109 1.025273 1.022956
1.021027 1.019398 1.018002 1.016794 1.015737 1.014806
1.013979 1.013239
```

Die Varianz von s_X^2 beträgt

$$\mathrm{Var}(s_X^2) = \frac{2\sigma_X^4}{n-1} \tag{25.3}$$

Auch die Varianz von s_X^2 (der geschätzten Varianz) nimmt mit zunehmendem Stichprobenumfang ab. Somit ist auch der Schätzer s_X^2 ein konsistenter Schätzer.

Wird eine **Stichprobe ohne Zurücklegen** durchgeführt, so muss die Varianzschätzung um den Faktor $\frac{N-1}{N}$ korrigiert werden, um eine erwartungstreue Schätzung zu erhalten. Diese Korrektur geht aus der Abhängigkeit der Ereignisse bei Stichproben ohne Zurücklegen hervor.

$$s_X^2 = \frac{N-1}{N}\,\frac{1}{n-1}\sum_{i=1}^{n}(X_i - \bar{X}_n)^2 \tag{25.4}$$

25.3 Schätzen der Varianz des Stichprobenmittels

Die Varianz des Stichprobenmittels für eine einfache Zufallsstichprobe ist

$$\sigma_{\bar{X}}^2 = \frac{\sigma_X^2}{n}$$

[1] $\Gamma(s)$ ist für $s > 0$ definiert durch $\Gamma(s) = \int_0^\infty \mathrm{e}^{-x}\,x^{s-1}\,\mathrm{d}x$. Die Gammafunktion kann als Verallgemeinerung der Fakultät auf beliebige positive reellen Zahlen betrachtet werden. Für $s > 0$ gilt nämlich $\Gamma(s+1) = \Gamma(s)\,s$. Es ist $\Gamma(0.5) = \sqrt{\pi}$ und für $n \in \mathbb{N}$ ist $\Gamma(n) = (n-1)!$.

(siehe auch Entstehung der Normalverteilung). Die Schätzung der Varianz des Stichprobenmittels erfolgt durch Ersetzen der Varianzschätzung (25.1).

$$s_{\bar{X}}^2 = \frac{s_X^2}{n} \tag{25.5}$$

Wird hingegen eine Stichprobe ohne Zurücklegen gezogen, so ist die Endlichkeitskorrektur zu berücksichtigen. Wird die erwartungstreue Schätzung der Varianz aus Gl. (25.4) eingesetzt, so ergibt sich eine erwartungstreue Schätzung für die Varianz des Stichprobenmittels.

$$s_{\bar{X}}^2 = \frac{s_X^2}{n} \left(1 - \frac{n}{N}\right)$$

Bei sehr großen Grundgesamtheiten ist der Wert der Endlichkeitskorrektur nahezu Eins und vernachlässigbar.

25.4 Übungen

Übung 25.1. Was ist der Unterschied zwischen dem Standardfehler eines Schätzers und der Standardabweichung?

Übung 25.2. Welche Eigenschaft sollte ein Schätzer besitzen?

25.5 Fazit

In Abschnitt 25 wurden die Punktschätzer für den Erwartungswert und die Varianz vorgestellt. Jeder Schätzer ist mit einer Unsicherheit verbunden, die durch die Varianz des Schätzers bzw. durch dessen Standardfehler beschrieben werden. Die hier beschriebenen Schätzer sind nach der Methode der Momente abgeleitet. Es existieren aber auch andere Schätzverfahren, wie das Maximum Likelihood Verfahren. Die Schätzer sollten bestimmte Eigenschaften wie Erwartungstreue und Effizienz aufweisen.

26

Stichproben und deren Verteilungen

Inhalt

26.1 Verteilung des Stichprobenmittels in einer normalverteilten Stichprobe ... 237
26.2 Schwaches Gesetz der großen Zahlen ... 238
26.3 Hauptsatz der Statistik ... 239
26.4 Zentraler Grenzwertsatz ... 241
26.5 Hauptsatz der Stichprobentheorie ... 243
26.6 Übungen ... 245
26.7 Fazit ... 248

Es wird im Folgenden angenommen, dass die Zufallsvariablen $X_1, \ldots, X_n$ unabhängig voneinander und identisch verteilt (engl. i. i. d. = independently identically distributed) sind. Dies ist eine wichtige Voraussetzung für die Gültigkeit der folgenden Ergebnisse. Man schreibt diese Annahme häufig als

$$X_1, \ldots, X_n \underset{\text{i. i. d.}}{\sim} F_X(\theta_1, \theta_2, \ldots)$$

Eine Stichprobe mit Zurücklegen erfüllt diese Anforderung. Wird jedoch das gezogene Element nicht zurücklegt, so sind die Züge von einander abhängig. Allerdings lässt sich zeigen, dass die Verteilungsfunktion davon nicht beeinflusst wird, da die Wahrscheinlichkeit, im i-ten Zug ein bestimmtes Element aus der Grundgesamtheit zu ziehen, auch in diesem Fall konstant mit $\frac{m}{n}$ ist (siehe Exkurs Seite 153).

26.1 Verteilung des Stichprobenmittels in einer normalverteilten Stichprobe

Die Verteilung der Summe normalverteilter Zufallsvariablen ist wieder normalverteilt (siehe Kap. 22.6).

$$X_i \sim N(\mu_X, \sigma_X) \quad \Rightarrow \quad \begin{cases} \sum_{i=1}^{n} X_i & \sim N(n\,\mu_X, \sqrt{n}\sigma_X) \\ \bar{X}_n & \sim N\left(\mu_X, \frac{\sigma_X}{\sqrt{n}}\right) \end{cases}$$

Diese wichtige Eigenschaft der Normalverteilung (sie gilt nicht für jede Wahrscheinlichkeitsverteilung) nennt man **Reproduktivität**. Jede Zufallsvariable X_i ($i = 1, \ldots, n$) in der Stichprobe stammt aus einer Normalverteilung mit μ_X und σ_X. Erwartungswert und Standardabweichung sind für jede Zufallsvariable gleich. Die Beobachtung x_i ist eine Realisation der Zufallsvariable X_i. Die Stichprobe liefert also eine Folge von n Realisationen der n Zufallsvariablen. Die Summe bzw. der Mittelwert der n Realisationen ist dann wieder normalverteilt.

26.2 Schwaches Gesetz der großen Zahlen

Die Abb. 20.2 und 20.3 zeigen bereits das schwache Gesetz der großen Zahlen. Es besagt in einer speziellen Form des **Theorems von Bernoulli**, dass mit zunehmender Anzahl der Versuche die Folge der relativen Häufigkeiten gegen eine feste Größe konvergiert. Dies ist der Definitionsversuch der Wahrscheinlichkeit von von Mises.

Das **schwache Gesetz der großen Zahlen** kann auch auf den Erwartungswert $\mathrm{E}(X)$ angewendet werden. Es besagt dann, dass die Abweichung zwischen dem Erwartungswert und dem Stichprobenmittel $\bar{X}_n$ mit wachsendem Stichprobenumfang n beliebig klein wird. Die Folge der Stichprobenmittel konvergiert gegen den Erwartungswert.

R-Anweisung
Das Gesetz der großen Zahlen für den Erwartungswert der Normalverteilung. Es gilt aber unabhängig von der Normalverteilung.

```
> set.seed(10)
> n <- 500
> prob <- 0
> x <- rnorm(n, mean = prob)
> xbar <- cumsum(x)/(1:n)
> plot(xbar, type = "l", xlab = "Stichprobenumfang",
+      ylab = "Stichprobenmittel", bty = "n")
> abline(h = prob)
> text(50, prob, "E(X)", pos = 1)
```

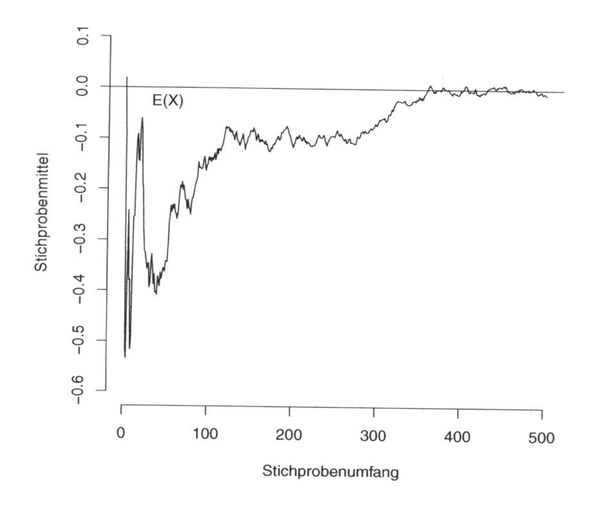

Abb. 26.1: Schwaches Gesetz der großen Zahlen

$$\lim_{n\to\infty} \Pr\big(\mid \bar{X}_n - \mathrm{E}(X) \mid < c\big) = 1, \quad c > 0$$

Man sieht in Abb. 26.1, dass die Streuung des Stichprobenmittels um den Erwartungswert mit zunehmendem Stichprobenumfang abnimmt. Die Varianz des Stichprobenmittels strebt gegen Null (nicht die Varianz von X!). Für die Varianz des Stichprobenmittels bei einer Stichprobe mit Zurücklegen (stochastisch unabhängige Ereignisse) gilt (siehe Abschnitt 25.1)

$$\mathrm{Var}(\bar{X}_n) = \frac{\mathrm{Var}(X)}{n} \tag{26.1}$$

Mit dem schwachen Gesetz der großen Zahlen wird (unter bestimmten Voraussetzungen) nur die Konvergenz des Stichprobenmittels gegen den Erwartungswert gezeigt. Welche Verteilung das Stichprobenmittel hat, ist damit nicht festgelegt.

Ist die Verteilung der X_i eine Normalverteilung, so ist das Gesetz der großen Zahlen nicht notwendig, denn die Reproduktivität der Normalverteilung gilt für jeden Stichprobenumfang n und nicht erst für $n \to \infty$.

26.3 Hauptsatz der Statistik

Der **Hauptsatz der Statistik** ist eine Anwendung des **Theorems von Bernoulli**. Wenn die Folge der relativen Häufigkeiten mit zunehmendem Stichprobenumfang gegen einen festen Wert konvergieren, dann konvergiert auch die Folge der empirischen Verteilungsfunktionen für jedes feste x mit zunehmendem Stichprobenumfang gegen eine (theoretische) Verteilungsfunktion. Diese Aussage ist unabhängig von der Art der Stichprobenziehung (mit oder ohne Zurücklegen).

Der Hauptsatz der Statistik ist somit das Fundament für die induktive Statistik. Durch ihn wird der Schluss aus der Stichprobe auf die Grundgesamtheit begründet.

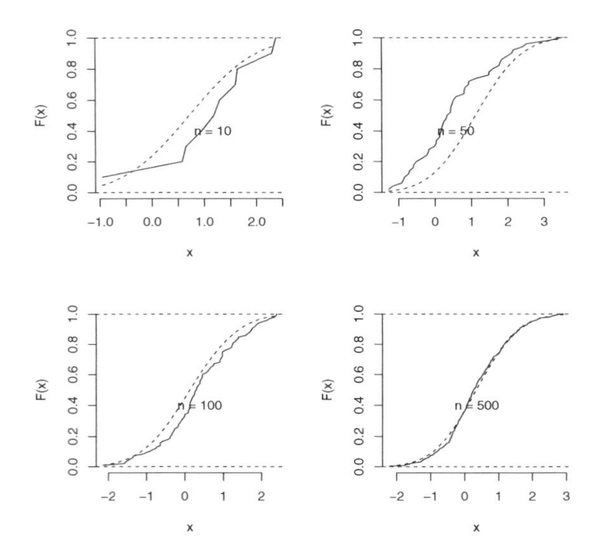

Abb. 26.2: Hauptsatz der Statistik

Folgendes Experiment veranschaulicht die Aussage des Hauptsatzes der Statistik (siehe Abb. 26.2). Aus einer (hier standardnormalverteilten) Grundgesamtheit werden Stichproben im Umfang von $n = 10, 50, 100, 500$ gezogen. Für die jeweiligen Stichproben werden die empirischen Verteilungsfunktionen berechnet und gegen die theoretische Verteilungsfunktion (hier die Standardnormalverteilung) abgetragen. Man sieht in Abb. 26.2, dass mit zunehmendem Stichprobenumfang sich die empirische Verteilungsfunktion der theoretischen annähert. Diese Eigenschaft besitzen alle empirischen Verteilungsfunktionen, unabhängig davon, aus welcher Verteilung sie stammen.

Anwendung auf die Tagesrenditen der BMW Aktie

Die Aussage des Hauptsatzes der Statistik wird nun auf die vorliegenden Tagesrenditen der BMW Aktie angewendet. Dazu werden die Tagesrenditen in eine standardisierte Form umgerechnet.

Die bekannten Tagesrenditen der BMW Aktie sind fast normalverteilt (siehe Abb. 26.3). Woran liegt das? Es treten viele kleine Änderungen und wenige große Änderungen auf. Jedoch sollte hier nicht übersehen werden, dass für die Abweichungen zwischen der empirischen Verteilung und der Normalverteilung theoretische Gründe existieren (siehe Abschnitt 22.5, Seite 189).

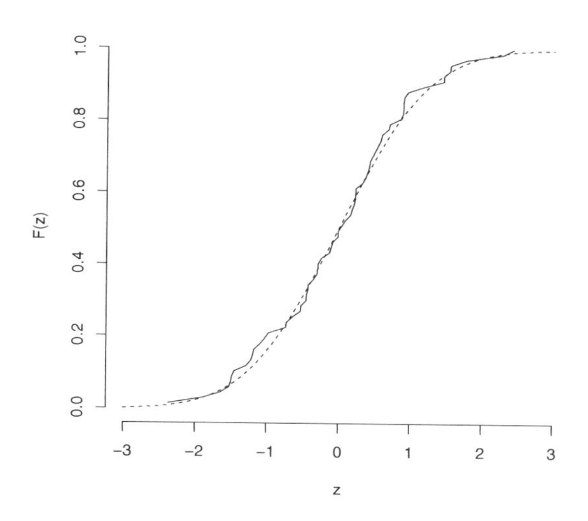

Abb. 26.3: Anwendung des Hauptsatzes der Statistik auf BMW Tagesrenditen

R-Anweisung

```
> r.bmw <- sort(diff(log(s.bmw)))
> z <- (r.bmw - mean(r.bmw))/sd(r.bmw)
> n <- length(r.bmw)
> F.emp <- seq(1/n, 1, 1/n)
> plot(z, F.emp, type = "l", xlim = c(-3, 3), ylim = c(0,
+     1), bty = "n", ylab = "F(z)")
> curve(pnorm(x), from = -3, to = 3, add = TRUE, lty = 2)
```

26.4 Zentraler Grenzwertsatz

Die große Bedeutung der Normalverteilung kommt durch die verschiedenen zentralen Grenzwertsätze zustande. Sie besagen, dass unter bestimmten

Annahmen die Summe beliebig verteilter Zufallsvariablen X_i mit zunehmendem Stichprobenumfang n gegen eine Normalverteilung strebt. Einer der bekanntesten zentralen Grenzwertsätze ist der von Lindberg und Lévy. Seine Aussage ist, dass die Folge der **standardisierten Stichprobenmittel**

$$Z_n = \frac{\bar{X}_n - \mu_X}{\frac{\sigma_X}{\sqrt{n}}} = \frac{\sum_{i=1}^{n} X_i - n\,\mu_X}{\sigma_X\,\sqrt{n}}, \tag{26.2}$$

die aus einer Folge $[X_i]$ von identisch und unabhängig verteilten Zufallsvariablen mit endlichem $\mathrm{E}(X_i)$ und endlicher positiver $\mathrm{Var}(X_i)$ für alle $i = 1, \ldots, n$ berechnet sind, gegen eine Standardnormalverteilung **konvergiert**.

$$\lim_{n \to \infty} Z_n \sim N(0,1)$$

Eine Simulation hierzu ist die Entstehung der Normalverteilung (siehe Abschnitt 22.1). Aus der Folge standardisierter Mittelwerte rechteckverteilter Zufallsvariablen entsteht die Standardnormalverteilung.

Mit einem Trick kann die Wirkung des zentralen Grenzwertsatzes auch für die BMW Schlusskurse gezeigt werden. Aus der existierenden Stichprobe der Schlusskurse wird wiederholt eine Zufallsstichprobe (in der folgenden Simulation 200 mal) im Umfang von $n = 68$ gezogen. Diese Vorgehensweise wird als **bootstrap** bezeichnet. Die Folge der nach Gl. (26.2) standardisierten Schlusskursen ist näherungsweise standardnormalverteilt (siehe Abb. 26.4 rechts). Hingegen sind die Schlusskurse nicht normalverteilt (siehe Abb. 26.4 links).

Obwohl für X_i keine Normalverteilung vorliegt, kann für den Mittelwert näherungsweise eine Normalverteilung unterstellt werden. Somit sind Wahrscheinlichkeitsaussagen über den Durchschnitt einer Stichprobe möglich. Dies wird in der Statistik sehr häufig angewandt.

Die Anwendung des zentralen Grenzwertsatzes hat allerdings auch seine Grenzen. Sind die Ereignisse z. B. stark voneinander abhängig, dann konvergiert die Folge der standardisierten Zufallsvariablen nicht gegen eine Normalverteilung. Ferner ist die Normalverteilung immer nur dann eine gute Verteilungsannahme, wenn das Zentrum einer Verteilung untersucht werden soll. Zur Analyse von Extremwerten ist sie ungeeignet, weil diese bei einer Normalverteilungsannahme viel zu selten auftreten. Daher ist auch die Value at Risk Berechnung in Abschnitt 22.5 kritisch zu sehen. Eine weitere wichtige Voraussetzung für die Gültigkeit einer Normalverteilungsannahme ist ein ausreichend großer zulässiger Zahlenbereich für die Zufallsvariable X, da der Definitionsbereich der Normalverteilung $-\infty$ bis $+\infty$ beträgt.

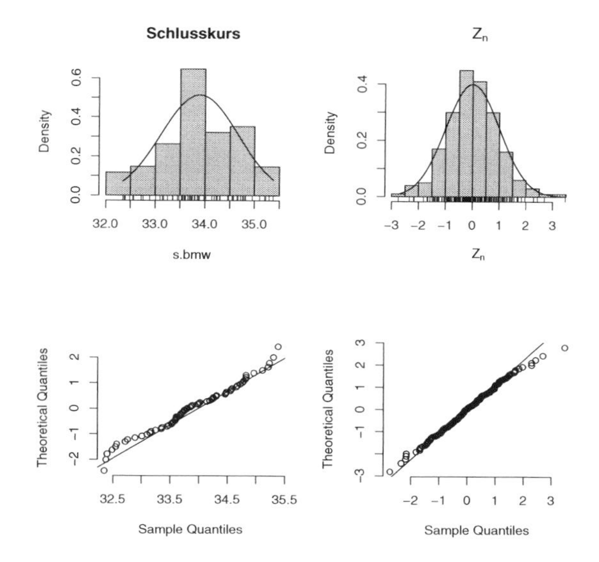

Abb. 26.4: Simulation des zentralen Grenzwertsatzes mit Bootstrap

26.5 Hauptsatz der Stichprobentheorie

Der **Hauptsatz der Stichprobentheorie** bezieht sich auf **Stichproben aus normalverteilten Grundgesamtheiten**. Er besagt, dass für die Verteilung des Stichprobenmittels

$$\bar{X}_n \sim N\left(\mu_X, \frac{\sigma_X}{\sqrt{n}}\right)$$

eine Normalverteilung gilt (siehe Abschnitt 22.6). Ferner, dass die quadrierten standardisierten Zufallsvariablen χ^2-verteilt (sprich: chiquadrat) sind, mit $n-1$ Freiheitsgraden.

$$U_n = \sum_{i=1}^{n} \underbrace{\left(\frac{X_i - \bar{X}_n}{\sigma_X}\right)^2}_{=Z_i} = \frac{(n-1)\, s_X^2}{\sigma_X^2} \sim \chi^2(n-1) \tag{26.3}$$

Die Stichprobenvarianz ist mit

$$s_X^2 = \frac{1}{n-1} \sum_{i=1}^{n} (X_i - \bar{X}_n)^2$$

gegeben. Das Stichprobenmittel und die Stichprobenvarianz sind **statistisch unabhängig**. Aus dem Hauptsatz der Stichprobentheorie folgt außerdem, dass die Zufallsvariable Z_n, wenn sie mit der Stichprobenvarianz standardisiert wird, nicht mehr standardnormalverteilt, sondern t-verteilt mit $n-1$

Freiheitsgraden ist. In der t-Verteilung wird übrigens auch die Verzerrung der Schätzung von s_X (siehe Seite 233) berücksichtigt.

$$T_n = \frac{\bar{X}_n - \mu_X}{\frac{s_X}{\sqrt{n}}} \sim t(n-1) \tag{26.4}$$

In Abb. 26.5 wird der Hauptsatz der Stichprobentheorie per Simulation nachvollzogen. Es werden 200 standardnormalverteilte Stichproben vom Umfang $n = 4$ simuliert. Die Mittelwerte jeder Stichprobe werden standardisiert. Das Histogramm in der obersten Grafik zeigt die Verteilung der Z_n für die 200 Stichproben. Die Übereinstimmung mit der Standardnormalverteilung ist gut. Im nächsten Schritt wird die Stichprobenvarianz jeder der 200 Stichproben berechnet (siehe Gl. 26.3). Das mittlere Histogramm in der Abb. 26.5 zeigt diese Verteilung. Eine Übereinstimmung mit einer χ^2-Verteilung mit $n = 4 - 1$ Freiheitsgraden liegt vor. Im letzten Schritt der Simulation werden die Werte gemäß der t-Statistik (26.4) transformiert. Diese Werte folgen dann einer t-Verteilung mit 3 Freiheitsgraden. Man erkennt, dass die t-Verteilung weiter ist als die Standardnormalverteilung.

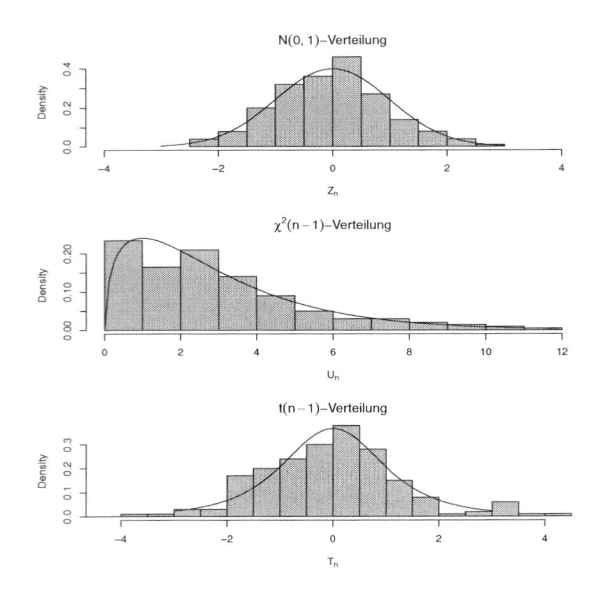

Abb. 26.5: Hauptsatz der Stichprobentheorie

Die t-Verteilung konvergiert mit zunehmendem Stichprobenumfang n gegen die Standardnormalverteilung (siehe Abb. 26.6). Die t-Verteilung besitzt nur einen Parameter. Es ist der Stichprobenumfang n. Für die Testtheorie werden die Quantile der t-Verteilung benötigt. Die 95 Prozent-Quantile einer t-Verteilung mit den Freiheitsgraden $n = 1, \ldots, 10, 30, 60$ sind:

```
     1      2      5     10     30     60
6.3138 2.9200 2.0150 1.8125 1.6973 1.6706
```

Man sieht deutlich, dass die Quantile der t-Verteilung mit zunehmender Zahl der Freiheitsgrade kleiner werden. Für $n \to \infty$ strebt das 95 Prozent-Quantil der t-Verteilung gegen das 95 Prozent-Quantil der Standardnormalverteilung mit 1.645. Im Anhang befindet sich die vollständige Tabelle mit den Quantilen der t-Verteilung.

R-Anweisung

```
> qt(p = 0.95, df = c(1, 2, 5, 10, 30, 60))

[1] 6.313752 2.919986 2.015048 1.812461 1.697261 1.670649
```

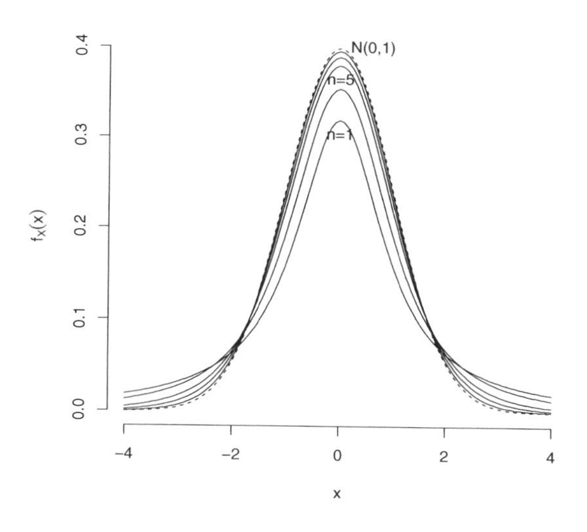

Abb. 26.6: t-Verteilung

26.6 Übungen

Übung 26.1. Was sagt das schwache Gesetz der großen Zahlen aus?

Übung 26.2. Welche Bedeutung erhält die Verteilungsfunktion durch den Hauptsatz der Statistik?

Übung 26.3. Was sagt der zentrale Grenzwertsatz aus? Welche Voraussetzungen müssen für die Zufallsvariablen erfüllt sein?

Übung 26.4. Ein Messfehler sei rechteckverteilt. Es wird bei $n = 20$ Werten ein mittlerer Fehler von $\bar{X}_n = 1.94$ mm mit einer Varianz von $\sigma^2 = 0.21$ gemessen (siehe auch Übung 22.7).

1. Mit welcher Wahrscheinlichkeit wird ein mittlerer Fehler von weniger 1.8 mm auftreten?
2. Kann auch die Wahrscheinlichkeit von $\Pr(X < 1.8)$ berechnet werden? Erläutern Sie ihre Antwort.

Übung 26.5. Was sagt der Hauptsatz der Stichprobentheorie aus? Welche Zufallsvariable ist χ^2-verteilt? Welche Zufallsvariable ist t-verteilt?

Übung 26.6. Zeichnen Sie für die folgenden Werte ein Histogramm der Körpergrößen.

R-Anweisung

```
> height <- c(180, 178, 195, 173, 175, 186, 175, 165,
+     171, 168, 169, 165, 183, 185, 165, 174, 170,
+     180, 184, 194, 188)
> hist(height, prob = TRUE)
```

Liegt eine Normalverteilung vor? Ist der Verlauf des Histogramms plausibel?

Übung 26.7. Simulieren Sie mit dem bootstrap Verfahren 300 Stichproben der Stichprobe aus Übung 26.6. Zeichnen Sie eine Normalverteilung ein. Welche Standardabweichung ist zu verwenden?

R-Anweisung
Mit der Bibliothek `bootstrap` die über das Fenstermenü installiert werden kann, können 300 Stichprobenmittelwerte simuliert werden.

```
> library(bootstrap)
> set.seed(12)
> b_height <- bootstrap(height, 300, mean)$thetastar
> hist(b_height, prob = TRUE, xlab = expression(bar(X)[n]))
> n <- length(height)
> curve(dnorm(x, mean(height), sd(height)/sqrt(n)),
+      min(height), max(height), add = TRUE)
```

Warum verteilen sich jetzt die Werte annähernd normal?

Übung 26.8. Führen Sie eine Standardisierung der gemessenen Körpergröße aus Übung 26.6 durch und simulieren Sie erneut mit dem bootstrap Verfahren 300 Stichproben. Zeichnen Sie eine Normalverteilung und eine t-Verteilung in die Grafik. Warum besitzt die t-Verteilung einen flacheren Verlauf?

R-Anweisung

```
> mu <- mean(height)
> sigma <- sd(height)
> n <- length(height)
> z <- (height - mu)/sigma * sqrt(n)
> set.seed(12)
> b_z <- bootstrap(z, 300, mean)$thetastar
> hist(b_z, prob = TRUE, main = "Histogramm")
> curve(dnorm(x), min(z), max(z), add = TRUE, col = "blue",
+      lty = 2)
> curve(dt(x, n - 1), min(z), max(z), add = TRUE)
```

Übung 26.9. Berechnen Sie mittels der Stichprobe aus Übung 26.6 die Wahrscheinlichkeit anhand einer Normalverteilung und zum anderen anhand einer t-Verteilung, dass eine Person im Durchschnitt größer als 180 cm ist. Warum ist die Wahrscheinlichkeit unter der t-Verteilung größer als unter der Normalverteilung?

R-Anweisung

```
> pnorm(180, mu, sigma/sqrt(n), lower.tail = FALSE)
> pnorm((180 - mu)/sigma * sqrt(n), lower.tail = FALSE)
> pt((180 - mu)/sd(height) * sqrt(n), n - 1, lower.tail = FALSE)
```

26.7 Fazit

Die statistisch-mathematischen Sätze in diesem Kapitel sind die theoretische Grundlage für die induktive Statistik. Für unabhängig identisch verteilte Zufallsvariablen einer Stichprobe gilt nach dem schwachen Gesetz der großen Zahlen, dass bei wachsendem Stichprobenumfang die Abweichung zwischen Erwartungswert und dem Stichprobenmittel immer kleiner wird.

Eine andere Konvergenz bzgl. der empirischen Verteilungsfunktionen ist der Hauptsatz der Statistik. Er besagt, dass bei zunehmendem Stichprobenumfang die Folge der empirischen Verteilungsfunktionen gegen die Verteilungsfunktion der Grundgesamtheit konvergiert.

Im zentralen Grenzwertsatz wird die Bedeutung der Normalverteilung dargestellt, wonach die Summe beliebig verteilter Zufallsvariablen bei zunehmendem Stichprobenumfang gegen eine Normalverteilung strebt. Abgeschlossen wird der Abschnitt mit dem Hauptsatz der Stichprobentheorie für normalverteilte Stichproben. Insbesondere der Hauptsatz der Stichprobentheorie und der zentrale Grenzwertsatz zeigen die herausragenden Eigenschaften der Normalverteilung auf. Keine andere statistische Verteilung besitzt derartige Eigenschaften. Eine Stichprobe aus einer normalverteilten Grundgesamtheit ist wieder normalverteilt. Das Stichprobenmittel dieser Stichprobe besitzt auch wieder eine Normalverteilung. Wird die Varianz durch ihren Schätzer ersetzt, so erhält man eine t-verteilte Zufallsvariable. Diese Kenntnisse sind für die Berechnung von Konfidenzintervallen und statistischen Tests notwendig.

27

Konfidenzintervalle für normalverteilte Stichproben

Inhalt

27.1 Konfidenzintervall für den Erwartungswert μ_X bei bekannter Varianz 249
27.2 Schwankungsintervall für das Stichprobenmittel $\bar{X}_n$ 251
27.3 Konfidenzintervall für den Erwartungswert μ_X bei unbekannter Varianz 252
27.4 Approximatives Konfidenzintervall für den Erwartungswert μ_X 254
27.5 Approximatives Konfidenzintervall für den Anteilswert θ 254
27.6 Konfidenzintervall für die Varianz σ_X^2 255
27.7 Berechnung der Stichprobengröße 256
27.8 Übungen 257
27.9 Fazit 258

Eine Schätzung weist stets eine Unsicherheit auf. Mit einem Konfidenzintervall wird diese Unsicherheit quantifiziert. Das Konfidenzintervall besitzt eine Ober- und eine Untergrenze. Innerhalb dieser Grenzen sollte der unbekannte Parameter liegen. Da die Schätzfunktion eine Zufallsvariable ist, kann es aber durchaus sein, dass der Parameter nicht innerhalb der Grenzen liegt. Wie wahrscheinlich ist es, dass das Intervall den Parameter enthält? Genau diese Frage beantwortet das Konfidenzintervall. Bei der Anwendung der Binomialverteilung auf die Kursänderungen der BMW Aktie ist ein Konfidenzintervall zur Beurteilung der Ungenauigkeit der Schätzung verwendet worden (siehe Seite 201).

27.1 Konfidenzintervall für den Erwartungswert μ_X bei bekannter Varianz

Ausgangspunkt für die Berechnung ist eine normalverteilte Zufallsvariable. Das Konfidenzintervall für den Erwartungswert wird aus der Verteilung des Stichprobenmittels berechnet.

$$\bar{X}_n \sim N\left(\mu_X, \frac{\sigma_X}{\sqrt{n}}\right)$$

Die Zufallsvariable $\bar{X}_n$ wird mit Gl. (22.2) in eine standardnormalverteilte Zufallsvariable überführt.

$$Z_n = \frac{\bar{X}_n - \mu_X}{\frac{\sigma_X}{\sqrt{n}}} \sim N(0,1) \tag{27.1}$$

Aus dem Ansatz

$$\Pr\left(-z_{1-\frac{\alpha}{2}} < Z_n < z_{1-\frac{\alpha}{2}}\right) = 1 - \alpha$$

wird das Konfidenzintervall für μ_X gewonnen. Dazu wird Z_n ersetzt und durch die folgenden Äquivalenzumformungen

$$\Pr\left(-z_{1-\frac{\alpha}{2}} \frac{\sigma_X}{\sqrt{n}} < \bar{X}_n - \mu_X < z_{1-\frac{\alpha}{2}} \frac{\sigma_X}{\sqrt{n}}\right) = 1 - \alpha$$

das gesuchte Konfidenzintervall für den Erwartungswert μ_X bestimmt.

$$\Pr\left(\bar{X}_n - z_{1-\frac{\alpha}{2}} \frac{\sigma_X}{\sqrt{n}} < \mu_X < \bar{X}_n + z_{1-\frac{\alpha}{2}} \frac{\sigma_X}{\sqrt{n}}\right) = 1 - \alpha$$

In einem Konfidenzintervall sind die Grenzen aufgrund der Zufallsvariable $\bar{X}_n$ variabel. Die Wahrscheinlichkeitsaussage bezieht sich daher auf die Grenzen. $1 - \alpha$ Prozent der Intervalle enthalten der Wert μ_X.

Im folgenden Rechenbeispiel wird von einer normalverteilten Zufallsvariable X mit einer Standardabweichung von $\sigma_X = 2$ ausgegangen. Es liegt eine Stichprobe im Umfang von $n = 6$ Elementen vor.

R-Anweisung

```
> set.seed(8)
> n <- 6
> mu <- 4
> sd <- 2
> (x <- rnorm(n, mu, sd))

[1] 3.830828 5.680800 3.073034 2.898330 5.472081 3.784237

> xbar <- mean(x)
> sigma.xbar <- sd/sqrt(n)
> (bounds <- xbar + qnorm(c(0.025, 0.975)) * sigma.xbar)

[1] 2.522915 5.723522
```

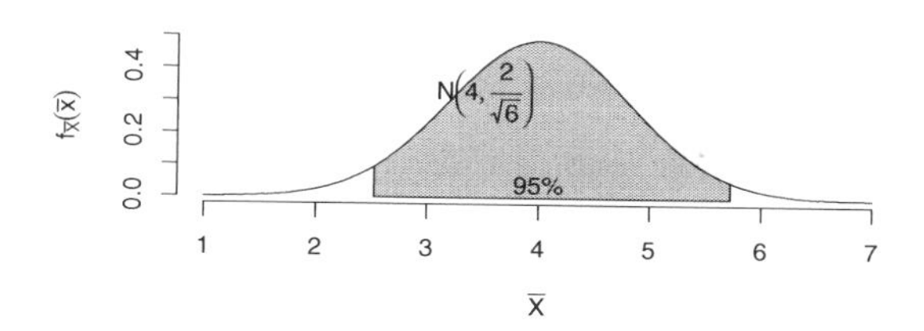

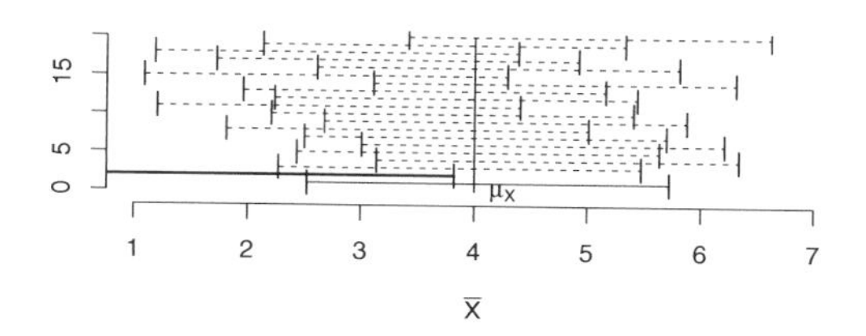

Abb. 27.1: Konfidenzintervall für μ_X

Das Konfidenzintervall besitzt die Grenzen (siehe Abb. 27.1, obere Grafik).

$$\Pr\left(4.1232 - 1.96 \times \frac{2}{\sqrt{6}} < \mu_X < 4.1232 + 1.96 \times \frac{2}{\sqrt{6}}\right) = 1 - 0.05$$
$$\Pr\left(2.5229 < \mu_X < 5.7235\right) = 0.95$$

95 Prozent der Konfidenzintervalle beinhalten den Erwartungswert. Angenommen, das obige Konfidenzintervall enthält den Erwartungswert, dann liegt er zwischen 2.5229 und 5.7235. Der im Beispiel vorgegebene Erwartungswert ist 4. Er wird also von 95 Prozent der Konfidenzintervalle abgedeckt. 5 Prozent der Konfidenzintervalle enthalten nicht den Wert $\mu_X = 4$. Dies verdeutlicht die Simulation in Abb. 27.1 (untere Grafik). Eins der 20 Konfidenzintervalle überdeckt nicht den Wert $\mu_X = 4$. Der Erwartungswert μ_X muss nicht in der Mitte des Intervalls liegen, wie Abb. 27.1 zeigt. Das unterste Konfidenzintervall ist in die obere Grafik eingezeichnet.

27.2 Schwankungsintervall für das Stichprobenmittel $\bar{X}_n$

Das Schwankungsintervall wird wie das Konfidenzintervall aus dem Ansatz

$$\Pr\left(-z_{1-\frac{\alpha}{2}} < Z_n < z_{1-\frac{\alpha}{2}}\right) = 1 - \alpha$$

berechnet. Jedoch werden die Umformungen so vorgenommen, dass sich die Wahrscheinlichkeit auf den Mittelwert bezieht. Das **Schwankungsintervall** für $\bar{X}_n$ ist:

$$\Pr\left(\mu_X - z_{1-\frac{\alpha}{2}}\frac{\sigma_X}{\sqrt{n}} < \bar{X}_n < \mu_X + z_{1-\frac{\alpha}{2}}\frac{\sigma_X}{\sqrt{n}}\right) = 1-\alpha$$

Der wesentliche Unterschied ist, dass nun die Intervallgrenzen fix sind. Daher ändert sich die Wahrscheinlichkeitsaussage: $1-\alpha$ Prozent der Mittelwerte sind im Intervall enthalten. In der Abb. 27.2 sieht man deutlich woher der Unterschied in der Interpretation rührt. Beim Konfidenzintervall variieren die Grenzen, beim Schwankungsintervall ist es die Zufallsvariable $\bar{X}_n$ (siehe auch Kap. 22.3). Ist der Mittelwert nicht im Schwankungsintervall enthalten, so enthält das Konfidenzintervall auch nicht den Erwartungswert (siehe 2. Stichprobe in Abb. 27.2). Das Schwankungsintervall wird in der statistischen Qualitätskontrolle verwendet.

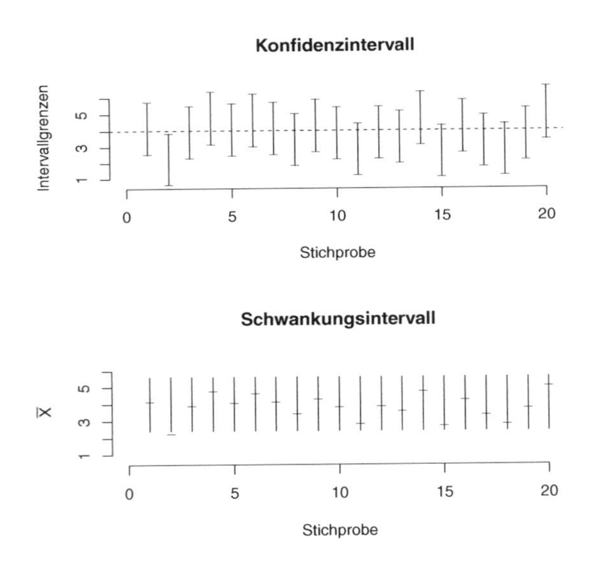

Abb. 27.2: Konfidenzintervall und Schwankungsintervall

27.3 Konfidenzintervall für den Erwartungswert μ_X bei unbekannter Varianz

Wenn die Varianz der Zufallsvariablen unbekannt ist, muss sie, wie der Erwartungswert aus der Stichprobe, geschätzt werden. Aufgrund dieser Tatsache erhöht sich die Unsicherheit bei der Bestimmung des Erwartungswerts.

Diese zusätzliche Unsicherheit wird durch die t-Verteilung modelliert. Dann muss die T_n-Statistik (26.4) verwendet werden.

$$\Pr\left(\bar{X}_n - t_{1-\frac{\alpha}{2}}(n-1)\,\frac{s_X}{\sqrt{n}} < \mu_X < \bar{X}_n + t_{1-\frac{\alpha}{2}}(n-1)\,\frac{s_X}{\sqrt{n}}\right) = 1-\alpha$$

Aus der obigen Stichprobe mit den 6 Werten wird nun die Varianz geschätzt

$$s_X^2 = 1.4098$$

Mit dieser Varianz errechnet sich folgendes Konfidenzintervall

$$\Pr\left(4.1232 - 2.7764 \times \frac{1.1874}{\sqrt{6}} < \mu_X < 4.1232 + 2.7764 \times \frac{1.1874}{\sqrt{6}}\right) = 0.95$$

$$\Pr\left(2.8772 < \mu_X < 5.3693\right) = 0.95$$

Es ist auffallend, wie stark die Standardabweichung ($s_X = 1.1874$, $\sigma_X = 2$) unterschätzt wird (siehe hierzu den Exkurs auf Seite 233). Dies führt hier auch dazu, dass die Intervallbreite abnimmt, obwohl die t-Verteilung den Bias bei der Schätzung der Standardabweichung berücksichtigt. In der Regel ist daher das Intervall größer.

Anwendung auf die Tagesrenditen der BMW Aktie

Die Tagesrendite wird hier mit der stetigen Renditeberechnung vorgenommen, damit das Stichprobenmittel und die Stichprobenvarianz mit den arithmetischen Formeln berechnet werden können.

$$\Pr\left(-0.0035 < \mu_{\texttt{r.bmw}} < 0.0025\right) = 0.95$$

95 Prozent der Konfidenzintervalle beinhalten die wahre Rendite. Angenommen das obige Intervall überdeckt die erwartete Rendite der BMW Aktie, dann könnte sie positiv sein. Die erwartete Rendite muss nicht in der Mitte des Intervalls liegen.

R-Anweisung
Konfidenzintervall für die BMW Rendite

```
> r.bmw <- diff(log(s.bmw))
> r.bmw.bar <- mean(r.bmw)
> n <- length(r.bmw)
> sigma.r.bmw.bar <- sd(r.bmw)/sqrt(n)
> r.bmw.bar + qt(c(0.025, 0.975), df = n - 1) * sigma.r.bmw.bar

[1] -0.003487860  0.002485063
```

27.4 Approximatives Konfidenzintervall für den Erwartungswert μ_X

Ist die Stichprobe hinreichend groß ($n > 30$), dann ist die Verteilung des Stichprobenmittels unter bestimmten Voraussetzungen, wie bei der statistischen Unabhängigkeit der Zufallsvariablen, durch den zentralen Grenzwertsatz bestimmt. Die T_n-Statistik (26.4) ist für große n approximativ normalverteilt. Dann kann eine Aussage für nahezu beliebig verteilte Zufallsvariablen getroffen werden.

$$Z_n = \frac{\bar{X}_n - \mu_X}{\frac{s_X}{\sqrt{n}}} \dot{\sim} N(0,1) \quad \text{für } n > 30 \tag{27.2}$$

Aus ihr kann dann folgendes Konfidenzintervall abgeleitet werden.

$$\Pr\left(\bar{X}_n - z_{1-\frac{\alpha}{2}} \frac{s_X}{\sqrt{n}} < \mu_X < \bar{X}_n + z_{1-\frac{\alpha}{2}} \frac{s_X}{\sqrt{n}}\right) \approx 1 - \alpha$$

Anwendung auf die Tagesrenditen der BMW Aktie

Unter der Normalverteilungsannahme wird das Konfidenzintervall kleiner, da die Normalverteilung kleinere Quantile als die t-Verteilung besitzt. Dafür wird das Konfidenzniveau nicht exakt eingehalten.

$$\Pr\left(-0.0034 < \mu_{\texttt{r.bmw}} < 0.0024\right) \approx 0.95$$

R-Anweisung

```
> r.bmw.bar + qnorm(c(0.025, 0.975)) * sigma.r.bmw.bar

[1] -0.003433113  0.002430316
```

27.5 Approximatives Konfidenzintervall für den Anteilswert θ

Für den Anteilswert θ kann man, da die Binomialverteilung mit zunehmendem Stichprobenumfang schnell gegen die Normalverteilung konvergiert, ebenfalls ein approximatives Konfidenzintervall berechnen. Die Voraussetzungen für eine gute Approximation sind

$$n\hat{\theta} \geq 10 \quad \text{und} \quad n(1-\hat{\theta}) \geq 10$$

Das approximative Konfidenzintervall für den Anteilswert θ einer Binomialverteilung wird durch die Auflösung der Statistik (27.2) für $\hat{\theta} = \bar{X}_n$, $\theta = \mu_X$ und $s_\theta = \frac{s_X}{\sqrt{n}} = \sqrt{\frac{\hat{\theta}(1-\hat{\theta})}{n}}$ konstruiert.

$$\Pr\left(\hat{\theta} - z_{1-\frac{\alpha}{2}}\sqrt{\frac{\hat{\theta}(1-\hat{\theta})}{n}} < \theta < \hat{\theta} + z_{1-\frac{\alpha}{2}}\sqrt{\frac{\hat{\theta}(1-\hat{\theta})}{n}}\right) \approx 1-\alpha \tag{27.3}$$

Wird der Anteilswert θ aus einer Stichprobe ohne Zurücklegen geschätzt, dann ist die Approximation der hypergeometrischen Verteilung mit der Normalverteilung gut, wenn

$$0.1 < \hat{\theta} < 0.9 \quad \text{und} \quad n > 30 \quad \text{und} \quad \frac{n}{N} < 0.1$$

gilt. Die Normalverteilung hat dann den Erwartungswert θ und die Standardabweichung

$$s_\theta = \sqrt{\frac{\hat{\theta}(1-\hat{\theta})}{n}\,\frac{N-n}{N-1}}$$

27.6 Konfidenzintervall für die Varianz σ_X^2

Wie für den Erwartungswert kann auch für die Varianz ein Konfidenzintervall berechnet werden. Die Verteilung von

$$U_n = \frac{s_X^2\,(n-1)}{\sigma_X^2} \sim \chi^2(n-1)$$

ist eine χ^2 Verteilung mit $n-1$ Freiheitsgraden. Somit lässt sich ein **Konfidenzintervall für die Varianz**

$$\Pr\left(\chi^2\left(\frac{\alpha}{2}\right) < U_n < \chi^2\left(\frac{1-\alpha}{2}\right)\right) = 1-\alpha$$

angeben. Aufgrund der Asymmetrie der χ^2-Verteilung sind die Quantile $\frac{\alpha}{2}$ und $1-\frac{\alpha}{2}$ verschieden. Das Intervall wird nach σ_X^2 umgestellt und man erhält

$$\Pr\left(\frac{s_X^2\,(n-1)}{\chi^2\left(1-\frac{\alpha}{2}\right)} < \sigma_X^2 < \frac{s_X^2\,(n-1)}{\chi^2\left(\frac{\alpha}{2}\right)}\right) = 1-\alpha$$

Anwendung auf die Tagesrenditen der BMW Aktie

Für die BMW Aktie wird eine Varianz von $s_X^2 = 0.6046$ geschätzt. Das daraus resultierende Konfidenzintervall ist

$$\Pr\left(\frac{0.6046\,(68-1)}{91.5194} < \sigma_X^2 < \frac{0.6046\,(68-1)}{46.261}\right) = 0.95$$

$$\Pr(0.4426 < \sigma_X^2 < 0.8756) = 0.95$$

95 Prozent der Intervalle enthalten die wahre Varianz der BMW Aktie. Angenommen, das berechnete Intervall enthält den wahren Wert, so liegt die Varianz zwischen 0.4426 und 0.8756.

R-Anweisung

```
> n.bmw <- length(s.bmw)
> var(s.bmw) * (n.bmw - 1)/c(qchisq(0.975, n.bmw -
+     1), qchisq(0.025, n.bmw - 1))

[1] 0.4426107 0.8756278
```

27.7 Berechnung der Stichprobengröße

Wir wollen nun nicht die Intervallbreite einer normalverteilten Zufallsvariable schätzen, sondern die Stichprobengröße, die notwendig ist, um eine bestimmte Abweichung d zwischen Stichprobenmittel und Erwartungswert einzuhalten. Diese Abweichung soll mit einer Wahrscheinlichkeit von $1-\alpha$ eingehalten werden.

$$\Pr\left(\mid \bar{X}_n - \mu_X \mid \leq d\right) = 1 - \alpha$$

Die Gleichung lässt sich überführen in

$$\Pr\left(\mid Z_n \mid \leq \frac{d}{\frac{\sigma_X}{\sqrt{n}}}\right) = 1 - \alpha$$

Für $\frac{d}{\frac{\sigma_X}{\sqrt{n}}} = z_{1-\frac{\alpha}{2}}$ ist die Gleichung erfüllt. Somit ist für gegebenes d und σ_X die Stichprobengröße n bestimmbar.

$$n = \left(\frac{z_{1-\frac{\alpha}{2}}}{d}\right)^2 \sigma_X^2$$

Beispiel: Es wird $\alpha = 0.05$, $d = 0.01$ und $\sigma_X = 0.7776$ (Standardabweichung von `s.bmw`) gesetzt. Um eine Abweichung von weniger als einem Cent mit einer Wahrscheinlichkeit von 95 Prozent bei den BMW Aktien festzustellen, wäre eine Stichprobengröße von

$$n = \left(\frac{1.96}{0.01}\right)^2 \times 0.7776^2 \approx 23226$$

nötig. Bei Tageswerten müssten dazu bei 250 Handelstagen im Jahr rund 93 Jahre beobachtet werden.

27.8 Übungen

Übung 27.1. Die Zufallsvariable X sei normalverteilt. Geben Sie das $1-\alpha$ Konfidenzintervall für den Erwartungswert an, wenn die Varianz σ_X^2 unbekannt ist. Wie muss die Varianz geschätzt werden?

Übung 27.2. Berechnen Sie für die Rendite der BASF Kurse ein Konfidenzintervall.

R-Anweisung

```
> basf <- read.table("basf.txt", sep = ";", header = TRUE)
> (s.basf <- rev(basf$Schluss))

 [1] 43.66 43.65 43.31 42.65 43.00 43.14 43.47 43.44 43.55 44.02
[11] 43.80 44.35 44.67 45.04 44.88 44.41 44.74 44.89 45.55 45.63
[21] 45.65 45.57 45.23 45.36 46.00 46.06 46.12 46.15 46.72 46.63
[31] 46.66 46.19 45.73 45.82 45.68 46.03 47.65 47.45 48.76 48.56
[41] 48.63 48.76 48.90 48.15 48.05 47.30 47.17 46.87 47.28 47.62
[51] 48.60 47.93 48.48 49.16 47.77 47.97 48.75 48.90 49.75 49.80
[61] 49.45 49.70 50.10 49.94 50.28 50.01 49.80 49.58
```

Übung 27.3. Bei einem Getränkehersteller darf die zulässige Füllmenge von 1000 ml nur um 2 ml unterschritten und 2 ml überschritten werden. Es wird angenommen, dass die Zufallsvariable Füllmenge annäherungsweise normalverteilt ist mit der Varianz $\sigma_X^2 = 36$.

1. Berechnen Sie die Wahrscheinlichkeit, dass die Füllmenge in dem oben genannten Intervall liegt.

2. Bei einer Stichprobe aus der laufenden Produktion mit dem Umfang $n = 9$ werden folgende Werte gemessen:

$$1002, 1006, 992, 1007, 1011, 1005, 997, 1004, 994$$

Berechnen Sie ein 95 Prozent Konfidenzintervall und interpretieren Sie es.

Übung 27.4. Es wird ein Würfel 300 mal geworfen (durch Simulation) und der Anteil der Sechsen ermittelt. Die Zufallsvariable X_i ist Eins wenn eine Sechs gewürfelt wird, sonst Null. $\bar{X}_n$ misst also den relativen Anteil der Sechsen.

1. Wie sind die Zufallsvariablen X_i und $n\,\bar{X}_n$ verteilt? Welche approximative Verteilung kann man für $\bar{X}_n$ angeben?
2. Berechnen Sie ein approximatives Konfidenzintervall für θ mit einer Fehlerwahrscheinlichkeit von $\alpha = 0.1$, wenn sich ein Stichprobenanteil (-mittelwert) von $\bar{X}_n = 0.1467$ ergeben hat.
3. Interpretieren Sie Ihr berechnetes Konfidenzintervall.

Übung 27.5. Aus einer Produktion mit $N = 1000$ Elementen werden zufällig ohne Zurücklegen $n = 100$ Elemente gezogen. Bei einer Überprüfung der Elemente wird festgestellt, dass $M = 15$ einen Defekt aufweisen. Berechnen Sie ein Konfidenzintervall für den wahren Anteilswert θ ($\alpha = 0.05$).

27.9 Fazit

Das Konfidenzintervall liefert eine Wahrscheinlichkeitsaussage über den unbekannten Parameter. $1 - \alpha$ Prozent der Intervalle enthalten den wahren Wert. Ob das berechnete Konfidenzintervall den wahren Wert beinhaltet, kann man nicht wissen, sondern nur mit der Wahrscheinlichkeit $1 - \alpha$ beurteilen. Im Gegensatz zur Punktschätzung wird bei der Berechnung des Konfidenzintervalls der Standardfehler des Schätzers mitberücksichtigt. Jedoch liefert das Konfidenzintervall keinen Wert für weitere Berechnungen.

28

Parametrische Tests für normalverteilte Stichproben

Inhalt

28.1 Klassische Testtheorie ... 260
28.2 Testentscheidung ... 266
28.3 Gauss-Test für den Erwartungswert μ_X ... 269
28.4 t-Test für den Erwartungswert μ_X ... 270
28.5 t-Test für die Regressionskoeffizienten der Einfachregression ... 273
28.6 Test für den Anteilswert θ ... 278
28.7 Test auf Mittelwertdifferenz in großen Stichproben ... 279
28.8 Test auf Mittelwertdifferenz in kleinen Stichproben ... 280
28.9 Test auf Differenz zweier Anteilswerte ... 281
28.10 Test auf Gleichheit zweier Varianzen ... 283
28.11 Gütefunktion eines Tests ... 284
28.12 Übungen ... 288
28.13 Fazit ... 291

Der statistische Test und das Konfidenzintervall (siehe vorherigen Abschnitt) beruhen auf den gleichen statistischen Prinzipien. Bei einem statistischen Test wird ein Hypothesenpaar, bestehend aus einer Nullhypothese H_0 und einer Alternativhypothese H_1, anhand einer statistischen Verteilung überprüft.

Hypothesentests werden in vielen Bereichen wie z. B. der Medizin, der betrieblichen Qualitätskontrolle oder bei volkswirtschaftlichen Analysen eingesetzt. Da die Entscheidung auf Grundlage der Stichprobe getroffen wird, sind Fehlentscheidungen möglich. Die eigentlich interessierende Frage kann aber ein statistischer Test nicht beantworten: Vorausgesetzt die Testentscheidung fällt für H_1 (bzw. H_0) aus, wie wahrscheinlich ist es dann, dass auch H_1 (bzw. H_0) zutrifft. Hier spricht man von den sogenannten Irrtumswahrscheinlichkeiten.

Auf den folgenden Seiten wird zuerst auf die allgemeine Struktur der Hypothesentests näher eingegangen, um dann darauf aufbauend den Ablauf und die verschiedenen Ansätze zu erklären.

28.1 Klassische Testtheorie

In der klassischen Testtheorie wird die Prüfsituation in zwei Hypothesen erfasst. In der Nullhypothese H_0 wird die Aussage «kein Effekt» bzw. «keine Differenz» formuliert – daher der Zusatz «Null» – und in der Alternativhypothese H_1 wird die Ablehnung von H_0 festgehalten.

Die Hypothese wird stets als Hypothesenpaar $\{H_0, H_1\}$ angegeben. H_0 wird als Nullhypothese bezeichnet und enthält die zu überprüfende Aussage; H_1 wird als Gegenhypothese bezeichnet. Ein statistischer Test wird stets unter der Hypothese H_0 konstruiert. Dies bedeutet, dass man den Fehler H_0 abzulehnen, obwohl H_0 wahr ist, kontrollieren kann. Dieser Fehler wird als **Fehler 1. Art** (α Fehler) bezeichnet.

$$\Pr(H_0 \text{ ablehnen} \mid H_0 \text{ wahr}) = \alpha$$

Den Fehler H_0 beizubehalten obwohl H_1 gilt, wird als **Fehler 2. Art** (β Fehler) bezeichnet.

$$\Pr(H_0 \text{ beibehalten} \mid H_1 \text{ wahr}) = \beta$$

Er kann bei einem statistischen Test nicht kontrolliert werden und geht nur in das Gütekriterium eines Tests ein (siehe Abschnitt 28.11). Im Rahmen des statistischen Tests können nicht beide Fehler gleichzeitig minimiert werden. Reduziert man den Fehler 1. Art, nimmt der Fehler 2. Art zu und umgekehrt.

Tabelle 28.1: Fehlerarten

	Testentscheidung	
wahr	H_0	H_1
H_0	$\surd$	Fehler 1. Art
H_1	Fehler 2. Art	$\surd$

Die Fehlerwahrscheinlichkeit ist keine Irrtumswahrscheinlichkeit. Ein Irrtum liegt vor, wenn eine falsche Testentscheidung getroffen wurde. Die Testentscheidung ist jetzt eine Bedingung.

$$\text{Irrtumswahrscheinlichkeit}_1 = \Pr(H_0 \text{ wahr} \mid H_0 \text{ ablehnen})$$

und

$$\text{Irrtumswahrscheinlichkeit}_2 = \Pr(H_1 \text{ wahr} \mid H_0 \text{ beibehalten})$$

Im Beispiel der «blauen und grünen Taxen» (siehe Seite 157) kann das Hypothesenpaar

$$H_0 : B^* = \text{blaues Taxen hat Unfall verursacht}$$

gegen

$$H_1 : \overline{B}^* = \text{grünes Taxi hat Unfall verursacht}$$

formuliert werden. Die Zeugenaussage kann als Testentscheidung gesehen werden. Die Zeugenaussage B stellt hier die Testentscheidung für H_0 dar. Der Fehler 1. Art ist in diesem Kontext $\Pr(\overline{B} \mid B^*) = 0.2$. Der Fehler 2. Art ist aufgrund der Angaben hier ebenfalls bekannt und $\Pr(B \mid \overline{B}^*) = 0.2$.

Tabelle 28.2: Bedingte Wahrscheinlichkeiten der Zeugenaussage

	Testentscheidung	
wahr	$H_0 : B$	$H_1 : \overline{B}$
$H_0 : B^*$	0.8	0.2
$H_1 : \overline{B}^*$	0.2	0.8

Unter der Bedingung, dass H_0 gilt, wird der Fehler 1. Art bestimmt. Die Bedingung unter H_1 bleibt bei einem statistischen Test unberücksichtigt und damit die Größe des Fehlers 2. Art.

In Tab. 28.3 sind die Spalten nun als Bedingungen zu lesen. Die Irrtumswahrscheinlichkeiten betragen

$$\Pr(\overline{B}^* \mid B) = \frac{5}{9} \qquad \Pr(B^* \mid \overline{B}) = \frac{1}{21}$$

Sie geben an, wie wahrscheinlich eine Fehlentscheidung des Tests (hier unter Vorgabe der Zeugenaussage) ist. Der Irrtum, dass es sich um ein grünes Taxi handelt (H_1 wahr), obwohl ein blaues Taxi gesehen wurde (Testentscheidung für H_0), liegt bei über 50 Prozent und liegt damit deutlich über dem Fehler 1. Art von $\alpha = 0.2$. Die Irrtumswahrscheinlichkeit kann durch einen statistischen Test nicht ermittelt werden, denn er wird ja gerade wegen der Unkenntnis über den wahren Zustand angewendet. Man setzt daher die Bedingung H_0 als wahr. Daher sind die Angaben in Tab. 28.3 auch nur mit der Kenntnis der Angaben von Seite 157 berechenbar und nicht mit einem statistischen Test. Im Beispiel stellen die Zeugenaussagen den Test dar.

Im Allgemeinen ist es nicht möglich, einen Test so zu konstruieren, dass sich die beiden Fehlerarten unterhalb vorgegebener, nahe bei Null gelegenen Werte befinden. Zwischen den beiden Fehlerarten herrscht ein Antagonismus folgender Art: Je kleiner der Fehler 1. Art wird, desto unwahrscheinlicher wird diese Art der Fehlentscheidung. Lehnt man aber H_0 selten ab, so steigt die Wahrscheinlichkeit H_0 nicht abzulehnen an, wenn H_0 falsch ist.

Tabelle 28.3: Bedingte Wahrscheinlichkeiten der Taxifarbe

wahr	Testentscheidung $H_0 : B$	$H_1 : \overline{B}$
$H_0 : B^*$	$\frac{4}{9}$	$\frac{1}{21}$
$H_1 : \overline{B}^*$	$\frac{5}{9}$	$\frac{20}{21}$

Damit steigt aber der Fehler 2. Art. Also je kleiner die Wahrscheinlichkeit für den Fehler 1. Art ist, desto größer ist im allgemeinen die Wahrscheinlichkeit für den Fehler 2. Art und umgekehrt. Dieser Antagonismus ist auch der Grund dafür, den Test zum Niveau α so zu konstruieren, dass das vorgegebene Niveau möglichst gut ausgeschöpft wird. Hat man sich nämlich für ein bestimmtes Signifikanzniveau α entschieden, so würde man für die Wahrscheinlichkeit des Fehlers 2. Art unnötig große Werte zulassen, wenn die Wahrscheinlichkeit für den Fehler 1. Art unnötig weit unterhalb von α läge. Man strebt daher in der Niveaubedingung stets das Gleichheitszeichen an.

Den beschriebenen Antagonismus kann man auch anhand des Taxibeispiels (siehe Seite 157) formal darstellen. Aus den mengenalgebraischen Beschreibungen für die Fehler 1. und 2. Art folgt:

$$\Pr(\overline{B} \cap B^*) + \Pr(B \cap \overline{B}^*) = \Pr(\overline{B} \mid B^*) \Pr(B^*) + \Pr(B \mid \overline{B}^*) \Pr(\overline{B}^*) = \frac{6}{30}$$

$$\frac{1}{30} + \frac{5}{30} = 0.2 \times \frac{5}{30} + 0.2 \times \frac{25}{30} = \alpha \Pr(B^*) + \beta \Pr(\overline{B}^*) = \frac{6}{30} \tag{28.1}$$

Im Beispiel besitzen α und β jeweils den Wert 0.2. Wird nun α reduziert, so muss β steigen, damit die Gleichung (28.1) weiterhin erfüllt ist.

Ein statistischer Test ist also aufgrund der Annahmen nicht in der Lage H_0 zu überprüfen. Lediglich unter der Bedingung dass H_0 wahr ist, kann ein statistischer Test überprüfen, ob die Beobachtungen, das Messergebnis oder wie hier die Zeugenaussage doch eher für H_1 sprechen.

Bei den Hypothesen handelt es sich um eine begründete Vermutung über ein beobachtendes Merkmal X. Das Merkmal X wird als Zufallsvariable aufgefasst, deren Verteilung ganz oder teilweise unbekannt ist. Vor der Durchführung eines Tests muss man – genau wie bei der Schätzung – mit einer Verteilungsannahme die für X unter H_0 in Betracht kommende Verteilung festlegen. Sie stellt das Vorwissen über X dar. Der durchzuführende Test baut auf dieser Verteilungsannahme unter H_0 auf und kann diese Annahme selbst nicht überprüfen.

Bei einem parametrischen Test wird ein geschätzter Parameter, z. B. die Schätzung des Erwartungswerts, an Hand einer Hypothese überprüft. Weicht nun das Stichprobenmittel stark von dem vermuteten Erwartungswert μ_0 ab, so würde man μ_0 ablehnen. Nun ist die Frage, wann ist die Abweichung $\bar{X}_n - \mu_0$ so groß, dass man zu dem Entschluss kommt, dass $\mu_X \neq \mu_0$ gilt. Dazu führt man eine kritische Zahl c ein, so dass der Test lautet: Die Hypothese $H_0 : \mu_X = \mu_0$ wird beibehalten, wenn $\mid \bar{X}_n - \mu_0 \mid \leq c$ gilt und H_0 wird zugunsten von H_1 abgelehnt, wenn $\mid \bar{X}_n - \mu_0 \mid > c$ gilt. Wie wird c bestimmt?

Bei einem Test kann es passieren, dass H_0 auch dann abgelehnt wird, wenn H_0 in Wirklichkeit richtig ist. In der gegebenen Situation können ja auch dann, wenn die Situation $\mu_X = \mu_0$ gilt, zufällig große Abweichungen zwischen $\bar{X}_n$ und μ_0 auftreten, obwohl dies sehr unwahrscheinlich ist. Die Fehlentscheidung, die Hypothese H_0 abzulehnen, obwohl H_0 gilt, ist der Fehler 1. Art. Er wird mit α bezeichnet. Die kritische Zahl c wird unter H_0 so festgelegt, dass die Wahrscheinlichkeit mit dem Test einen Fehler 1. Art zu begehen, gleich α ist. Es gilt unter H_0 dann folgende Wahrscheinlichkeit

$$\Pr\Big(\mid \bar{X}_n - \mu_0 \mid > c \Big| H_0 \text{ wahr}\Big) = \alpha \Leftrightarrow \Pr\left(\left| \frac{\bar{X}_n - \mu_0}{\frac{\sigma_X}{\sqrt{n}}} \right| > z_{1-\frac{\alpha}{2}} \middle| H_0 \text{ wahr} \right) = \alpha$$

Die kritische Zahl c ergibt sich unmittelbar aus den beiden obigen Gleichungen.

$$c = z_{1-\frac{\alpha}{2}} \frac{\sigma_X}{\sqrt{n}}$$

Ist der Betrag der Abweichung $\bar{X}_n - \mu_0$ größer als c, so wird die Nullhypothese mit einem Fehler 1. Art in Höhe von α abgelehnt.

Beispiel: Es werden $n = 6$ normalverteilte Zufallswerte einer $N(4,2)$ erzeugt (siehe Beispiel Seite 250). Das Stichprobenmittel beträgt

$$\bar{X}_n = 4.1232$$

Bei einem vorgegebenen Fehler 1. Art von $\alpha = 0.05$ liegt die Ablehnungsgrenze bei

$$c = 1.96 \times \frac{2}{\sqrt{6}} = 1.6003$$

Im vorliegenden Beispiel wird die Nullhypothese beibehalten, da die Abweichung des Stichprobenmittels vom Erwartungswert

$$\mid \bar{X}_n - \mu_0 \mid = 0.1232$$

betragsmäßig kleiner als c ist (siehe auch Abb. 28.1).

Im obigen Fall wird das Hypothesenpaar

$$H_0 : \mu_X = \mu_0 \quad H_1 : \mu_X \neq \mu_0$$

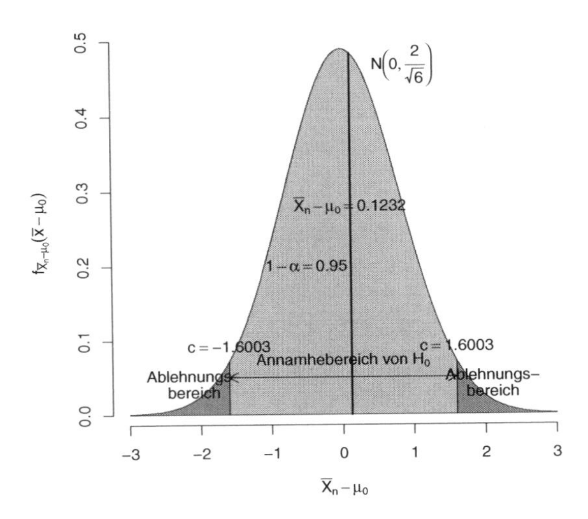

Abb. 28.1: Testentscheidung mit zweiseitiger Hypothese

überprüft. Statt eines zweiseitigen Hypothesenpaars können auch einseitige Hypothensenpaare

$$H_0 : \mu_X \leq \mu_0 \quad H_1 : \mu_X > \mu_0$$
$$H_0 : \mu_X \geq \mu_0 \quad H_1 : \mu_X < \mu_0$$

überprüft werden. Dann wird der Fehler 1. Art nur auf die rechte bzw. linke Seite der Verteilung gelegt (siehe Abb. 28.2).

Im ersten Fall wird die Nullhypothese abgelehnt, wenn $\bar{X}_n - \mu_0 > c$ ist. Im Beispiel ist dies nicht der Fall. Die Nullhypothese wird beibehalten. Im zweiten Fall wird die Nullhypothese abgelehnt, wenn $\bar{X}_n - \mu_0 < c$ ist. Auch dies gilt nicht im Beispiel, so dass die Nullhypothese beibehalten wird.

Der zweiseitige statistische Test ist inhaltlich nur eine Variante eines Konfidenzintervalls. Die Voraussetzung, dass H_0 gilt, beinhaltet im Fall eines Konfidenzintervalls die Annahme, dass das berechnete Konfidenzintervall den wahren Wert μ_X enthält. Das Konfidenzintervall

$$\Pr\left(\bar{X}_n - z_{1-\frac{\alpha}{2}} \frac{\sigma}{\sqrt{n}} < \mu_X < \bar{X}_n + z_{1-\frac{\alpha}{2}} \frac{\sigma}{\sqrt{n}}\right)$$
$$\Pr(2.5229 < \mu_X < 5.7235) = 0.95$$

überdeckt den Wert $\mu_0 = 4$ und somit wird die Nullhypothese beibehalten.

5 Prozent der Konfidenzintervalle enthalten nicht den wahren Wert. Somit liegt $\mu_0 = 4$ in 5 Prozent der Fälle außerhalb des Konfidenzintervalls und H_0 wird fälschlicherweise abgelehnt.

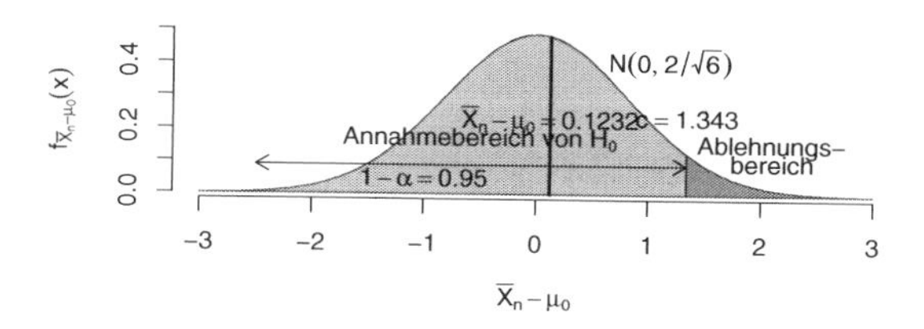

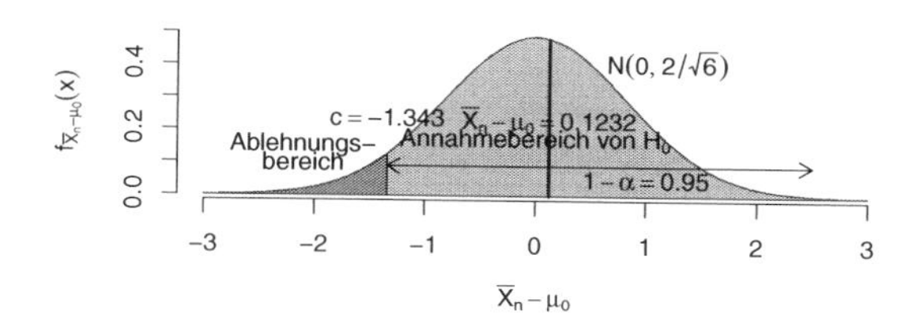

Abb. 28.2: Testentscheidung bei einseitigen Hypothesen

Die Grenzen in einem Konfidenzintervall werden durch die Zufälligkeit in der Stichprobe beeinflusst, hingegen sind die Ablehnungsgrenzen in einem statistischen Test fix. Dafür wird die Differenz $\bar{X}_n - \mu_0$ durch die Zufälligkeit der Stichprobe beeinflusst.

Zu den einseitigen Hypothesenpaaren können ebenfalls einseitige Konfidenzintervalle angegeben werden. Zum rechtsseitigen Test $H_0 : \mu_X \leq \mu_0$ versus $H_1 : \mu_X > \mu_0$ wird das einseitige Konfidenzintervall

$$\Pr\left(\bar{X}_n - z_{1-\alpha}\,\frac{\sigma}{\sqrt{n}} < \mu_X < \infty\right) = 1 - \alpha$$

betrachtet. Der Test gibt unter Gültigkeit der Nullhypothese eine obere Schranke vor, für die die Nullhypothese mit einer Wahrscheinlichkeit von $1 - \alpha$ gilt. Das Konfidenzintervall gibt hingegen mit einer Wahrscheinlichkeit von $1 - \alpha$ ein Intervall an in dem μ_X liegt. Bei einem rechtsseitigen Test ist die Nullhypothese und damit μ_0 bildlich gesehen links der Alternativhypothese. Daher ist das Intervall für μ_X linksseitig begrenzt. Der Zufallswert $\bar{X}_n - z_{1-\alpha}\,\frac{\sigma}{\sqrt{n}}$ grenzt nach links den Bereich für μ_X ab. Die Nullhypothese wird beibehalten, wenn μ_0 in den Bereich des Intervalls fällt, andernfalls wird H_0 abgelehnt.

Für einen linksseitigen Test $H_0 : \mu_X \geq \mu_0$ versus $H_1 : \mu_X < \mu_0$ wird entsprechend ein einseitiges Konfidenzintervall berechnet, das rechts begrenzt ist.

$$\Pr\left(-\infty < \mu_X < \bar{X}_n + z_{1-\alpha}\,\frac{\sigma}{\sqrt{n}}\right) = 1 - \alpha$$

28.2 Testentscheidung

Die Asymmetrie im Aufbau eines Tests spiegelt sich in der qualitativ unterschiedlichen Bewertung der beiden Testergebnisse wider. Die Nullhypothese H_0 wird als statistisch widerlegt angesehen und abgelehnt (verworfen), wenn der Stichprobenbefund in den kritischen Bereich oberhalb oder unterhalb von c fällt. Die Stichprobe steht dann in deutlichem (syn.: signifikantem) Gegensatz zur Nullhypothese und hat nur eine sehr geringe Eintrittswahrscheinlichkeit: $\Pr(\bar{X}_n - \mu_0 > c \mid H_0) \leq \alpha$. Mit anderen Worten: Es wird H_0 abgelehnt, wenn ein unter H_0 sehr unwahrscheinliches Ereignis eintritt. In diesem Fall sagt man, die beobachtete Stichprobe befindet sich nicht im Einklang mit H_0. Sie ist mit H_0 unverträglich. Eine solche Beobachtung wird als Bestätigung der Gegenhypothese interpretiert. Man fasst H_1 als statistisch nachgewiesen auf. Bei Ablehnung von H_0 gilt H_1 als statistisch gesichert (signifikant) auf dem Niveau α. Diese Bewertung des Testergebnisses stößt auf Kritik: Man darf sich nicht bereits dann gegen H_0 und für H_1 entscheiden, wenn ein unter H_0 sehr unwahrscheinliches Ereignis eintritt, sondern erst dann, wenn dieses Ereignis unter H_1 auch wesentlich wahrscheinlicher ist, als unter H_0. Diesem berechtigten Einwand begegnen die Anhänger der klassischen (Neyman-Pearsonschen) Testtheorie mit der Regel: Zur Überprüfung von H_0 dürfen nur **unverfälschte Tests** benutzt werden. Dies sind Tests, für welche die Ablehnungswahrscheinlichkeit von H_0 im Bereich von H_0 (also α) nie größer als im Bereich von H_1 ist (dies ist $1 - \beta$), d. h. $\alpha < 1 - \beta$ (siehe Abb. 28.3). Das Problem ist nur, dass die Verteilung unter H_1 in der Regel unbekannt ist (siehe auch Abschnitt 28.11).

Bei verfälschten Tests besteht die Gefahr, sich unter H_1 mit einer kleineren Wahrscheinlichkeit für H_1 als unter H_0 zu entscheiden, ein Umstand, der dem Zweck eines Tests widerspricht.

Wird H_0 nicht abgelehnt, so sagt man, die Beobachtung steht im Einklang mit H_0. Man entschließt sich für die Beibehaltung von H_0, da sie nicht dem Stichprobenbefund widerspricht. Dies bedeutet aber nicht, dass H_0 durch die Beobachtung bestätigt (im Sinne von statistisch abgesichert) wird oder dass die Stichprobe die Ablehnung von H_1 indiziert (signifikant macht). Der Grund dafür ist, dass man bei einem Niveau-α-Test mit dem Hypothesenpaar H_0 gegen H_1 die Wahrscheinlichkeit für den Fehler 2. Art im Allgemeinen nicht unter Kontrolle hat, d. h., keine (nahe bei Null liegende) Wahrscheinlichkeit β vorgeben kann. Dies liegt wiederum daran, dass der Test unter H_0 konstruiert ist und die Verteilung unter der Gegenhypothese nicht berücksichtigt wird.

Die ungleiche Behandlung des Hypothesenpaars hat Konsequenzen für deren Formulierung. Will man mit Hilfe eines Neyman-Pearson Tests die Gültigkeit einer Hypothese statistisch sichern, so hat man diese als Alternative H_1 zu formulieren. Als Nullhypothese wählt man die Verneinung von H_1.

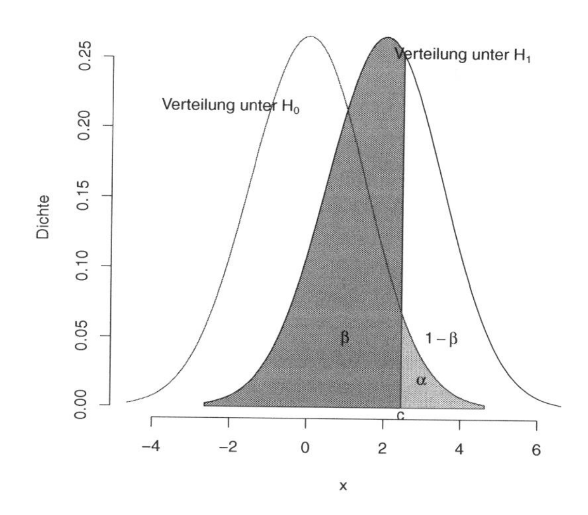

Abb. 28.3: α und β Fehler bei einem statistischen Test

Führt der Test zur Ablehnung von H_0, so ist H_1 als signifikant nachgewiesen. Man weiß aber dann natürlich nicht, wie wahrscheinlich es ist, dass H_1 wahr ist.

Beispiel: Bei Diabetes-, Schwangerschaftstests ist die interessierende Hypothese «Diabetes» bzw. «Schwangerschaft» als H_1 zu formulieren und damit abzusichern.

Einschränkend ist jedoch darauf hinzuweisen, dass nicht jede beliebige Hypothese dazu taugt, bei einem Test als Nullhypothese oder als Alternative zu dienen. Für $H_0 : \mu_X \neq \mu_0$ gegen $H_1 : \mu_X = \mu_0$ gibt es keinen brauchbaren Neyman-Pearson Test.

Mit dem Test wird der Fehler 1. Art kontrolliert. Im Beispiel des Schwangerschaftstests wird die eigentlich interessierende Frage «Liegt eine Schwangerschaft vor?» nicht beantwortet. Denn es muss zum einen geklärt werden, wie sich der Test unter H_1 verhält (siehe Gütefunktion in Abschnitt 28.11) und zum anderen wie wahrscheinlich überhaupt die beiden Hypothesen sind, also wie wahrscheinlich eine Schwangerschaft bei der Frau ist.

Der zweite Aspekt kann auch gut anhand eines Schwangerschaftstests beschrieben werden. Angenommen, die Frau kann gar nicht schwanger werden, so hat die Hypothese H_1 eine Wahrscheinlichkeit von Null. Der Test könnte dennoch eine Schwangerschaft anzeigen. Wie kann diese Information im Test berücksichtigt werden? Dazu werden folgende Ereignisse betrachtet.

$$\begin{aligned} H_0 : \overline{S}^* &= \text{Es liegt keine Schwangerschaft vor.} \\ H_1 : S^* &= \text{Es liegt eine Schwangerschaft vor.} \\ S &= \text{Test zeigt Schwangerschaft an.} \\ \overline{S} &= \text{Test zeigt keine Schwangerschaft an.} \end{aligned}$$

Die Wahrscheinlichkeit für eine Schwangerschaft ist für die obige Situation

$$\Pr(S^*) = 0$$

Diese wird als **a priori Wahrscheinlichkeit** bezeichnet. Es wird angenommen, dass ein Schwangerschaftstest einen Fehler 1. Art von

$$\alpha = \Pr(S \mid \overline{S}^*) = 0.01$$

besitzt. Für den Fehler 2. Art wird angenommen, dass er bei 5 Prozent liegt

$$\beta = \Pr(\overline{S} \mid S^*) = 0.05$$

Aus Tab. 28.4 können nun die Wahrscheinlichkeiten für das gemeinsame

Tabelle 28.4: Bedingte Wahrscheinlichkeiten des Tests für $\Pr(S^*) = 0$

		Testentscheidung	
wahr	a priori Pr	$H_0 : \overline{S}$	$H_1 : S$
$H_0 : \overline{S}^*$	$\Pr(\overline{S}^*) = 1$	$\Pr(\overline{S} \mid \overline{S}^*) = 0.99$	$\Pr(S \mid \overline{S}^*) = 0.01$
$H_1 : S^*$	$\Pr(S^*) = 0$	$\Pr(\overline{S} \mid S^*) = 0.05$	$\Pr(S \mid S^*) = 0.95$

Eintreten der Ereignisse

$$\begin{aligned} \Pr(S^* \cap S) &= \Pr(S \mid S^*) \Pr(S^*) & \Pr(S^* \cap \overline{S}) &= \Pr(\overline{S} \mid S^*) \Pr(S^*) \\ \Pr(\overline{S}^* \cap S) &= \Pr(S \mid \overline{S}^*) \Pr(\overline{S}^*) & \Pr(\overline{S}^* \cap \overline{S}) &= \Pr(\overline{S} \mid \overline{S}^*) \Pr(\overline{S}^*) \end{aligned}$$

berechnet werden (siehe Tab. 28.5). Aus Tab. 28.5 können nun mittels des

Tabelle 28.5: Wahrscheinlichkeiten unter $P(S^*) = 0$

	Testentscheidung	
wahr	$H_0 : \overline{S}$	$H_1 : S$
$H_0 : \overline{S}^*$	$\Pr(\overline{S} \cap \overline{S}^*) = 0.99$	$\Pr(S \cap \overline{S}^*) = 0.05$
$H_1 : S^*$	$\Pr(\overline{S} \cap S^*) = 0$	$\Pr(S \cap S^*) = 0$
	$\Pr(\overline{S}) = 0.99$	$\Pr(S) = 0.05$

Bayesschen Theorems die Irrtumswahrscheinlichkeiten

$$\Pr(\overline{S}^* \mid S) = \frac{\Pr(S \cap \overline{S}^*)}{\Pr(S)} = 1 \quad \text{und} \quad \Pr(S^* \mid \overline{S}) = \frac{\Pr(\overline{S} \cap S^*)}{\Pr(\overline{S})} = 0$$

ausgerechnet werden, die eigentlich interessieren. Die Vorinformation ist jetzt berücksichtigt. Wenn der Test im vorliegenden Fall eine Schwangerschaft anzeigt, so weiß man aufgrund der Vorinformation, dass dies ein Fehler sein muss. Dementsprechend ist die Irrtumswahrscheinlichkeit Eins. In der Tab. 28.6 können diese Wahrscheinlichkeiten abgelesen werden.

Tabelle 28.6: Bedingte Wahrscheinlichkeiten für Schwangerschaft unter $\Pr(S^*) = 0$

		Testentscheidung	
wahr	a priori Pr	$H_0 : \overline{S}$	$H_1 : S$
$H_0 : \overline{S}^*$	$\Pr(\overline{S}^*) = 1$	$\Pr(\overline{S}^* \mid \overline{S}) = 1$	$\Pr(\overline{S}^* \mid S) = 1$
$H_1 : S^*$	$\Pr(S^*) = 0$	$\Pr(S^* \mid \overline{S}) = 0$	$\Pr(S^* \mid S) = 0$

Realistischer ist es, wenn der Test durchgeführt wird, weil ein Verdacht auf Schwangerschaft vorliegt (siehe Tab. 28.7). $\Pr(S^*)$ könnte z. B. 50 Prozent betragen. Die Wahrscheinlichkeit, dass eine Schwangerschaft richtig diagnostiziert wird, steigt dann von 50 auf 98.96 Prozent. Je sicherer die Person ist, dass eine Schwangerschaft vorliegt, desto geringer werden die Irrtumswahrscheinlichkeiten!

Tabelle 28.7: Bedingte Wahrscheinlichkeiten für Schwangerschaft unter $\Pr(S^*) = 0.5$

		Testentscheidung	
wahr	a priori Pr	$H_0 : \overline{S}$	$H_1 : S$
$H_0 : \overline{S}^*$	$\Pr(\overline{S}^*) = 0.5$	$\Pr(\overline{S}^* \mid \overline{S}) = 0.9519$	$\Pr(\overline{S}^* \mid S) = 0.0104$
$H_1 : S^*$	$\Pr(S^*) = 0.5$	$\Pr(S^* \mid \overline{S}) = 0.0481$	$\Pr(S^* \mid S) = 0.9896$

28.3 Gauss-Test für den Erwartungswert μ_X

Man kann auch die Standardnormalverteilung und die Z_n Statistik unter $H_0 : \mu_X = \mu_0$ verwenden, um den Test auf Seite 262 mit der Normalverteilung $N\left(0, \frac{\sigma_X}{\sqrt{n}}\right)$ durchzuführen.

$$Z_n = \frac{\bar{X}_n - \mu_0}{\frac{\sigma_X}{\sqrt{n}}} \sim N(0,1)$$

Es ist die gleiche Vorgehensweise, jedoch wird nun mit der standardisierten Zufallsvariablen und der Standardnormalverteilung gearbeitet. Die Testentscheidungen für die Hypothesenpaare sind

$$
\begin{array}{lll}
H_0 : \mu_X \leq \mu_0 & H_1 : \mu_X > \mu_0 & \Rightarrow H_0 \text{ ablehnen, wenn } Z_n > z_{1-\alpha} \\
H_0 : \mu_X \geq \mu_0 & H_1 : \mu_X < \mu_0 & \Rightarrow H_0 \text{ ablehnen, wenn } Z_n < z_{\alpha} \\
H_0 : \mu_X = \mu_0 & H_1 : \mu_X \neq \mu_0 & \Rightarrow H_0 \text{ ablehnen, wenn } |Z_n| > z_{1-\frac{\alpha}{2}}
\end{array}
$$

Der zweiseitige Hypothesentest ist in Abb. 28.4 gezeigt.

Für die Zahlen aus dem Beispiel auf Seite 263 ist der Wert der Z_n-Statistik

$$
Z_n = \frac{4.1232 - 4}{\frac{2}{\sqrt{6}}} = 0.1509
$$

Ein zweiseitiger Test wird durchgeführt. Da der Betrag von $| Z_n | = 0.1509$ kleiner als $z_{0.975} = 1.96$ ist, wird die Nullhypothese beibehalten.

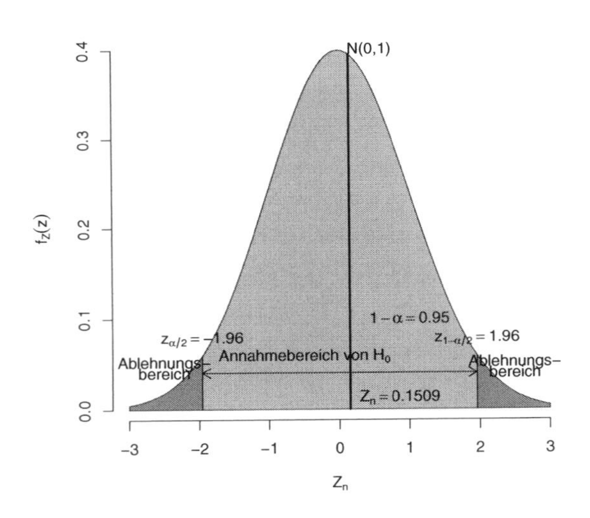

Abb. 28.4: Gausstest mit zweiseitiger Hypothese

28.4 t-Test für den Erwartungswert μ_X

Im Allgemeinen ist die Varianz σ_X^2 unbekannt und zu schätzen. Dann ist die Statistik T_n zu verwenden, die die Verteilung der von s_X^2 berücksichtigt. Da ein Test unter H_0 konstruiert wird, ergibt sich dann folgende Statistik

$$T_n = \frac{\bar{X}_n - \mu_0}{\frac{s_X}{\sqrt{n}}} \sim t(n-1),$$

die einer t-Verteilung mit $n-1$ Freiheitsgraden folgt. Die Testentscheidungen sind wie folgt:

$$\begin{array}{lll} H_0: \mu_X \leq \mu_0 & H_1: \mu_X > \mu_0 & \Rightarrow H_0 \text{ ablehnen, wenn } T_n > t_{1-\alpha}(n-1) \\ H_0: \mu_X \geq \mu_0 & H_1: \mu_X < \mu_0 & \Rightarrow H_0 \text{ ablehnen, wenn } T_n < t_{\alpha}(n-1) \\ H_0: \mu_X = \mu_0 & H_1: \mu_X \neq \mu_0 & \Rightarrow H_0 \text{ ablehnen, wenn } |T_n| > t_{1-\frac{\alpha}{2}}(n-1) \end{array}$$

Anwendung auf die Tagesrenditen der BMW Aktie

Für die Verteilung der standardisierten Tagesrenditen der BMW Aktie wurde eine gute Approximation durch die Normalverteilung festgestellt[1]. Aufgrund der Normalverteilung und der unbekannten Varianz der Tagesrenditen ist die T_n Statistik (26.4) anzuwenden.

Bei den Tagesrenditen der BMW Aktie ist ein Stichprobenmittel von $\bar{X}_n = -0.000501$ aufgetreten. Die Varianz wird mit $s_X^2 = 0.00015$ geschätzt. Man kann nun überprüfen, ob der Erwartungswert der Tagesrenditen tatsächlich kleiner als Null anzunehmen ist. Dies ist mit folgendem Hypothesenpaar verbunden und $\mu_0 = 0$.

$$H_0: \mu_X \geq \mu_0 \quad \text{gegen} \quad H_1: \mu_X < \mu_0$$

Die Überprüfung der Hypothese erfolgt durch die Berechnung der Statistik T_n und dem entsprechenden Quantil zum Niveau α.

$$T_n = \frac{-0.000501 - 0}{\frac{0.0122}{\sqrt{67}}} = -0.3352$$

R-Anweisung

```
> r.bmw <- diff(log(s.bmw))
> n <- length(r.bmw)
> mean(r.bmw)/(sd(r.bmw)/sqrt(n))

[1] -0.3352044
```

[1] Achtung: Hier handelt es sich um keine Anwendung des zentralen Grenzwertsatzes!

Nimmt man ein Signifikanzniveau (Restwahrscheinlichkeit) von $\alpha = 0.05$ an, so liegt die Ablehnungsgrenze für H_0 bei

$$t_{0.05}(67-1) = -t_{0.95}(67-1) = -1.6683$$

Der Wert der Teststatistik ist größer als das Quantil, so dass die Nullhypothese nicht verworfen werden kann. Es kann also nicht auf eine strikt negative Tagesrendite geschlossen werden.

$$T_n > t_\alpha(67-1) \quad \Rightarrow H_0 \text{ beibehalten}$$

Alternativ kann man auch nach dem Fehler 1. Art suchen, bei dem die Nullhypothese abgelehnt wird. Diese Wahrscheinlichkeit wird als **Überschreitungswahrscheinlichkeit** (oder ***p*-Wert**) bezeichnet. Es ist die Ablehnungswahrscheinlichkeit für den gemessenen Wert der t-Statistik.

$$p\text{-}Wert = 0.3693$$

Die Nullhypothese würde hier mit einem Fehler 1. Art von rund 37 Prozent abgelehnt. Bei Vorgabe eines Fehlers 1. Art von $\alpha = 0.05$ entscheidet man sich daher dafür, die Nullhypothese beizubehalten.

Das dazugehörige einseitige Konfidenzintervall begrenzt μ_X rechts.

$$\Pr\left(-\infty < \mu_X < \bar{X}_n + t_{1-\alpha}\frac{s}{\sqrt{n}}\right) = 1-\alpha$$
$$\Pr\left(-\infty < \mu_X < -0.000501 + 1.6683\,\frac{0.0122}{8.1854}\right) = 1-0.05$$
$$\Pr\left(-\infty < \mu_X < 0.001994\right) = 0.95$$

Die Nullhypothese wird beibehalten, weil $\mu_0 = 0$ im Intervall liegt.

Das Hypothesenpaar

$$H_0 : \mu_X \leq \mu_0 \quad \text{gegen} \quad H_1 : \mu_X > \mu_0$$

mit $\mu_0 = 0$ dient zur Überprüfung, ob der Erwartungswert der Tagesrendite positiv ist. Bei der Testduchführung ändert sich bei gleichbleibendem Fehler 1. Art nur der kritische Wert.

$$t_{0.95}(67-1) = 1.6683$$

Die Nullhypothese wird auch in diesem Fall beibehalten. Bei einer durchschnittlichen Tagesrendite von $\bar{X}_n = -0.000501$ kann nicht auf eine positive Tagesrendite geschlossen werden. Der p-Wert beträgt

$$p\text{-}Wert = 0.6307$$

R-Anweisung
Ein t-Test wird in R mit der Funktion `t.test` durchgeführt. Das Hypothesenpaar

$$H_0 : \mu_X \geq \mu_0 \quad \text{gegen} \quad H_1 : \mu_X < \mu_0$$

wird durch die Option `alternativ = less"` berücksichtigt. Der Befehl `t.test` berechnet ebenfalls das einseitige Konfidenzintervall.

```
> t.test(r.bmw, mu = 0, conf.level = 0.95, alternativ = "less")

        One Sample t-test

data:  r.bmw
t = -0.3352, df = 66, p-value = 0.3693
alternative hypothesis: true mean is less than 0
95 percent confidence interval:
        -Inf 0.001994001
sample estimates:
    mean of x
-0.0005013988
```

Für die Überprüfung des Hypothesenpaars $H_0 : \mu_X \leq \mu_0$ gegen $H_1 : \mu_X > \mu_0$ ist die Option `alternativ = "greater"` anzugeben. Für einen zweiseitigen Test die Option `two.sided`.

Bei der Ausgabe wird die **Überschreitungswahrscheinlichkeit**, der ***p*-Wert** angeben. Die Hypothese H_0 ist abzulehnen, wenn der p-Wert kleiner als das vorgegebene α ist.

SPSS-Anweisung
In SPSS wird der t Test über die Menüfolge `Analysieren > Mittelwerte vergleichen > t Test bei einer Stichprobe` durchgeführt.

28.5 t-Test für die Regressionskoeffizienten der Einfachregression

In der Regressionsanalyse unterstellt man für die Residuen eine Normalverteilung.

$$u_i \sim N(0, \sigma_u)$$

Es ist jedoch zu beachten, dass die geschätzten Residuen $\hat{u}_i$ zwar ebenfalls normalverteilt sind mit einem Erwartungswert von Null, jedoch ist die Varianz nicht konstant. Dies liegt daran, dass das geschätzte Residuum $\hat{u}_i$ umso kleiner wird, je größer der Hebelwert h_i ist (siehe Abschnitt 18.2). Damit ist die Varianz der $\hat{u}_i$ für dieses Residuum dann auch kleiner. Die geschätzten Residuen sind dann mit der Standardabweichung $\sigma_u \sqrt{1-h_i}$ normalverteilt (für weitere Details vgl. z. B. [9, Kap. 3.2]).

$$\hat{u}_i \sim N(0, \sigma_u \sqrt{1-h_i}) \Rightarrow \hat{u}_i^* = \frac{\hat{u}_i}{\sigma_u \sqrt{1-h_i}} \sim N(0,1)$$

Aufgrund der Kleinst-Quadrate Schätzfunktion für die Regressionskoeffizienten wird die Verteilung der geschätzten Koeffizienten durch das Residuum u_i bestimmt. Man kann zeigen, dass die geschätzten Regressionskoeffizienten bei bekannter Residuenvarianz σ_u^2 einer Normalverteilung folgen. Bei der Einfachregression gilt

$$\hat{\beta}_0 \sim N\left(\beta_0, \underbrace{\sqrt{\sigma_u^2 \left[\frac{1}{n} + \frac{\bar{X}_n^2}{\sum_i (X_i - \bar{X}_n)^2}\right]}}_{\sigma_{\beta_0}}\right) \tag{28.2}$$

$$\hat{\beta}_1 \sim N\left(\beta_1, \underbrace{\sqrt{\frac{\sigma_u^2}{\sum_i (X_i - \bar{X}_n)^2}}}_{\sigma_{\beta_1}}\right) \tag{28.3}$$

Die Statistiken

$$Z_{\beta_0} = \frac{\hat{\beta}_0 - \beta_0}{\sigma_{\beta_0}} \sim N(0,1) \qquad Z_{\beta_1} = \frac{\hat{\beta}_1 - \beta_1}{\sigma_{\beta_1}} \sim N(0,1)$$

wären dann als Teststatistiken zur Überprüfung der Nullhypothese $H_0 : \beta_i = \beta_i^0$ geeignet. Nun ist die Varianz σ_u^2 unbekannt und muss mit

$$s_u^2 = \frac{1}{n-2} \sum_{i=1}^{n} \hat{u}_i^2$$

geschätzt werden. Ersetzt man die Residuenvarianz durch ihre Schätzung, dann wird die Verteilung der Statistik durch diese Schätzung mit bestimmt. Man erhält die t-Statistiken

$$T_{\beta_0} = \frac{\hat{\beta}_0 - \beta_0}{s_{\beta_0}} \sim t(n-2) \qquad T_{\beta_1} = \frac{\hat{\beta}_1 - \beta_1}{s_{\beta_1}} \sim t(n-2)$$

zur Überprüfung der Nullhypothesen. Die Nullhypothese wird abgelehnt (zweiseitiger Test), wenn der Betrag der Teststatistik das $1 - \frac{\alpha}{2}$-Quantil der t-Verteilung übersteigt.

Anwendung auf die Kleinst-Quadrate-Schätzung des CAPM Modells

Es soll nun überprüft werden, ob die Schätzungen für β_0 und β_1 des CAPM Modells in Abschnitt 17.3 signifikant von Null verschieden sind. Voraussetzung für den Test ist – wie bei allen t-Tests – die Normalverteilung. In diesem Fall ist es die Normalverteilung der Residuen. Eine einfache Möglichkeit, die Verteilung der Residuen auf eine Normalverteilung zu überprüfen, ist der QQ-Plot. Auf der Abszisse werden dazu die Quantile der Normalverteilung und auf der Ordinate die Quantile der Variablen, hier der **standardisierten Residuen** $\hat{u}_i^*$, abgetragen. Es sind die standardisierten Residuen zu verwenden, da die geschätzten Residuen eine nicht konstante Varianz besitzen (Heteroskedastizität, siehe Abschnitt 18.2).

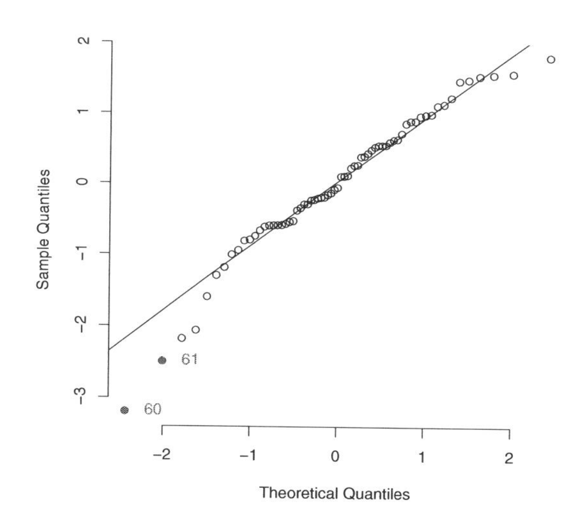

Abb. 28.5: QQ-Plot Normalverteilung und standardisierte Residuen

Je mehr die Quantile der standardisierten Residuen mit denen der Normalverteilung übereinstimmen, desto mehr erfüllen diese die Normalverteilung. Die Linie zeigt die Gleichheit der Quantile an. Liegen viele Punkte auf dieser Linie, stimmen die Quantile der beiden Verteilungen überein. Die Residuen stimmen hier nur mäßig mit der Normalverteilung überein. Insbesondere am unteren Ende der Verteilung zeigt sich eine größere Abweichung zur Normalverteilung. Die beiden markierten Werte liegen außerhalb des 98 Prozent Schwankungsintervalls.

Die Regressionskoeffizienten werden mit den Werten

$$\hat{\beta}_0 = -0.0023 \qquad \hat{\beta}_1 = 1.1225$$

geschätzt (siehe Abschnitt 17.3). Mit den Varianzen für $\hat{\beta}_0$ und $\hat{\beta}_1$ (siehe Gln. 28.2 und 28.3, σ_u^2 ist mit s_u^2 zu schätzen) können die t-Statistiken berechnet werden.

$$T_{\beta_0} = -2.7365 \qquad T_{\beta_1} = 12.0194$$

Die Werte der Teststatistiken sind mit dem Quantil der t-Verteilung bei $n-2=65$ Freiheitsgraden zu vergleichen: $t_{0.975}(65) = 1.9971$. Liegt der Betrag der Teststatistiken über dem des Quantils, dann wird die Nullhypothese abgelehnt. Beide Regressionskoeffizienten sind signifikant. Das heißt, in beiden Fällen wird die Nullhypothese $H_0 : \beta_i = 0$ abgelehnt. Nach dem CAPM Modell sollte $\beta_0 = 0$ sein (vgl. [15]).

Im vorliegenden Regressionsmodell ist auch die Hypothese $H_0 : \beta_1 \leq 1$ gegen $H_1 : \beta_1 > 1$ interessant. Es wird ein einseitiger Test auf $\beta_1 > 1$ durchgeführt.

$$T_{\beta_1} = \frac{1.1225 - 1}{0.0934} = 1.3115$$

Der Wert der t-Statistik ist kleiner als der kritische Wert bei 5 Prozent Fehlerwahrscheinlichkeit ($t_{0.95}(67) = 1.6686$). Die Nullhypothese wird beibehalten. Man kann also nicht annehmen, dass die Änderungsrate der BMW Rendite über Eins liegt, also die BMW Rendite überproportional auf eine DAX Änderung reagiert.

R-Anweisung
Mit

```
> ru.bmw <- rstandard(lm.bmw)
> qqnorm(ru.bmw)
> qqline(ru.bmw)
```

wird ein QQ-Plot der Residuen gegen die Normalverteilung gezeichnet. Der zweite Befehl zeichnet die Verbindungslinie zwischen dem 1. und 3. Quartil in die Grafik.

Mit der Funktion

```
> lm.bmw <- lm(r.bmw ~ r.dax)
> summary(lm.bmw)

Call:
lm(formula = r.bmw ~ r.dax)

Residuals:
```

```
      Min         1Q     Median        3Q       Max
-0.0217236 -0.0039027 -0.0003448  0.0043267  0.0123126

Coefficients:
             Estimate Std. Error t value Pr(>|t|)
(Intercept) -0.0023353  0.0008534  -2.736    0.008 **
r.dax        1.1224783  0.0933891  12.019   <2e-16 ***
---
Signif. codes:  0 '***' 0.001 '**' 0.01 '*' 0.05 '.' 0.1 ' ' 1

Residual standard error: 0.006873 on 65 degrees of freedom
Multiple R-squared: 0.6897,     Adjusted R-squared: 0.6849
F-statistic: 144.5 on 1 and 65 DF,  p-value: < 2.2e-16
```

können die geschätzten Regressionskoeffizienten, Standardfehler sowie die t-Statistiken und weitere Werte der Regression berechnet werden. Die Teststatistik für $H_0 : \beta_1 = 1$ wird mit

```
> library(multcomp)
> summary(glht(lm.bmw, linfct = c("r.dax=1")))

   Simultaneous Tests for General Linear Hypotheses
  Fit: lm(formula = r.bmw ~ r.dax)
  Linear Hypotheses:
             Estimate Std. Error t value Pr(>|t|)
  r.dax == 1  1.12248    0.09339   1.311    0.194
  (Adjusted p values reported -- single-step method)
```

berechnet, wobei die Überschreitungswahrscheinlichkeit für einen zweiseitigen Test hier ausgewiesen wird.

SPSS-Anweisung

Unter `Analysieren > Deskriptive Statistiken > Q-Q Diagramme` kann ein QQ-Plot mit den Residuen der Regression gezeichnet werden, wenn vorher die Residuen bei der Regressionsberechnung gespeichert werden.

Eine Regression wird in SPSS unter der Menüfolge `Analysieren > Regression > Linear` berechnet.

28.6 Test für den Anteilswert θ

Die Z_n-Statistik (27.1) kann auch für einen Test über $H_0 : \theta = \theta_0$ verwenden. Hintergrund hierfür ist die in Abschnitt 27.5 angesprochene Konvergenz der Binomialverteilung und der hypergeometrischen Verteilung gegen die Normalverteilung. Für $\hat{\theta} = \bar{X}_n$ gilt eine approximative Normalverteilung mit $N\left(\theta_0, \sqrt{\frac{\theta_0\,(1-\theta_0)}{n}}\right)$. Daraus folgt unmittelbar, dass die Statistik

$$Z_n = \frac{\hat{\theta} - \theta_0}{\sqrt{\frac{\theta_0\,(1-\theta_0)}{n}}} \dot{\sim} N(0,1) \tag{28.4}$$

approximativ standardnormalverteilt ist.

Wird die Varianz von $\hat{\theta}$ mit $\frac{\hat{\theta}\,(1-\hat{\theta})}{n}$ geschätzt, so erhält man

$$Z_{Wald} = \frac{\hat{\theta} - \theta_0}{\sqrt{\frac{\hat{\theta}\,(1-\hat{\theta})}{n}}} \dot{\sim} N(0,1) \tag{28.5}$$

Der Unterschied besteht darin, dass hier der geschätzte Anteilswert in die Statistik eingeht. Ist die Nullhypothese wahr, so ist die Statistik Z_n näher an der Standardnormalverteilung. Die Teststatistik (28.5) geht auf den Statistiker Abraham Wald zurück und wird deswegen auch als **Wald-Test** bezeichnet. Trifft die Nullhypothese nicht zu, so ist die Z_n Statistik in Richtung auf die Nullhypothese verzerrt. Die Z_{Wald} Statistik ist in diesem Fall zu bevorzugen, weil sie eher zu einer Ablehnung der Nullhypothese führt.

Anwendung auf die Tagesänderungen der BMW Aktie

Die in Abschnitt 23.1 besprochene Binomialverteilung für die Kursänderungen liefert einen Anteilswert von 0.49. Mit dem Test über einen Anteilswert kann nun z. B. das Hypothesenpaar $H_0 : \theta = 0.5$ gegen $H_1 : \theta \neq 0.5$ überprüft werden. In der folgenden Rechnung sind die beiden obigen Statistiken (28.4) und (28.5) berechnet worden. Das Ergebnis zeigt keine Unterschiede. In beiden Fällen wird die Nullhypothese bei einem Signifikanzniveau von $\alpha = 0.05$ beibehalten.

$$Z_n = -0.1222 \qquad Z_{\text{Wald}} = -0.1222$$

R-Anweisung

```
> theta.hat <- mean(Y)
> theta.0 <- 0.5
> Z.n <- (theta.hat - theta.0)/sqrt(theta.0 * (1 -
+     theta.0)/n)
> Z.Wald <- (theta.hat - theta.0)/sqrt(theta.hat *
+     (1 - theta.hat)/n)
> cat(Z.n, Z.Wald)

-0.1221694 -0.1221831
```

28.7 Test auf Mittelwertdifferenz in großen Stichproben

Der Gauss-Test und der t-Test können auch zum Vergleich zweier Stichproben verwendet werden. Bei dem Vergleich zweier Stichproben wird hier von zwei **unabhängigen Stichproben** ausgegangen. Unabhängige Stichproben liegen vor, wenn die Experimente auf jede Zufallsstichprobe getrennt angewendet werden.

Die Differenz der Erwartungswerte μ_X und μ_Y wird durch den Parameter δ_0 beschrieben.

$$H_0 : \underbrace{\mu_X - \mu_Y}_{\delta} = \delta_0$$

Wird $\delta_0 = 0$ gewählt, so wird auf Gleichheit der Erwartungswerte getestet.

Die Stichproben sind als groß zu beurteilen, wenn beide Stichproben mehr als 30 Elemente besitzen. Die Teststatistik zum Überprüfen der Nullhypothese ist dann eine Erweiterung der Statistik (27.2), für die der zentrale Grenzwertsatz zur Bestimmung der Verteilung angewendet wird.

$$Z_n = \frac{\bar{X}_n - \bar{Y}_n - \delta_0}{\sqrt{\frac{s_X^2}{n_X} + \frac{s_Y^2}{n_Y}}} \stackrel{\cdot}{\sim} N(0,1) \tag{28.6}$$

Anwendung auf die Tagesrenditen der BMW und BASF Aktie

Es soll getestet werden, ob die Mittelwerte der Tagesrenditen der BMW Aktie und der BASF Aktie einen signifikanten Unterschied aufweisen. Das Hypothesenpaar ist somit

$$H_0 : \delta = 0 \quad \text{gegen} \quad H_1 : \delta \neq 0$$

Der Wert der Teststatistik berechnet sich nach Gl. (28.6).

$$Z_n = -1.2284$$

R-Anweisung

```
> r.bmw <- diff(log(s.bmw))
> r.basf <- diff(log(s.basf))
> n.bmw <- length(r.bmw)
> n.basf <- length(r.basf)
> (mean(r.bmw) - mean(r.basf))/sqrt(var(r.bmw)/n.bmw +
+     var(r.basf)/n.basf)

[1] -1.228437
```

Bei einem Signifikanzniveau von 5 Prozent ($z_{1-\frac{\alpha}{2}} = 1.96$) wird die Nullhypothese beibehalten. Es kann kein signifikanter Unterschied zwischen den Tagesrenditen festgestellt werden.

28.8 Test auf Mittelwertdifferenz in kleinen Stichproben

Ist eine der beiden Stichproben klein, d. h., besitzt eine der beiden Stichproben weniger als 30 Elemente, dann ist die Statistik (28.6) approximativ t-verteilt mit

$$FG = \frac{1}{\frac{k^2}{n_X-1} + \frac{(1-k)^2}{n_Y-1}} \quad \text{mit } k = \frac{s_{\bar{X}}^2}{s_{\bar{X}}^2 + s_{\bar{Y}}^2}$$

Freiheitsgraden. Beachte: In der Größe k stehen die Varianzen der Mittelwerte, also $\frac{s^2}{n}$. Obwohl in unserem Beispiel große Stichproben vorliegen, wird zur Demonstration k berechnet.

$$k = \frac{2.237e-06}{2.237e-06 + 1.577e-06} = 0.5866$$

Damit liegen $FG = 128.1597$ Freiheitsgrade vor. Die Freiheitsgrade der t-Verteilung müssen keine natürlichen Zahlen sein. Das Quantil der t-Verteilung kann dann nur noch mit einem Statistikprogramm berechnet werden. Dieser Test wird auch als **Welch t-Test** bezeichnet.

$$t_{0.975}(128.1597) = 1.9786$$

Das Quantil liegt nahe bei dem der Normalverteilung, da hier die Stichproben beide einen Umfang von $n = 67$ besitzen. Da $|Z_n| < t_{0.975}$ ist wird die Hypothese $H_0 : \delta = 0$ beibehalten.

R-Anweisung
Die Gleichheit der Mittelwerte kann ebenfalls mit der Funktion `t.test` berechnet werden.

```
> t.test(r.bmw, r.basf, mu = 0, alternative = "two.sided")

        Welch Two Sample t-test

data:  r.bmw and r.basf
t = -1.2284, df = 128.16, p-value = 0.2215
alternative hypothesis: true difference in means is not equal to 0
95 percent confidence interval:
 -0.006263696  0.001465222
sample estimates:
    mean of x     mean of y
-0.0005013988  0.0018978384
```

SPSS-Anweisung
Um in SPSS den Test auf Gleichheit der Mittelwerte durchführen zu können, müssen die zu testenden Variablen in einer Variablenspalte stehen. Mit einer zusätzlichen Gruppenvariable muss dann unterschieden werden, welche Werte zu welcher Gruppe gehören. Diese Variable kann z. B. die erste Gruppe mit 1 indizieren und die zweite mit 2. Nach diesen Vorbereitungen kann dann unter der Menüfolge `Analysieren > Mittelwerte vergleichen > t Test bei unabhängigen Stichproben` der Test durchgeführt werden. Die zu testende Variable wird in das Feld `Testvariable` geladen. Die Gruppenvariable in das Feld `Gruppenvariable`. Mit der Schaltfläche `Gruppe def.` muss dann noch festgelegt werden, mit welchen Werten die beiden Gruppen unterschieden werden. Im obigen Beispiel wären dies die Werte 1 und 2.

28.9 Test auf Differenz zweier Anteilswerte

Der Test auf Gleichheit von zwei Anteilswerten kann analog zum Test auf Mittelwertvergleich durchgeführt werden.

$$H_0 : \theta_X - \theta_Y = \delta_0$$

Als Teststatistik wird Gl. (28.5) verwendet.

$$Z_{Wald} = \frac{\hat{\theta}_X - \hat{\theta}_Y - \delta_0}{\sqrt{\frac{\hat{\theta}_X(1-\hat{\theta}_X)}{n_X} + \frac{\hat{\theta}_Y(1-\hat{\theta}_Y)}{n_Y}}} \stackrel{.}{\sim} N(0,1) \tag{28.7}$$

Für den Fall, dass die Nullhypothese $\delta_0 = 0$ lautet, kann die Schätzung für θ auch aus der **zusammengefassten (gepoolten) Stichprobe** erfolgen. Hierbei werden zuerst die Anteilswerte in beiden Stichproben getrennt geschätzt und dann zusammengefasst. Für den gemeinsamen Anteilswert $\hat{\theta}_{pooled}$ ist dann nur noch eine statt zwei Varianzen zu schätzen. Dies ist vor allem dann empfehlenswert, wenn die Stichproben klein sind.

$$\hat{\theta}_{pooled} = \frac{n_X \hat{\theta}_X + n_Y \hat{\theta}_Y}{n_X + n_Y}$$

Die Varianz von $\hat{\theta}_{pooled}$ ist unter H_0

$$\widehat{\text{Var}}(\hat{\theta}_{pooled}) = \hat{\theta}_{pooled}(1 - \hat{\theta}_{pooled}) \left(\frac{1}{n_X} + \frac{1}{n_Y}\right) \tag{28.8}$$

Die Varianz (28.8) ist in die Teststatistik (28.7) einzusetzen. Die Teststatistik für die gepoolte Stichprobe ist somit

$$Z_{Wald} = \frac{\hat{\theta}_X - \hat{\theta}_Y}{\sqrt{\widehat{\text{Var}}(\hat{\theta}_{pooled})}} \stackrel{.}{\sim} N(0,1)$$

Anwendung auf die Kursanstiege der BMW und BASF Aktie

Der Test auf Gleichheit von zwei Anteilswerten wird nun auf den Vergleich der Anteile der Kursanstiege der BMW und BASF Aktie verwendet. Im Abschnitt 23.1 wird der Anteil der Kursanstiege mit $\hat{\theta}_{\text{BMW}} = 0.49$ berechnet. Für die BASF Aktie ergibt sich ein Anteil von $\hat{\theta}_{\text{BASF}} = 0.59$. Ist der Anteil der Kursanstiege bei der BASF Aktie signifikant größer? Es wird das Hypothesenpaar $H_0 : \theta_{\text{BMW}} = \theta_{\text{BASF}}$ gegen $H_1 : \theta_{\text{BMW}} \neq \theta_{\text{BASF}}$ überprüft.

$$Z_{Wald} = \frac{0.597 - 0.4925}{\sqrt{0.0073}} = 1.221$$

Bei einem Signifikanzniveau von $\alpha = 0.05$ wird die Nullhypothese beibehalten.

R-Anweisung

```
> d.bmw <- diff(s.bmw)
> d.basf <- diff(s.basf)
> n <- length(d.bmw)
> theta.bmw <- mean(ifelse(d.bmw > 0, 1, 0))
> theta.basf <- mean(ifelse(d.basf > 0, 1, 0))
> varwald <- theta.bmw * (1 - theta.bmw)/n + theta.basf *
+     (1 - theta.basf)/n
> (theta.basf - theta.bmw)/sqrt(varwald)

[1] 1.221031
```

28.10 Test auf Gleichheit zweier Varianzen

Der Test auf Gleichheit zweier Varianzen erfolgt über das Verhältnis $\frac{\sigma_1^2}{\sigma_2^2}$. Aus dem Hauptsatz der Stichprobentheorie ist bekannt, dass $U_n = \frac{(n-1)\,S_X^2}{\sigma_X^2}$ einer χ^2 Verteilung folgt. Das Verhältnis

$$F_{n_1,n_2} = \frac{\frac{U_1}{n_1-1}}{\frac{U_2}{n_2-1}} \sim F(n_1-1, n_2-1)$$

ist F-verteilt mit $n_1 - 1$ und $n_2 - 1$ Freiheitsgraden. Das besondere an der F-Verteilung ist, dass sie durch zwei Freiheitsgrade bestimmt und asymmetrisch ist. Die Quantile der F-Verteilung können aus Tab. B.4 bis B.7 abgelesen werden oder mit R berechnet werden.

Das 95 Prozent Quantil der F Verteilung z. B. mit $n_1 = 10$ und $n_2 = 100$ beträgt

$$F_{0.95}(10,100) = 1.9267$$

Das 5 Prozent Quantil der F-Verteilung ist – aufgrund der Eigenschaft der F-Verteilung – der Kehrwert des $F_{0.95}(10,100)$ Quantils.

$$F_{0.05}(10,100) = \frac{1}{F_{0.95}(10,100)} = \frac{1}{1.9267} = 0.3863$$

R-Anweisung

```
> qf(0.95, 10, 100)

[1] 1.926692
```

Unter H_0 wird die Varianzgleichheit angenommen, also $\frac{\sigma_1^2}{\sigma_2^2} = 1$. Die Alternativhypothese ist in der Regel $H_1 : \frac{\sigma_1^2}{\sigma_2^2} \neq 1$. H_0 wird abgelehnt, wenn $F_{n_1,n_2} < F_{\frac{\alpha}{2}}$ oder $F_{n_1,n_2} > F_{1-\frac{\alpha}{2}}$ gilt.

Anwendung auf die BMW und BASF Aktie

Mit der Varianz wird in der Portfolioanalyse das Risiko einer Investition geschätzt. Sind die Varianzen der beiden Aktien gleich? Die Varianzen der Renditen liegen bei $\sigma^2_{\texttt{r.BMW}} = 0.00015$ und $\sigma^2_{\texttt{r.BASF}} = 0.000106$. Mit dem Verhältnis

$$F_{66,66} = \frac{\frac{0.00015}{67-1}}{\frac{0.000106}{67-1}} = 1.4187$$

wird die Varianzgleichheit überprüft. Bei einem $\alpha = 0.05$ betragen die Quantile $F_{0.025}(66,66) = 0.6147$ und $F_{0.975}(66,66) = 1.6269$. Die Nullhypothese wird beibehalten. Die beiden Aktien sind bzgl. des Risikos gleich einzuschätzen.

R-Anweisung
R stellt mit `var.test` eine Funktion für die oben angegebene Berechnung zur Verfügung.

```
> var.test(r.bmw, r.basf, ratio = 1, conf.level = 0.95,
+     alternative = "two.sided")

        F test to compare two variances

data:  r.bmw and r.basf
F = 1.4187, num df = 66, denom df = 66, p-value = 0.158
alternative hypothesis: true ratio of variances is not equal to 1
95 percent confidence interval:
 0.8719938 2.3081157
sample estimates:
ratio of variances
          1.418683
```

28.11 Gütefunktion eines Tests

Die **Gütefunktion** eines Tests beschreibt bei vorgegebenem Fehler 1. Art die Wahrscheinlichkeit, die Hypothese H_0 abzulehnen in Abhängigkeit vom zu testenden Parameter. Sie gibt die Trennschärfe eines Tests zwischen den beiden Hypothesen an. Ein idealer Test besitzt keine Fehler 1. und 2. Art. Die Gütefunktion verläuft dann rechtwinklig (siehe dick gestrichelte Linien in Abb. 28.6).

In den folgenden Ausführungen wird von normalverteilten Zufallsvariablen unter H_0 und H_1 ausgegangen, bei denen sich nur die Erwartungswerte unterscheiden. Für andere statistische Verteilungen sind die unten stehenden Berechnungen sehr viel aufwendiger oder gar unmöglich. Für den Test $H_0 : \mu_X \geq \mu_0$ gegen $H_1 : \mu_X < \mu_0$ ist die Gütefunktion durch folgende Wahrscheinlichkeit gegeben.

$$g(\mu_X) = \Pr(H_0 \text{ ablehnen} \mid \mu_X) = \Pr\left(\frac{\bar{X}_n - \mu_0}{\frac{\sigma_X}{\sqrt{n}}} < z_\alpha \mid \mu_X\right) \tag{28.9}$$

Stammt der Parameter aus der Hypothese H_0, dann gibt die Gütefunktion die Wahrscheinlichkeit α an, nämlich H_0 zu verwerfen, obwohl H_0 wahr ist. Dies ist der **Fehler 1. Art**.

$$g(\mu_X) = \Pr(H_0 \text{ ablehnen} \mid \mu_X \in H_0) = \alpha$$

Bei einem Test kann aber auch ein **Fehler 2. Art** vorliegen. Dann wird die Hypothese H_0 beibehalten, obwohl H_1 wahr ist. Dieser Fehler wird mit β bezeichnet. Er wird indirekt durch die Gütefunktion beschrieben. Entstammt nämlich der Parameter aus H_1, so wird durch Ablehnung von H_0 eine richtige Entscheidung getroffen. Diese Wahrscheinlichkeit beträgt $1 - \beta$.

$$\begin{aligned} g(\mu_X) &= \Pr(H_0 \text{ ablehnen} \mid \mu_X \in H_1) \\ &= 1 - \Pr(H_0 \text{ beibehalten} \mid \mu_X \in H_1) \\ &= 1 - \beta \quad \Rightarrow \beta = 1 - g(\mu_X) \end{aligned}$$

Für einen unverfälschten Test wird gefordert, dass $g(\mu_X \in H_1) \geq \alpha$. Die Wahrscheinlichkeit, die Nullhypothese abzulehnen, wenn sie nicht gilt, muss mindestens so hoch sein wie der Fehler 1. Art, also H_0 abzulehnen, obwohl sie zutrifft. Unter den hier vorliegenden Annahmen ist der Test unverfälscht.

Aus Gl. (28.9) erhält man durch Umformungen dann die Gütefunktion.

$$g(\mu_X) = F_{Z_n}\left(z_\alpha - \frac{\mu_X - \mu_0}{\frac{\sigma_X}{\sqrt{n}}}\right)$$

Anwendung auf die Tagesrenditen der BMW Aktie

In den folgenden Rechenschritten wird die approximative Gütefunktion für das obige Hypothesenpaar mit den Werten der BMW Tagesrenditen berechnet. Aufgrund der in der Regel unbekannten Varianz kann für die Z_n Statistik nur eine approximative Normalverteilung angenommen werden.

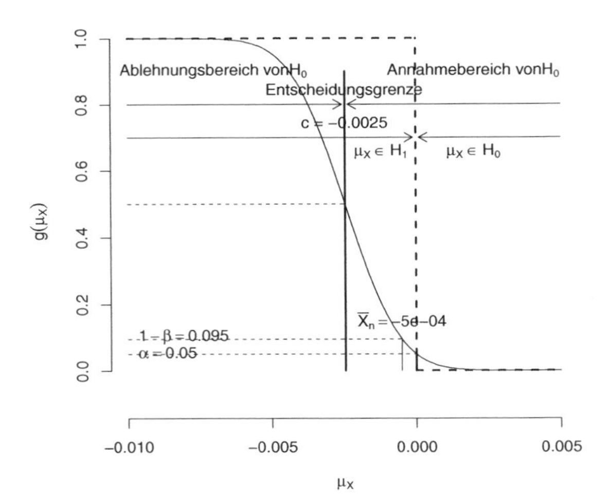

Abb. 28.6: Gütefunktion für $\alpha = 0.05$ und $H_0 : \mu_X \geq 0$ gegen $H_1 : \mu_X < 0$

In Abb. 28.6 sieht man, dass für $H_0 : \mu_X = 0$ der Test das vorgegebene Niveau von $\alpha = 0.05$ einhält. Wird ein $\bar{X}_n = 0$ gemessen, dann liegt der Fehler 1. Art bei 5 Prozent. Fällt das Stichprobenmittel kleiner aus, dann wird die Hypothese H_1 wahrscheinlicher. Die Ablehnung von H_0 tritt dann ein, wenn die Hypothese H_1 wahrscheinlicher ist als H_0, also

$$1 - \beta = \Pr(H_0 \text{ ablehnen} \mid H_1 \text{ wahr}) > 0.5 \tag{28.10}$$

gilt. An der Stelle c ist $g(\mu_X = c) = 0.5$.

$$c = z_\alpha \frac{s_{\text{r.bmw}}}{\sqrt{n}} + \mu_0 = -1.6449 \times \frac{0.0122}{\sqrt{67}} + 0 = -0.0025$$

Die BMW Tagesrendite besitzt im betrachteten Zeitraum ein Stichprobenmittel von $\bar{X}_n = -0.0005$. Obwohl das Stichprobenmittel im Bereich von H_1 liegt, wird die Nullhypothese $H_0 : \mu_X = 0$ beibehalten. Der Wert liegt oberhalb der Entscheidungsgrenze c. Die Abweichung von der Nullhypothese ist in der Stichprobe zu gering. Es ist wahrscheinlicher, dass die Nullhypothese gilt. Diese Aussage wird mit dem Fehler 2. Art begründet.

$$\beta = \Pr(H_0 \text{ beibehalten} \mid H_1 \text{ wahr}) = 1 - g(\mu_X \in H_1)$$

Der Fehler 2. Art an der Stelle $\bar{X}_n$ besitzt ist

$$\beta = 1 - g(\bar{X}_n) = 0.9048$$

R-Anweisung

```
> n <- length(r.bmw)
> mu.0 <- 0
> alpha <- 0.05
> z <- qnorm(alpha) - (mean(r.bmw) - mu.0)/(sd(r.bmw)/sqrt(n))
> 1 - pnorm(z)

[1] 0.9048427
```

Bei der geringen Abweichung von H_0 – also $(\bar{X}_n - \mu_0)$ – begeht man einen großen Fehler, sich für H_1 zu entscheiden. In unserem Beispiel wird mit einer Abweichung von $(\bar{X}_n - \mu_0) = -0.0005$ von H_0 in 90.48 Prozent der Fälle eine Fehlentscheidung getroffen. Daher wird hier für die Beibehaltung von H_0 entschieden, natürlich nur unter Gültigkeit der Normalverteilungsannahme.

Bei Vergrößerung des Fehlers 1. Art sinkt der Fehler 2. Art und umgekehrt. Man lehnt H_0 fälschlicherweise häufiger ab. Gleichzeitig ist damit verbunden, dass H_1 öfters angenommen wird und damit auch in den Fällen, in denen H_1 zutrifft. Der Fehler 2. Art sinkt also. Dies lässt sich auch gut in der folgenden Abb. 28.7 erkennen. Für H_0 gilt weiterhin $\mu_0 = 0$ und H_1 wird auf $\mu_1 = \bar{X}_n$ fixiert. Die dunkelgraue Fläche hat einen Flächenanteil von $\alpha = 0.05$ und die hellgraue einen Flächenanteil von $\beta = 0.9048$ an der jeweiligen Gesamtfläche.

Die Ablehnungswahrscheinlichkeit für H_0, obwohl H_0 gilt, beträgt:

$$\Pr(H_0 \text{ ablehnen} \mid H_0 \text{ wahr}) = 0.3687$$

R-Anweisung
Im linksseitigen Test ist die Ablehnungswahrscheinlichkeit die Fläche von $-\infty$ bis zur Statistik T_n. Aufgrund der großen Anzahl von Beobachtungen in der Stichprobe nehmen wir die Normalverteilung. Dann beträgt die Ablehnungswahrscheinlichkeit:

```
> T.n <- mean(r.bmw)/sd(r.bmw) * sqrt(n.bmw)
> pnorm(T.n)

[1] 0.3687355
```

In Abb. 28.7 ist die Ablehnungswahrscheinlichkeit durch die Fläche, die sich unter der Dichtefunktion von H_0 von $-\infty$ bis $\mu_1 = \bar{X}_n$ erstreckt, repräsen-

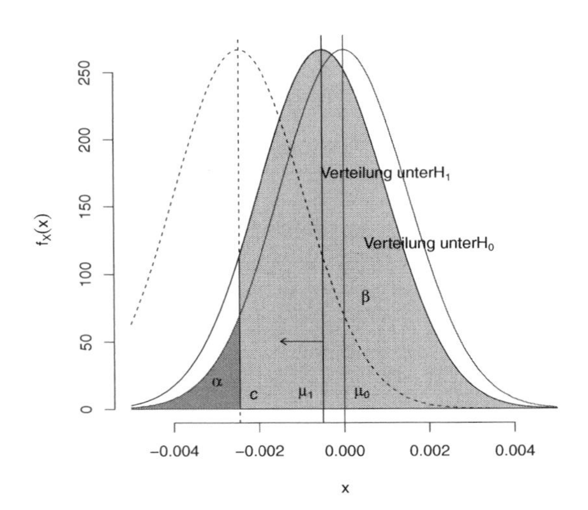

Abb. 28.7: β-Fehler für $\alpha = 0.05$ und $H_0 : \mu_X = 0$ gegen $H_1 : \mu_X = \bar{X}_n$

tiert. Die **Überschreitungswahrscheinlichkeit** (Ablehnungswahrscheinlichkeit unter H_0, p-Wert) beträgt 36.87 Prozent. Man entscheidet sich aber erst dann für H_1, wenn die Ablehnungswahrscheinlichkeit unter α Prozent (hier 5 Prozent) fällt. In der klassischen Testtheorie versteht man darunter, dass der Fehler 2. Art unter 50 Prozent fällt bzw. $1-\beta$ über 50 Prozent liegt, wie es in Gl. (28.10) beschrieben ist.

$$\begin{aligned}\beta &= \Pr(H_0 \text{ beibehalten} \mid H_1 \text{ wahr}) < 0.5\\ &= 1 - \Pr(H_0 \text{ ablehnen} \mid H_1 \text{ wahr})\end{aligned}$$

Die Überschreitungswahrscheinlichkeit liegt dann unterhalb des festgelegten Fehlers 1. Art. In Abb. 28.7 ist dies durch die Verschiebung der Verteilung von μ_1 nach links angezeigt. Wird μ_1 in Richtung c verschoben, dann nimmt der Fehler 2. Art ab (siehe Abb. 28.7). In Abb. 28.6 ist diese Verschiebung mit dem Verlauf der Gütefunktion von $\bar{X}_n$ bis c beschrieben. An der Stelle c beträgt der Fehler 2. Art 50 Prozent. Die Entscheidungsgrenze ist der Median der Gütefunktion.

28.12 Übungen

Übung 28.1. Unter welcher Hypothese ist der klassische Test konstruiert? Welche Auswirkungen hat dies auf die Testentscheidung? Was besagt der Fehler 1. und 2. Art? Wieso kann in der klassischen Testtheorie nur der Fehler 1. Art kontrolliert werden?

Übung 28.2. Testen Sie, ob man davon ausgehen kann, dass der erwartete Kurs der BMW-Aktie 34 Euro beträgt? Interpretieren Sie den p-Wert.

Übung 28.3. Aufgrund einer Theorie über die Vererbung von Intelligenz erwartet man bei einer bestimmten Gruppe von Personen einen mittleren Intelligenzquotienten (IQ) von 105. Dagegen erwartet man bei Nichtgültigkeit der Theorie einen mittleren IQ von 100. Damit erhält man das folgende statistische Testproblem:

$$H_0 : \mu_X = 100 \qquad \text{gegen} \qquad H_1 : \mu_X = 105$$

Die Standardabweichung des als normalverteilt angenommenen IQs sei $\sigma_X = 15$; das Signifikanzniveau sei mit $\alpha = 0.1$ festgelegt. Geben Sie für eine Stichprobe vom Umfang $n = 25$

1. den Ablehnungs- und Annahmebereich eines geeigneten statistischen Tests an.
2. Sie beobachten in Ihrer Stichprobe einen mittleren IQ von 104. Zu welcher Testentscheidung kommen Sie?
3. Konstruieren Sie ein Konfidenzintervall zum Niveau $\alpha = 0.1$. Was ist der Unterschied zum Test?

Übung 28.4. Es liegen zwei unabhängige Stichproben vor.

```
x= 4.663 2.078 7.997 6.519 3.215 7.189 2.909 9.323 7.691 6.445

y= 4.233 4.184 4.858 4.722 5.436 3.813 6.192 4.982 4.752 4.637
6.278 4.531
```

Testen Sie, ob die Differenz der Erwartungswerte größer als Eins ist ($\alpha = 0.05$).

Übung 28.5. Es wird angenommen, dass ein neues Produktionsverfahren den Ausschussanteil senken kann. Eine Stichprobe von 80 Stück hergestellt mit dem alten Verfahren zeigte 7 defekte Teile, hingegen waren bei der Auswahl von 100 Teilen, die mit der neuen Technik produziert werden, nur 5 Teile defekt. Senkt das neue Verfahren den Ausschussanteil ($\alpha = 0.05$)?

Übung 28.6. Was beschreiben die Fehler 1. und 2. Art?

Übung 28.7. Wann wird die Nullhypothese abgelehnt? Was ist mit der Ablehnung von H_0 verbunden?

Übung 28.8. Berechnen Sie für den Test in Übung 28.3 den Fehler 2. Art.

Übung 28.9. Bei einem Getränkehersteller darf die zulässige Füllmenge von 1000 ml nur um 2 ml unterschritten und 2 ml überschritten werden. Es wird angenommen, dass die Zufallsvariable Füllmenge annäherungsweise normalverteilt ist mit der Varianz $\sigma_X^2 = 36$ (siehe auch Übung 27.3).

1. Bei einer Stichprobe aus der laufenden Produktion mit dem Umfang $n = 9$ werden folgende Werte gemessen:

$$1002, 1006, 992, 1007, 1011, 1005, 997, 1004, 994$$

   Testen Sie bei einem Signifikanzniveau von $\alpha = 0.05$, ob sich das Stichprobenmittel signifikant von dem Wert $\mu_0 = 1000$ unterscheidet. Die Varianz ist aus der Stichprobe zu schätzen. Geben Sie das Hypothesenpaar an, das Sie überprüfen.

2. Erklären Sie kurz, was für Fehlentscheidungen bei statistischen Tests auftreten können. Welche Wahrscheinlichkeit einer Fehlentscheidung wird bei statistischen Tests kontrolliert?

Übung 28.10. Im Jahr 2009 wurde über $n = 35$ Wochen ein mittlerer Rohölpreis von 90.42 GBP pro Tonne beobachtet (siehe Übung 15.1).

1. Testen Sie, ob sich dieser Preis signifikant ($\alpha = 0.05$) gegenüber dem Rohölpreis von 60.45 GBP (μ_0) erhöht hat. Vergessen Sie nicht, das Hypothesenpaar aufzustellen. Die Varianzschätzung für den Rohölpreis liegt bei $s_X^2 = 11.30490$.
2. Berechnen Sie zu der Hypothese ein einseitiges Konfidenzintervall und überprüfen Sie ihr Testergebnis aus 1.

Übung 28.11. An einer Warteschlange, die die Bedingungen eines Poissonprozesses erfüllt, trifft durchschnittlich alle 2 Minuten ein neuer Kunde ein.

1. Berechnen Sie die Wahrscheinlichkeit, dass höchstens 10 Kunden innerhalb von 20 Minuten an der Warteschlange eintreffen.
2. Aus einer Stichprobe mit $n = 36$ Beobachtungen hat sich ein $\hat{\lambda} = \bar{X}_n = 9$ ergeben. Testen Sie, ob der Stichprobenwert mit der Hypothese $\lambda_0 = 10$ vereinbar ist ($\alpha = 0.05$). Da hier $\lambda > 9$ gilt, ist die Zufallsvariable $X \sim Poi(\lambda, \lambda)$ approximativ normalverteilt: $X \approx \mathrm{N}(\lambda, \lambda)$.
3. Unter welcher Bedingung wird der Test angewendet und warum?

Übung 28.12. Es werden 16 Klausurteilnehmer zufällig ausgewählt. 10 Teilnehmer haben die Klausur bestanden. Die Zufallsvariable $X_i =$ «Klausurteilnehmer hat bestanden» sei approximativ normalverteilt. Berechnen Sie für den Anteilswert θ ein Konfidenzintervall zum Niveau $1 - \alpha = 0.9$. Hinweis: Die Varianz von θ wird mit

$$s_\theta^2 = \frac{\hat{\theta}\,(1 - \hat{\theta})}{n}$$

geschätzt.

28.13 Fazit

In der klassischen Testtheorie werden Prüfsituationen für die Analyse der Parameter von Stichprobendaten dargestellt, um Aussagen für bestimmte interessierende Sachverhalte vornehmen zu können. Dabei wird der zu überprüfende Sachverhalt in zwei sich gegenseitig ausschließende Hypothesen überführt; in eine Nullhypothese und eine Alternativhypothese. Bei der Testentscheidung können zwei Arten von Fehlern auftreten: Man spricht von einem Fehler 1. Art, wenn die Nullhypothese fälschlicherweise abgelehnt wird. Ein Fehler 2. Art liegt vor, wenn die Nullhypothese beibehalten wird, obwohl die Alternativhypothese wahr ist.

Statistische Tests werden in sehr unterschiedlichen Bereichen als Entscheidungsinstrument eingesetzt. In der Medizin z. B. bei der Diagnose von Krankheiten, in der Ökonomie, um systematische Änderungen von zufälligen Änderungen zu unterscheiden, wie z. B. Preisunterschiede. Jedoch kann ein statistischer Test fehlende Informationen nicht ausgleichen. Die Qualität (Trennschärfe) eines Tests wird durch die Gütefunktion angezeigt.

Mit der Gütefunktion wird die Entscheidungsstärke eines Tests beschrieben. Diese wird von verschiedenen Faktoren beeinflusst: Stichprobenmittel und Varianz der Stichprobe sowie Festlegung des Hypothesenpaars. In der klassischen Testtheorie ist mit der Ablehnung der Nullhypothese verbunden, dass dann die Alternativhypothese auch wahrscheinlicher ist als die abgelehnte Nullhypothese.

Die Gütefunktion wird auch in der Qualitätskontrolle benötigt, wenn es darum geht, anhand einer Stichprobe zu testen, ob ein bestimmtes Qualitätsniveau eingehalten wird. Das Qualitätsniveau wird in diesem Zusammenhang mit den Fehlern 1. und 2. Art beschrieben. Man spricht auch von der Festlegung eines Stichprobenplans (siehe [14, Kap. 16.7]).

29

Einfaktorielle Varianzanalyse

Inhalt

29.1 Modell 294
29.2 Test auf Gleichheit der Mittelwerte 298
29.3 Test der Einzeleffekte 299
29.4 Übungen 302
29.5 Fazit 302

Die Varianzanalyse ist ein Verfahren, das die Wirkung einer oder mehrerer unabhängiger Variablen auf eine oder mehrere abhängige Variablen hin untersucht. Wie in der Regressionsanalyse, die einen gerichteten Erklärungszusammenhang in der Regel über metrische Variablen herstellt, formuliert auch die Varianzanalyse einen solchen Zusammenhang, allein mit dem Unterschied, dass die erklärenden Variablen nominal skaliert sind. Die unabhängigen Variablen werden in der Varianzanalyse als **Faktoren** bezeichnet; die einzelnen (Merkmals-) Ausprägungen als **Faktorstufen**.

Man spricht von einer einfaktoriellen Varianzanalyse, wenn die abhängige Variable durch nur einen Faktor erklärt wird. Werden zwei Faktoren zur Erklärung der abhängigen Variablen verwendet, spricht man von einer zweifaktoriellen Varianzanalyse. Bei mehr als zwei Faktoren spricht man von einer mehrdimensionalen Varianzanalyse. Die einfaktorielle Varianzanalyse ist eine Erweiterung des **Tests auf Mittelwertvergleich**. Es gibt eine Anzahl verschiedener Darstellungen. Im folgenden Abschnitt wird eine Darstellung beschrieben, die der Regressionsanalyse ähnelt.

Das Ziel der Varianzanalyse besteht darin, zu testen, ob sich die Faktorstufen einzeln und / oder in Kombination voneinander unterscheiden. Der Name Varianzanalyse stammt aus der Streuungszerlegung (siehe Abschnitt 18.3), die analysiert wird. Bei der einfaktoriellen Varianzanalyse wird die Gesamtvarianz zum einen in die Varianz, welche durch die Faktoren erklärt wird, und zum anderen in die Residuenvarianz zerlegt. Ist die erklärte Varianz im Vergleich zur Residuenvarianz relativ groß, so deutet dies auf eine signifikante Mittelwertdifferenz hin. Die erklärte Varianz wird in der einfaktoriellen Varianzanalyse auch als die Varianz zwischen den Faktorstufen (oft auch Gruppe genannt) und die Residuenvarianz als die Varianz innerhalb der Faktorstufen bezeichnet. Bei der zwei- oder mehrfaktoriellen Varianzanalyse erfolgt die Streuungszerlegung gemäß der weiteren Faktoren.

29.1 Modell

Für die einfaktorielle Varianzanalyse wird die **Effekt-Kodierung** (in Anlehnung an das Regressionsmodell) gewählt. Im Gegensatz zu den anderen Darstellungen, erlaubt sie neben dem Gesamteffekt auch die Effekte der einzelnen Faktorstufen zu testen.

$$y_{ij} = \mu + \alpha_i + u_{ij} \quad i = 1, \ldots, m, j = 1, \ldots, n_i$$

Die Variable y_{ij} wird durch einen festen Faktor erklärt. Es wird untersucht, ob der erklärende Faktor einen signifikanten Niveauunterschied (Mittelwert) in den verschiedenen Faktorstufen besitzt. Die jeweilige Faktorstufe wird auch als Gruppe bezeichnet. Um einen Mittelwertvergleich durchzuführen, werden die quadratischen Abweichungen der Werte von den Gruppenmittelwerten und die quadratischen Abweichungen der Gruppenmittelwerte vom Gesamtmittelwert zu einander verglichen. Ist die Varianz zwischen den Gruppen relativ groß im Vergleich zu der Varianz innerhalb der Gruppen, so spricht dies dafür, dass sich die Mittelwerte der Gruppen unterscheiden.

Mit i werden die Faktorstufen bezeichnet, die jeweils n_i Beobachtungen aufweisen. Mit dem Index j werden die Beobachtungen der i-ten Gruppe gezählt. Der Regressionskoeffizient μ schätzt das Gesamtmittel der y-Werte. Die Koeffizienten α_i schätzen die Abweichung vom Mittelwert und werden als **Effekte** bezeichnet.

$$\mu_i = \mu + (\mu_i - \mu) = \mu + \alpha_i$$

μ_i ist der Mittelwert der i-ten Faktorstufe. μ ist der Gesamtmittelwert von y. Er gilt bei unterschiedlich vielen Beobachtungen je Faktorstufe

$$\mu = \frac{1}{n} \sum_{i=1}^{m} \mu_i n_i$$

und daher muss die Bedingung

$$\sum_{i=1}^{m} \alpha_i n_i = 0$$

erfüllt sein. Die Effekte sind mit deren Zahl n_i zu gewichten. Sind alle n_i identisch, so reduziert sich die Bedingung auf $\sum_{i=1}^{m} \alpha_i = 0$ und es gilt $\mu = \frac{\sum_{i=1}^{m} \mu_i}{m}$. Es existiert für den m-ten Effekt also die Nebenbedingung

$$\alpha_m = -\sum_{i=1}^{m-1} \alpha_i \frac{n_i}{n_m} \tag{29.1}$$

Für die Residuen wird eine Normalverteilung angenommen: $u_{ij} \sim N(0, \sigma_u)$. Die Annahme der unabhängig identisch normalverteilten Residuen ist für die Tests von Bedeutung. Diese Annahme impliziert, dass alle Residuen mit der gleichen Varianz verteilt sind (Homoskedastizität).

Anwendung auf die Aktienkurse und Wochentage

Wir wenden die Varianzanalyse auf die Fragestellung an, ob sich die Kurshöhe nach den Wochentagen unterscheiden lässt. Die Kondition Wochentag ist der Faktor, der fünf Faktorstufen besitzt. Die Wochentage können auch als Messwiederholung der Kurse interpretiert werden. Da die Messwiederholungen hier mit keinem anderen erklärenden Faktor kombiniert sind, tritt kein Unterschied zur einfaktoriellen Varianzanalyse mit festen Faktoren auf. Im ersten Schritt wird das Ergebnis der Untersuchung mit Boxplots dargestellt.

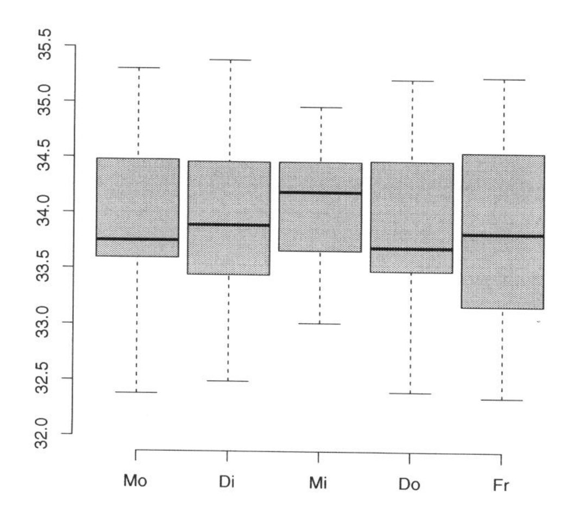

Abb. 29.1: Kurs je Wochentag

R-Anweisung

In R müssen zuerst die Wochentage als Faktoren bestimmt werden. Mit dem ersten Befehl wird eine Liste mit den Wochentagen gespeichert. Der zweite Befehl ordnet dem Datum den Wochentag zu.

```
> tag <- list("Mo", "Di", "Mi", "Do", "Fr")
> w.tag <- factor(weekdays(datum, abbreviate = TRUE),
+     levels = tag)
> boxplot(s.bmw ~ w.tag, col = "lightgray", boxwex = 0.9)
```

In der Abbildung 29.1 ist zu sehen, dass die Faktorstufen (Wochentage) auf die Kurshöhe eine uneinheitliche Wirkung besitzen. Die Schätzung der Koeffizienten μ und α_i kann mit dem Kleinst-Quadrate Ansatz erfolgen. Die Restriktion (29.1) berücksichtigt die unterschiedlich hohe Zahl der einzelnen Wochentage. Sie wird in der Kontrastmatrix (siehe nachfolgende R-Anweisung) berücksichtigt. Die Kleinst-Quadrat-Schätzung wird so mit der Anzahl der Beobachtungen je Faktorstufe gewichtet (gewichtete Kleinst--Quadrat-Schätzung). Dies stellt sicher, dass mit μ auch das Gesamtmittel berechnet wird.

$$\hat{y}_{ij} = 33.8859 - 0.0012\, I_1 - 0.0285\, I_2 + 0.1759\, I_3 + -0.0097\, I_4$$

Die Variable I_i ist eine Indikatorvariable. Sie nimmt den Wert Eins an, wenn die i-te Faktorstufe vorliegt und sonst ist sie Null. Der Mittelwert der BMW Kurse wird durch den Koeffizienten $\hat{\mu} = 33.8859$ geschätzt. Der Mittelwert der ersten Faktorstufe (Montag) kann aus der Addition von $\hat{\mu}_1 = 33.8859 + (-0.0012)$ errechnet werden. Die Mittelwerte der Faktorstufen 2 bis 4 ($\hat{\mu}_2$, $\hat{\mu}_3$, $\hat{\mu}_4$) werden entsprechend aus dem Absolutglied plus dem Koeffizienten berechnet. Der Mittelwert der letzten (fünften) Faktorstufe muss aus der Restriktion $\alpha_5 = -\alpha_1 \frac{n_1}{n_5} - \alpha_2 \frac{n_2}{n_5} - \alpha_3 \frac{n_3}{n_5} - \alpha_4 \frac{n_4}{n_5}$ errechnet werden.

$$\begin{aligned}
\hat{\mu}_1 &= 33.8859 + -0.0012 = 33.8847 \\
\hat{\mu}_2 &= 33.8859 + -0.0285 = 33.8573 \\
\hat{\mu}_3 &= 33.8859 + \quad 0.1759 = 34.0618 \\
\hat{\mu}_4 &= 33.8859 + -0.0097 = 33.8762 \\
\hat{\mu}_5 &= \hat{\mu} - \alpha_5 = \hat{\mu} - \hat{\alpha}_1 \frac{n_1}{n_5} - \hat{\alpha}_2 \frac{n_2}{n_5} - \hat{\alpha}_3 \frac{n_3}{n_5} - \hat{\alpha}_4 \frac{n_4}{n_5} \\
&= 33.8859 - (-0.0012) \times \frac{15}{14} - (-0.0285) \times \frac{15}{14} - (0.1759) \times \frac{11}{14} \\
&\quad - (-0.0097) \times \frac{13}{14} \\
&= 33.7886
\end{aligned}$$

R-Anweisung

Mit dem ersten `contrasts()` Befehl wird die Restriktion $\sum \alpha_i = 0$ berücksichtigt. Mit dem zweiten `contrasts()` Befehl wird die Restriktion auf die Bedingung (29.1) erweitert. Mit dem anschließenden Befehl `lm()` werden die Koeffizienten unter der Restriktion (29.1) geschätzt.

```
> nwtag <- NULL
> nwtag[1] <- sum(w.tag == "Mo")
> nwtag[2] <- sum(w.tag == "Di")
> nwtag[3] <- sum(w.tag == "Mi")
> nwtag[4] <- sum(w.tag == "Do")
> nwtag[5] <- sum(w.tag == "Fr")
> cat("Anz. Wochentage=", nwtag)

Anz. Wochentage= 15 15 11 13 14

> contrasts(w.tag) <- contr.sum(5)
> contrasts(w.tag)[5, ] <- -nwtag[1:4]/nwtag[5]
> contrasts(w.tag)

        [,1]      [,2]       [,3]       [,4]
Mo  1.000000  0.000000  0.0000000  0.0000000
Di  0.000000  1.000000  0.0000000  0.0000000
Mi  0.000000  0.000000  1.0000000  0.0000000
Do  0.000000  0.000000  0.0000000  1.0000000
Fr -1.071429 -1.071429 -0.7857143 -0.9285714

> result <- lm(s.bmw ~ w.tag)
> round(eff <- coef(result), 4)

(Intercept)      w.tag1      w.tag2      w.tag3      w.tag4
    33.8859     -0.0012     -0.0285      0.1759     -0.0097

> mu <- eff[1] + c(eff[2:5], -sum(eff[2:5] * nwtag[1:4])/nwtag[5])
> names(mu) <- tag
> round(mu, 4)

     Mo      Di      Mi      Do      Fr
33.8847 33.8573 34.0618 33.8762 33.7886
```

SPSS-Anweisung
Die SPSS-Anweisung folgen auf Seite 301

29.2 Test auf Gleichheit der Mittelwerte

Die Gleichheit der Mittelwerte bedeutet, dass alle α_i Null sind. Das zu überprüfende Hypothesenpaar ist

$$\begin{aligned} H_0 &: \alpha_i = 0 \quad \text{für } i = 1, \ldots, m-1 \\ H_1 &: \alpha_i \neq 0 \quad \text{für mindestens ein } i \end{aligned}$$

Der Test wird mit dem Bestimmtheitsmaß R^2 durchgeführt. Das Verhältnis $\frac{R^2}{1-R^2}$ ist aufgrund der Streuungszerlegung gleich dem Verhältnis $\frac{s_{\hat{y}}^2}{s_{\hat{u}}^2}$. Mit dem Varianzverhältnis wird überprüft, ob die erklärte Varianz signifikant größer als die Residuenvarianz ist. Ist dies der Fall, wird H_0 abgelehnt und eine signifikante Mittelwertdifferenz angenommen.

$$F_\alpha = \frac{\frac{R^2}{m-1}}{\frac{1-R^2}{n-m}} \sim F\big((m-1),(n-m)\big)$$

Aufgrund der Normalverteilungsannahme für die Residuen sind die Varianzen von $\hat{y}$ und $\hat{u}$ χ^2-verteilt mit $m-1$ und $n-m$ Freiheitsgraden. m gibt die Anzahl der Faktoren an, im Beispiel die 5 Wochentage. Das Verhältnis von zwei χ^2-verteilten Größen ist F-verteilt. Die F-**Verteilung** besitzt einen Nenner- (mit $m-1$) und einen Zählerfreiheitsgrad (mit $n-m$).

$$F_\alpha = \frac{\frac{0.012}{5-1}}{\frac{1-0.012}{68-5}} = 0.1915$$

Das Quantil der F-Verteilung liegt für unser Beispiel bei $F_{0.975}(5-1, 68-5) = 2.9966$. Die Nullhypothese wird beibehalten. Die Mittelwerte sind nicht signifikant unterschiedlich.

R-Anweisung
In R wird mit dem folgenden Befehl

```
> anova(result)
```

```
Analysis of Variance Table

Response: s.bmw
          Df Sum Sq Mean Sq F value Pr(>F)
w.tag      4  0.487 0.12163  0.1915  0.942
Residuals 63 40.021 0.63525
```

der F-Test berechnet. In dem Objekt `result` ist die Regression von oben gespeichert.

SPSS-Anweisung
Die SPSS-Anweisungen folgen auf Seite 301.

29.3 Test der Einzeleffekte

Mit dem Einzeleffekt wird hier der Einfluss eines Wochentages auf den mittleren Kurs überprüft. Es wird der t-Test aus Abschnitt 28.4 bzw. 28.5 verwendet. Die freien Effekte werden in den Statistikprogrammen bei der Regressionsberechnung ausgewiesen. Für den fünften Effekt gilt die lineare Restriktion (29.1). Die t-Statistik ist unter der linearen Restriktion zu berechnen (vgl. [13, Seite 90ff]). Auf die Einzelheiten der Berechnung wird hier nicht eingegangen. In R steht hierzu die Funktion `glht` aus der Bibliothek `multcomp` zur Verfügung.

R-Anweisung
Die Berechnung der t-Statistik für $\hat{\alpha}_5$ kann mit der Funktion `glht` aus der Bibliothek `multcomp` berechnet werden. Die lineare Restriktion (29.1) wird in der Matrix `Rmat` in der Option `linfct` berücksichtigt. In der folgenden Berechnung sind alle α_i sowie deren t-Werte angegeben.

```
> (Rmat <- cbind(rep(0, 5), contrasts(w.tag)))

   [,1]      [,2]      [,3]       [,4]       [,5]
Mo    0  1.000000  0.000000  0.0000000  0.0000000
Di    0  0.000000  1.000000  0.0000000  0.0000000
Mi    0  0.000000  0.000000  1.0000000  0.0000000
Do    0  0.000000  0.000000  0.0000000  1.0000000
Fr    0 -1.071429 -1.071429 -0.7857143 -0.9285714
```

```
> library(multcomp)
> hta <- glht(result, linfct = Rmat)
> summary(hta)

   Simultaneous Tests for General Linear Hypotheses
  Fit: lm(formula = s.bmw ~ w.tag)
  Linear Hypotheses:
          Estimate Std. Error t value Pr(>|t|)
  1 == 0 -0.001216   0.181682  -0.007    1.000
  2 == 0 -0.028549   0.181682  -0.157    1.000
  3 == 0  0.175936   0.220019   0.800    0.901
  4 == 0 -0.009729   0.198806  -0.049    1.000
  5 == 0 -0.097311   0.189824  -0.513    0.979
  (Adjusted p values reported -- single-step method)
```

Mit dem Test linearer Restriktionen können auch die Mittelwertdifferenzen z. B. $\mu_1 - \mu_2 = \alpha_1 - \alpha_2$ getestet werden. Diese werden in der Varianzanalyse auch als **Kontraste** bezeichnet. Testet man gleichzeitig mehrere Kontraste, so ist zu beachten, dass dadurch das vorgegebene Signifikanzniveau überschritten wird (vgl. [8, Seite 164ff]). Eine einfache Möglichkeit ist die **Bonferoni Korrektur** (unter der Annahme gleicher Varianzen für jeden Faktor), um ein vorgegebenes Signifikanzniveau einzuhalten.

$$\alpha_{\text{adj}} = \frac{\alpha}{\binom{k}{2}}$$

Werden, wie im vorliegenden Beispiel, 5 Faktoren paarweise mit einander verglichen, so ergeben sich $m = \binom{5}{2} = 10$ Paarvergleiche. Der einzelne Paarvergleich muss eine Signifikanz von $\alpha_{\text{adj}} = 0.005$ besitzen, damit man bei 10 Paarvergleichen eine Signifikanz von $\alpha = 0.05$ erreicht.

$$\alpha = 1 - (1 - \alpha_{\text{adj}})^m = 1 - (1 - 0.005)^{10} = 0.0488$$

R-Anweisung
Mit dem folgenden Befehl können die Kontraste berechnet werden. Mit der Option `linfct=mcp()` wird die Berechnung aller Kontraste angewiesen. Die Methode „Tukey“ weist den paarweisen Vergleich an.

```
> summary(glht(result, linfct = mcp(w.tag = "Tukey")))

   Simultaneous Tests for General Linear Hypotheses
```

```
Multiple Comparisons of Means: Tukey Contrasts
Fit: lm(formula = s.bmw ~ w.tag)
Linear Hypotheses:
               Estimate Std. Error t value Pr(>|t|)
Di - Mo == 0 -0.027333   0.291033  -0.094    1.000
Mi - Mo == 0  0.177152   0.316386   0.560    0.980
Do - Mo == 0 -0.008513   0.302019  -0.028    1.000
Fr - Mo == 0 -0.096095   0.296185  -0.324    0.998
Mi - Di == 0  0.204485   0.316386   0.646    0.967
Do - Di == 0  0.018821   0.302019   0.062    1.000
Fr - Di == 0 -0.068762   0.296185  -0.232    0.999
Do - Mi == 0 -0.185664   0.326521  -0.569    0.979
Fr - Mi == 0 -0.273247   0.321131  -0.851    0.913
Fr - Do == 0 -0.087582   0.306987  -0.285    0.999
(Adjusted p values reported -- single-step method)
```

SPSS-Anweisung
In SPSS wird die Varianzanalyse im Allgemeinen über den Menüpunkt `Analysieren > Allgemeines lineares Modell> Univariat` vorgenommen. Zuvor müssen die Wochentage aus dem Datum extrahiert werden. Die Zuordnung der Wochentage aus der Variable `Datum` erfolgt über das Menü `Transformieren > Variable > berechnen` und dem Befehl `xdate.Wkday` aus der Funktionsgruppe `Datumsextraktion`.

Im Menüpunkt `Univariat` ist der Schlusskurs als abhängige Variable, der Wochentag als fester Faktor einzusetzen. Mit der Option `Post Hoc` Test können die Kontraste getestet werden. Dazu ist der Faktor einzutragen und als Option `Bonferoni` zu wählen. Die einzelnen Effekte werden ausgewiesen, wenn unter `Optionen` die Anzeige der Parameterschätzer gewählt wird. Jedoch wird μ auf die letzte Faktorstufe bezogen.

$$\mu_i = \mu_1 + (\mu_i - \mu_1) \quad \text{oder} \quad \mu_i = \mu_5 + (\mu_i - \mu_5)$$

In R wird die SPSS Berechnung mit der Referenzkategorie 5 wie folgt ausgeführt.

```
> lm(s.bmw ~ w.tag, contrasts = list(w.tag = contr.treatment(5,
+     base = 5)))
```

29.4 Übungen

Übung 29.1. Was wird mit der Varianzanalyse untersucht?

Übung 29.2. Berechnen Sie mit R (oder SPSS) die Varianzanalyse aus dem obigen Abschnitt.

Übung 29.3. Testen Sie, ob das Handelsvolumen der BMW Aktie (siehe Abschnitt 11) sich nach den Wochentagen signifikant unterscheidet.

29.5 Fazit

Es existieren eine Reihe von Erweiterungen der Varianzanalyse, die für die verschiedensten Fragestellungen entwickelt worden sind. Eine häufig auftretende Erweiterung ist die der zufälligen Effekte. Bisher sind nur feste Effekte berücksichtigt worden. Von festen Effekten spricht man, wenn die Faktorstufen eines Faktors fest vorgegeben sind. Sie können zwar eine Auswahl aus vielen möglichen Faktorstufen sein, die aber nicht zufällig, sondern aufgrund des Versuchsplans aufgenommen werden. Werden die Faktorstufen eines Faktors aufgrund einer Zufallsauswahl in den Versuchsplan aufgenommen, so spricht man von einem Modell mit zufälligen Effekten. Der entscheidende Punkt ist, dass das Auftreten der Faktorstufen hier zufällig geschieht und nicht bewusst. Für die Zufälligkeit der Effekte werden – wie für die Residuen – stochastische Unabhängigkeit, ein Erwartungswert von Null und eine konstante Varianz, die für alle Faktorstufen gleich ist, angenommen. Daher werden bei einem Modell mit zufälligen Effekten nicht die Mittelwerte, sondern die Varianzen auf Signifikanz hin überprüft. Liegen mehrere Beobachtungen für jeden zufälligen Effekt vor, so sind die Beobachtungen innerhalb einer Gruppe (wiederholte Messung) aufgrund der genannten Bedingung nicht mehr unabhängig.

Beispiel: Werden bestimmte Preisstrategien auf ihre Wirksamkeit hin untersucht, so werden sie bewusst ausgewählt, weil man genau diese Preisstrategien untersuchen möchte. Dies ist der Fall fester Effekte, der bisher vorlag. Hier wird die Unterschiedlichkeit der Preisstrategien überprüft. Soll hingegen das Kaufverhalten (gemessen z. B. mit der Ausgabenhöhe) von (allen) Kunden untersucht werden, so wird aus allen Kunden eine Zufallsstichprobe gezogen. Es wird nicht bewusst, sondern zufällig ein Kunde ausgewählt. Dann liegt ein zufälliger Effekt vor. Hier schließt man von einigen zufällig gemessenen Faktorstufen auf die Varianz aller Kunden in der Grundgesamtheit.

30

Analyse kategorialer Daten

Inhalt

30.1 Kontingenztabelle 304
30.2 Randverteilungen 306
30.3 Bedingte Verteilungen 307
30.4 Logistische Regression 312
30.5 Quadratische und normierte Kontingenz 315
30.6 Unabhängigkeitstest 317
30.7 Übungen 319
30.8 Fazit 319

In diesem Abschnitt wird die Analysetechnik für eine zweidimensionale kategoriale Verteilung beschrieben. Kategoriale Daten sind Daten, die in der Regel nur der Art nach unterschieden werden können. Handelt es sich um ein ordinales Messniveau, so sind diese auch der Größe nach sortiertbar, jedoch ohne metrischen Abstand. Auf Seite 18 wird eine (künstliche) ordinale Variable erzeugt. Wir werden im Folgenden das «Taxi» Beispiel (siehe Seite 157ff) verwenden. Es handelt sich hier um ein nominales Messniveau. Die beiden Merkmale «Taxi» $\mathcal{T}$ und «Zeugenaussage» $\mathcal{Z}$ haben jeweils zwei Ausprägungen.

- $\mathcal{T}$ mit den Ausprägungen 0 (nein) für grünes Taxi und 1 (ja) für blaues Taxi
- $\mathcal{Z}$ mit den Ausprägungen 0 (nein) für Zeuge sah grünes Taxi und 1 (ja) für Zeuge sah blaues Taxi

Wir verwenden hier zwei Zufallsvariablen mit jeweils zwei Ausprägungen. Im Beispiel auf Seite 157ff haben wir mit Ereignissen gearbeitet.

R-Anweisung

Die Daten werden aus den Angaben erzeugt. `rep(x,n)` wiederholt eine Zahl x n-mal. In der Stichprobe sind 5 blaue und 25 grüne Taxen enthalten. Der zweite Vektor `zeuge` muss die entsprechende Beobachtung zum Vektor `taxi` enthalten. Es sind z. B. von den 5 blauen Taxen 4 als blau erkannt worden (siehe Seite 157ff). Daher stehen den fünf Ausprägungen mit 1 bei `taxi`, vier mit 1 bei `zeuge` gegenüber.

```
> (taxi <- c(rep(1, 5), rep(0, 25)))

 [1] 1 1 1 1 1 0 0 0 0 0 0 0 0 0 0 0 0 0 0 0 0 0 0 0 0 0 0 0 0 0

> (zeuge <- c(rep(1, 4), 0, rep(1, 5), rep(0, 20)))

 [1] 1 1 1 1 0 1 1 1 1 1 0 0 0 0 0 0 0 0 0 0 0 0 0 0 0 0 0 0 0 0
```

SPSS-Anweisung

Die Werte sind in eine leere Datentabelle einzutragen.

30.1 Kontingenztabelle

In einer **Kontingenztabelle** werden zweidimensionale Daten dargestellt. In unserem Beispiel hat jedes der zwei Merkmale nur zwei Ausprägungen. Daher bezeichnet man die Tabelle häufig auch als **Vierfeldertabelle**.

Tabelle 30.1: Kontingenztabelle

	$\mathcal{T}$		
$\mathcal{Z}$	0	1	$n(\mathcal{Z})$
0	20	1	21
1	5	4	9
$n(\mathcal{T})$	25	5	30

Statt der absoluten Häufigkeiten kann man auch die Kontingenztabelle der relativen Häufigkeiten berechnen. In dem Beispiel auf Seite 157ff werden 3.3 Prozent blaue Taxen als grün (nicht blau) bezeichnet und 13.3 Prozent der Taxen korrekt erkannt.

Tabelle 30.2: Kontingenztabelle

	$\mathcal{T}$		
$\mathcal{Z}$	0	1	$f(\mathcal{Z})$
0	0.6667	0.0333	0.7
1	0.1667	0.1333	0.3
$f(\mathcal{T})$	0.8333	0.1667	1

Man kann nun in R eine 2×2 Kontingenztabelle auch sehr schön mit dem Befehl `fourfoldplot()` grafisch darstellen. Die relativen Häufigkeiten werden als Kreissegmente abgetragen. Die Wurzel der maximalen Häufigkeit wird auf Eins gesetzt[1]. Die anderen Kreissegmente werden relativ dazu abgetragen.

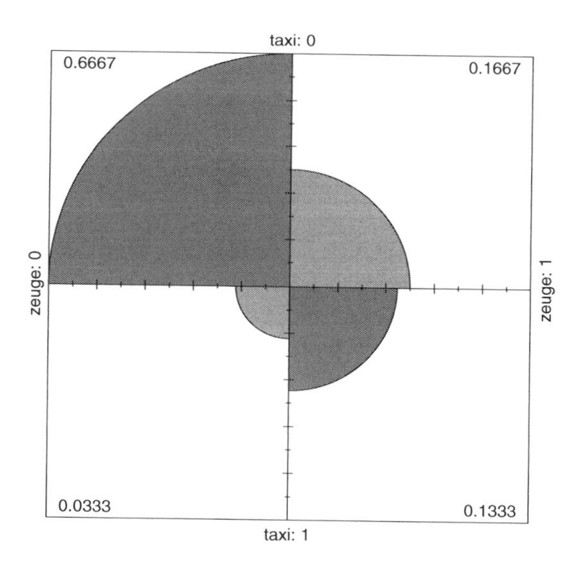

Abb. 30.1: Vierfeldergrafik

Die Abbildung zeigt deutlich, dass sowohl mehr grüne Taxen beobachtet als auch mehr grüne Taxen korrekt erkannt werden. Ist damit auch gesagt, dass grüne Taxen leichter als blaue zu erkennen sind? Nein, denn dazu muss der Anteil der grünen Taxen ins Verhältnis zu den grün erkannten Taxen gesetzt werden. Es ist also eine Bedingung notwendig. Um eine bedingte Verteilung berechnen zu können, muss zuerst die bedingende Randverteilung bestimmt werden.

[1] Die Wurzel wird gezogen, weil für den Kreis die Formel $r^2 = x^2 + y^2$ gilt.

R-Anweisung

Mit dem `table` Befehl wird eine Kontingenztabelle mit den absoluten Häufigkeiten erstellt. Der Befehl `prop.table` berechnet die relativen Häufigkeiten der Kontingenztabelle.

```
> tab.taxi <- table(taxi, zeuge)
> prop.table(tab.taxi)

    zeuge
taxi          0          1
   0 0.66666667 0.16666667
   1 0.03333333 0.13333333
```

`fourfoldplot` generiert die Vierfeldergrafik einer 2×2 Tabelle. Um in der Grafik die relativen Häufigkeiten in den Feldern anzuzeigen, wird die Kontingenztabelle mit den relativen Häufigkeiten verwendet. Mit der Option `conf` können Konfidenzbereiche eingezeichnet werden. Damit wird ein grafischer Test auf Unabhängigkeit durchgeführt. `std='ind.max'` standardisiert die maximale Häufigkeit der Tabelle auf 1. `space` ist eine relative Größenangabe für die Legende in der Grafik.

```
> p.tab <- prop.table(tab.taxi)
> fourfoldplot(p.tab, conf = 0, std = "ind.max", space = 0.1)
```

SPSS-Anweisung

In dem Menüpunkt `Analysieren > Deskriptive Statistiken > Kreuztabellen` wird eine Kontingenztabelle der absoluten Häufigkeiten erstellt. Mit der Option unter `Zellen > Prozentwerte > Gesamt` können die relativen Häufigkeiten der Tabelle berechnet werden.

30.2 Randverteilungen

Die **Randverteilungen** sind die Zeilen- bzw. Spaltensummen. Sie sind die eindimensionalen Verteilungen der beiden Merkmale. Die Randverteilung des Merkmals $\mathcal{Z}$ steht in Tab. 30.2 in der letzten Spalte. Die Randverteilung für $\mathcal{T}$ steht entsprechend in der letzten Zeile der Tab. 30.2. Der Zeuge bezeichnet 30 Prozent der Taxen als blau, obwohl nur rund 17 Prozent der Taxen tatsächlich blau sind.

R-Anweisung
Zur Berechnung der Randverteilungen steht der Befehl `margin.table` zur Verfügung. Dieser berechnet die absoluten Häufigkeiten der Randverteilung. Um die relativen Häufigkeiten zu erhalten, muss durch die Gesamtzahl der Beobachtungen geteilt werden.

```
> n <- sum(tab.taxi)
> # Randverteilung für blau
> margin.table(tab.taxi,margin=1)/n
> # Randverteilung für blau gesehen
> margin.table(tab.taxi,margin=2)/n
```

SPSS-Anweisung
Die Randverteilungen werden bei der Berechnung der Kreuztabellen mit berechnet.

30.3 Bedingte Verteilungen

Eine oft auftretende Frage bei zwei- bzw. mehrdimensionalen Häufigkeitsverteilungen ist die nach der Verteilung eines Merkmals für einen gegebenen Wert des anderen Merkmals (Bedingung) (siehe auch Abschnitt 20.7). Es wird hier z. B. die Frage beantwortet, wenn ein blaues Taxi vorgegeben ist, wie oft es vom Zeugen als blau erkannt wird.

Eine bedingte Häufigkeit wird durch die Beziehung

$$f(x \mid y) = \frac{f(x,y)}{f(y)} \tag{30.1}$$

beschrieben. Die Merkmalsausprägung y wird dabei als Bedingung bezeichnet. Der Ausdruck (30.1) beschreibt die relative Häufigkeit der Merkmalsausprägungen von x unter Vorgabe bestimmter Merkmalsausprägungen von y. Als bedingte Verteilung wird dann die Beziehung (30.1) verstanden, die für eine vorgegebene Merkmalsausprägung y alle Ausprägungen für x betrachtet. Man bezeichnet diese Verteilung dann als bedingte Verteilung von x. Die bedingte Verteilung von y ist analog definiert.

$$f(y \mid x) = \frac{f(x,y)}{f(x)}$$

Bei abhängigen Merkmalen hängt die bedingte Verteilung der relativen Häufigkeiten eines Merkmals davon ab, welche Ausprägung das andere Merkmal annimmt.

Von einer **statistischen Unabhängigkeit** spricht man, wenn die Bedingung keinen Einfluss auf die bedingte Verteilung hat. Bei unabhängigen Merkmalen stimmen alle bedingten Verteilungen überein, weil eben die Bedingung keine Wirkung besitzt.

$$f(x \mid y) = f(x)$$
$$f(y \mid x) = f(y)$$

Die Frage, die hier von besonderem Interesse ist – besteht eine Abhängigkeit zwischen der Zeugenbeobachtung und der tatsächlichen Taxifarbe? – kann mit den bedingten Verteilungen untersucht werden. Als erstes wird analysiert, wie sich das Merkmal $\mathcal{Z}$ verteilt, wenn die Taxifarbe als Bedingung festgelegt wird. Die bedingten Verteilungen unter der Bedingung $\mathcal{T}$ sind

$$f(\mathcal{Z} = 0 \mid \mathcal{T} = 0) = \frac{0.6667}{0.8333} = \frac{20}{25} = 0.8 \tag{30.2}$$
$$f(\mathcal{Z} = 0 \mid \mathcal{T} = 1) = \frac{0.0333}{0.1667} = \frac{1}{5} = 0.2 \tag{30.3}$$
$$f(\mathcal{Z} = 1 \mid \mathcal{T} = 0) = \frac{0.1667}{0.8333} = \frac{5}{25} = 0.2 \tag{30.4}$$
$$f(\mathcal{Z} = 1 \mid \mathcal{T} = 1) = \frac{0.1333}{0.1667} = \frac{4}{5} = 0.8 \tag{30.5}$$

Tabelle 30.3: Bedingte Verteilung von $\mathcal{Z}$: $f(\mathcal{Z} \mid \mathcal{T})$

	$\mathcal{T}$	
$\mathcal{Z}$	0	1
0	0.8	0.2
1	0.2	0.8
	1	1

Die Bedingung $\mathcal{T}$ ist in Tab. 30.3 in den Spalten gesetzt. Daher müssen sich die Spalten zu Eins addieren (2. Kolmogorovsche Axiom).

$$f(\mathcal{Z} = 0 \mid \mathcal{T} = 0) + f(\mathcal{Z} = 1 \mid \mathcal{T} = 0) = 1$$

bzw.

$$f(\mathcal{Z} = 0 \mid \mathcal{T} = 1) + f(\mathcal{Z} = 1 \mid \mathcal{T} = 1) = 1$$

Die Spalten müssen sich nicht auf Eins addieren, obwohl dies hier aufgrund der Häufigkeiten der Fall ist (siehe Tab. 30.4). 80 Prozent der Taxen werden durch den Zeugen richtig erkannt, wenn grün bzw. blau vorgegeben wird.

Man kann die bedingten Häufigkeiten gut mit dem `fourfoldplot` darstellen. Für die Bedingung $\mathcal{T}$, also der bedingten Verteilung von $\mathcal{Z}$, werden auf den Koordinaten die Wurzeln der bedingten Häufigkeiten (30.2) bis (30.5) abgetragen. Es zeigt sich deutlich, dass der Zeuge grüne und blaue Taxen gleich gut erkennt (siehe Abb. 30.2).

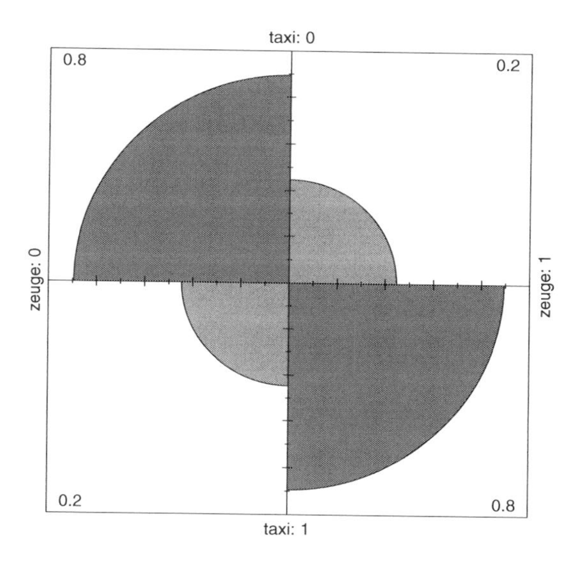

Abb. 30.2: Bedingte Verteilung von $\mathcal{Z}$

Nun wird die Verteilung unter der Bedingung $\mathcal{Z}$ berechnet. Es wird der Anteil der tatsächlichen Wagenfarbe berechnet, wenn der Zeuge eine bestimmte Farbe vorgibt.

$$f(\mathcal{T}=0 \mid \mathcal{Z}=0) = \frac{20}{21} = 0.9524 \tag{30.6}$$

$$f(\mathcal{T}=0 \mid \mathcal{Z}=1) = \frac{5}{9} = 0.5556 \tag{30.7}$$

$$f(\mathcal{T}=1 \mid \mathcal{Z}=0) = \frac{1}{21} = 0.0476 \tag{30.8}$$

$$f(\mathcal{T}=1 \mid \mathcal{Z}=1) = \frac{4}{9} = 0.4444 \tag{30.9}$$

Da nun die Bedingung $\mathcal{Z}$ gilt, müssen sich in Tab. 30.4 die Zeilen zu Eins addieren. Die Spalten addieren sich nicht zu Eins. Wird ein grünes Taxi durch

Tabelle 30.4: Bedingte Verteilung von $\mathcal{T}$: $f(\mathcal{T} \mid \mathcal{Z})$

	$\mathcal{T}$		
$\mathcal{Z}$	0	1	
0	0.9524	0.0476	1
1	0.5556	0.4444	1

den Zeugen erkannt, so handelt es sich in 95.24 Prozent der Fälle auch um ein grünes Taxi. Sieht der Zeuge hingegen ein blaues Taxi, so liegt er nur in 44.44 Prozent der Fälle richtig. Achten Sie auf den Unterschied, den die Bedingung ausübt. So gilt $f(\mathcal{T} = 1 \mid \mathcal{Z} = 1) = 0.4444$, aber $f(\mathcal{Z} = 1 \mid \mathcal{T} = 1) = 0.8$.

Die Ursache für die bessere Erkennungsquote für die grünen Taxen ist, dass die grünen Taxen 5 mal so häufig wie blaue Taxen vorkommen. Die Erkennungsquote kann auch mit dem Verhältnis der **Wettchancen** (engl. odds, siehe subjektive Wahrscheinlichkeit) ausgedrückt werden. Mit der Wettchance $odds(\mathcal{Z} = 0)$ wird hier angegeben, dass der Zeuge mit 20:1 ein grünes Taxi richtig erkennt (siehe Tab. 30.1 und 30.4).

$$odds(\mathcal{Z} = 0) = \frac{f(\mathcal{T} = 0 \mid \mathcal{Z} = 0)}{1 - f(\mathcal{T} = 0 \mid \mathcal{Z} = 0)} = \frac{20}{1} = \frac{0.9524}{0.0476} = 20$$

Die Wettchance für ein grünes Taxi liegt bei 5 zu 4, wenn der Zeuge ein blaues Taxi sieht.

$$odds(\mathcal{Z} = 1) = \frac{f(\mathcal{T} = 0 \mid \mathcal{Z} = 1)}{1 - f(\mathcal{T} = 0 \mid \mathcal{Z} = 1)} = \frac{5}{4} = \frac{0.5556}{0.4444} = 1.25$$

Das **Wettverhältnis** (engl. odds ratio) gibt an, dass der Zeuge ein grünes Taxi 16 mal häufiger richtig erkennt als ein blaues Taxi.

$$odds\ ratio_{\mathcal{Z}} = \frac{odds(\mathcal{Z} = 0)}{odds(\mathcal{Z} = 1)} = \frac{20}{1.25} = 16$$

Die Vierfeldergrafik kann natürlich auch unter der Bedingung $\mathcal{Z}$ (bedingte Verteilung von $\mathcal{T}$) gezeichnet werden (siehe Abb. 30.3). Es werden dann die Wurzeln der bedingten Häufigkeiten (30.6) bis (30.9) abgetragen.

In der Abb. 30.3 ist deutlich zu erkennen, dass die Verteilung unter der Bedingung $\mathcal{Z}$ erheblich von der Zeugenaussage abhängt. Sieht der Zeuge ein grünes Taxi, so ist es sehr wahrscheinlich auch grün (95.24 Prozent). Sieht der Zeuge hingegen ein blaues Taxi, so ist es nur in 44.44 Prozent der Fälle auch blau. In der Abb. 30.2 ist dagegen zu sehen, dass der Zeuge die beiden Farben gleich gut erkennen kann.

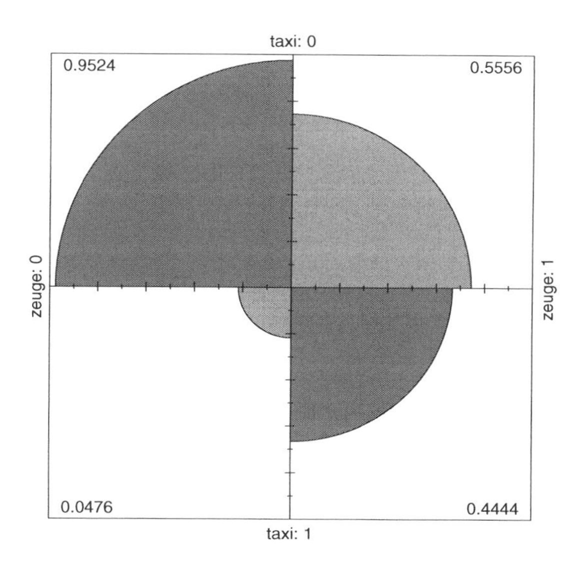

Abb. 30.3: Bedingte Verteilung von $\mathcal{T}$

R-Anweisung

```
> # Bedingung T = bedingte Verteilung Z
> p.tab1 <- prop.table(tab.taxi,margin=1)
> fourfoldplot(p.tab1,conf=0,std='margin',margin=c(1),space=0.1)

> # Bedingung Z = bedingte Verteilung T
> p.tab2 <- prop.table(tab.taxi,margin=2)
> fourfoldplot(p.tab2,conf=0,std='margin',margin=c(2),space=0.1)
```

Mit der Option `margin=1` wird angewiesen, dass das erste Merkmal $\mathcal{T}$ als Bedingung auftreten soll. Das Gewinnverhältnis kann durch eine im Folgenden selbst definierte Funktion berechnet werden.

```
> oddsratio <- function(x, y) {
+     tab <- table(x, y)
+     if (sum(dim(tab) != c(2, 2)) != 0) {
+         return("keine 2x2 Tabelle")
+     }
+     oddsratio <- (tab[1, 2]/tab[1, 1])/(tab[2, 2]/tab[2,
+         1])
+     if (oddsratio < 1) {
+         oddsratio <- 1/oddsratio
```

```
+     }
+     return(cat(oddsratio, "\n"))
+ }
> oddsratio(taxi, zeuge)

16
```

SPSS-Anweisung
In dem Menü `Analysieren > Deskriptive Statistiken > Kreuztabellen` können unter der Option `Zellen` die Prozentwerte `Zeilenweise` und `Spaltenweise` errechnet werden. Damit werden die bedingten Verteilungen ausgewiesen. In dem gleichen existiert unter `Statistiken` die Option `Risiko` anzuwählen. Damit werden die Quoten und das Quotenverhältnis berechnet.

30.4 Logistische Regression

Eine elegante Analyse kategorialer Daten bietet die **logistische Regression**. Sie knüpft an die lineare Regression an. Der Vorteil dieses Ansatzes ist, dass man einerseits auch bei größeren Kontingenztabellen eine übersichtliche Verfahrensweise hat und andererseits, dass es ein sehr flexibles Instrument ist (vgl. [1]). Für die zu erklärende Variable wird eine Verteilungsannahme getroffen und damit steht das Instrumentarium der schließenden Statistik zur Verfügung. Im Folgenden wird die logistische Regression exemplarisch mit dem Taxi-Beispiel erklärt.

Es wird angenommen, dass die Taxifarbe durch die Zeugenaussage erklärt werden kann. Die Taxifarbe $\mathcal{T}$ wird als binäre Zufallsvariable mit den Ausprägungen

$$\tau = \begin{cases} 0 & \text{grün} \\ 1 & \text{blau} \end{cases}$$

betrachtet. Die Verteilung der Variablen wird mit einer Bernoulliverteilung beschrieben. Sie ist ein Spezialfall der Binomialverteilung für $n = 1$. Die Dichtefunktion der **Bernoulliverteilung** ist:

$$\Pr(\mathcal{T} = \tau) = \theta^{\tau} \times (1 - \theta)^{1-\tau} \tag{30.10}$$

Für $\tau = 1$ gilt $\Pr(\mathcal{T} = 1) = \theta$. Es wird angenommen, dass sich die bedingte Wahrscheinlichkeit durch die **logistische Funktion**

$$\begin{aligned}\theta_z &= \frac{e^{\beta_0+\beta_1\times z}}{1+e^{\beta_0+\beta_1\times z}} \quad \text{mit } z=\{0,1\} \\ &= \Pr(\mathcal{T}=1 \mid \mathcal{Z}=z)\end{aligned} \tag{30.11}$$

beschreiben lässt. Die logistische Funktion hat einen Wertebereich von 0 bis 1 und erfüllt damit die Forderung an eine Wahrscheinlichkeit. Der Index z ist notwendig, um zu unterscheiden, ob in der Bedingung $z=0$ oder $z=1$ vorliegt. Die Schätzung der Koeffizienten in Gl. (30.11) muss im Allgemeinen wegen der nicht linearen Struktur der Gleichung mit der Maximum Likelihood Methode erfolgen.

Mit der Transformation $\ln\frac{\theta}{1-\theta}$, die als Logit bezeichnet wird, wird Gl. (30.11) linear. Die logarithmierte Wettchance ist eine lineare Funktion, die sich in Abhängigkeit von einer exogenen Variablen z (Zeugenaussage) beschreiben lässt:

$$\begin{aligned}\ln\frac{\theta_z}{1-\theta_z} &= \beta_0+\beta_1\times z \\ &= \ln odds_z = \ln\left(\frac{\Pr(\mathcal{T}=1 \mid \mathcal{Z}=z)}{1-\Pr(\mathcal{T}=1 \mid \mathcal{Z}=z)}\right)\end{aligned} \tag{30.12}$$

mit:

$$z=\begin{cases}0 & = \text{Zeugenaussage grün}\\ 1 & = \text{Zeugenaussage blau}\end{cases}$$

Die Logit-Funktion (30.12) wird als link function bezeichnet, da sie die Verbindung zwischen dem linearen Regressionsansatz und dem Verteilungsmodell (30.10) für die Endogene herstellt. Man kann die Funktion (30.12) auch als lineare Diskriminanzfunktion verstehen. Mit der Funktion (30.12) wird beschrieben, wie hoch die Wahrscheinlichkeit ist, dass es sich um ein blaues Taxi handelt, wenn der Zeuge eine bestimmte Farbe (blau oder grün) beobachtet hat.

Die Schätzung der Koeffizienten in Gl. (30.12) kann wegen der linearen Struktur hier mit der Methode der Kleinsten-Quadrate erfolgen. Die Endogene muss dazu aber entsprechend transformiert werden. Dazu dürfen in unserem Fall nur noch die Fälle berücksichtigt werden, bei denen ein blaues Taxi ($\mathcal{T}=1$) aufgetreten ist.

$$\theta_0=\Pr(\mathcal{T}=1 \mid \mathcal{Z}=0)=0.0476 \Rightarrow \ln\left(\frac{0.0476}{1-0.0476}\right)=\ln odds_0$$
$$\theta_1=\Pr(\mathcal{T}=1 \mid \mathcal{Z}=1)=0.4444 \Rightarrow \ln\left(\frac{0.4444}{1-0.4444}\right)=\ln odds_1$$

Die Endogene $\ln odds_0$ wird verwendet, wenn es sich um ein blaues Taxi handelt und der Zeuge ein grünes Taxi erkannt hat, $\ln odds_1$, wenn der Zeuge ein blaues Taxi erkannt hat. Die Exogene ist entsprechend $\mathcal{Z} = 0$ oder $\mathcal{Z} = 1$. Im Allgemeinen ist die obige Berechnung der logits aufwendiger, so dass man die Koeffizienten der Gl. (30.11) mit der Maximum Likelihood Methode schätzt.

$$\widehat{\ln odds_0} = -2.9957 + 2.7726 \times 0 = \ln \frac{1}{20} \tag{30.13}$$

$$\widehat{\ln odds_1} = -2.9957 + 2.7726 \times 1 = \ln \frac{4}{5} \tag{30.14}$$

Eine direkte Interpretation der geschätzten Parameter $\hat{\beta}_0$ und $\hat{\beta}_1$ ist nicht sehr anschaulich. Es ist die Änderung der geschätzten $\ln odds$. Das odds ratio kann leicht aus den geschätzten Wettchancen bestimmt werden:

$$\begin{aligned}
\ln odds\ ratio &= \widehat{\ln odds_1} - \widehat{\ln odds_0} \\
&= -0.2231 - (-2.9957) = 2.7726 = \hat{\beta}_1 \\
odds\ ratio &= \mathrm{e}^{\hat{\beta}_1} = \mathrm{e}^{2.7726} = 16
\end{aligned}$$

Mit der folgenden Berechnung können aus den Gln. (30.13) und (30.14) wieder die bedingten Wahrscheinlichkeiten bestimmt werden.

$$\hat{\theta}_0 = \frac{\mathrm{e}^{-2.9957+2.7756\times 0}}{1+\mathrm{e}^{-2.9957+2.7756\times 0}} = 0.0476$$

$$\hat{\theta}_1 = \frac{\mathrm{e}^{-2.9957+2.7756\times 1}}{1+\mathrm{e}^{-2.9957+2.7756\times 1}} = 0.4444$$

Mit dem logistischen Regressionsmodell ist es also möglich, bedingte Wahrscheinlichkeiten zu schätzen. Die Güte und die Signifikanz der Exogenen (des Zeugen) können auch überprüft werden. Auf diese Aspekte wird hier nicht eingegangen.

R-Anweisung

Um eine Kleinst-Quadrat-Schätzung bei der logistischen Regression anzuwenden, muss zuerst die Endogene in die so genannten logits transformiert werden.

```
> # 1/21
> theta1 <- sum(taxi==1 & zeuge==0)/sum(zeuge==0)
> # 4/9
> theta2 <- sum(taxi==1 & zeuge==1)/sum(zeuge==1)
> y <- NULL
> y[taxi==1 & zeuge==0] <- log(theta1/(1-theta1))
> y[taxi==1 & zeuge==1] <- log(theta2/(1-theta2))
> # Die nicht zugewiesenen Werte (grüne Taxen) werden aus y
```

```
> # entfernt.
> y <- y[!is.na(y)]
> x <- zeuge[taxi==1]
> lm(y~x)

Call:
lm(formula = y ~ x)

Coefficients:
(Intercept)            x
     -2.996        2.773
```

Im Allgemeinen wird bei einem logistischen Regressionsmodell eine Maximum-Likelihood Schätzung verwendet. Dazu steht der Befehl `glm()` (engl. generalized linear models) zur Verfügung. Mit dem Befehl `predict()` und der Option `type='response'` können die geschätzten Wahrscheinlichkeiten $\Pr(\mathcal{T}=1 \mid \mathcal{Z}=\{0,1\})$ ausgegeben werden.

```
> ln.odds <- glm(taxi ~ zeuge, family = binomial(link = logit))
> z <- data.frame(zeuge = c(0, 1))
> predict(ln.odds, type = "response", newdata = z)

         1          2
0.04761905 0.44444444
```

SPSS-Anweisung
In dem Menü `Analysieren > Regression > Binär logistisch` wird eine logistische Regression ausgeführt. Die Variable `Taxi` ist als abhängige Variable zu wählen. Die unabhängige Variable `Zeuge` wird in das Feld der Kovariaten eingefügt.

30.5 Quadratische und normierte Kontingenz

Mit der **quadratischen Kontingenz** C^2 wird eine statistische Maßzahl definiert, die die statistische Abhängigkeit zwischen zwei Merkmalen mit k und m Merkmalsausprägungen misst.

$$C^2 = \sum_{i=1}^{k}\sum_{j=1}^{m} \frac{\Big(n(x_i,y_j) - \hat{n}(x_i,y_j)\Big)^2}{\hat{n}(x_i,y_j)} \quad \text{mit } \hat{n}(x_i,y_j) = \frac{n(x_i) \times n(y_j)}{n}$$

Sie weist eine ähnliche Konstruktion wie die Varianz auf. Mit der quadratischen Kontingenz werden die χ^2-Tests auf Abhängigkeit, Homogenität und Anpassung (vgl. [14, Kap. 17]) durchgeführt.

Die quadratische Kontingenz wird hier für die Messung der statistischen Abhängigkeit zwischen den beiden Merkmalen $\mathcal{T}$ und $\mathcal{Z}$ verwendet. Es liegen für beide Merkmale jeweils zwei Ausprägungen vor (siehe Tab. 30.5 und 30.6).

Tabelle 30.5: Kontingenztabelle mit beobachteter Häufigkeitsverteilung

	$\mathcal{T}$		
$\mathcal{Z}$	0	1	$n(\mathcal{Z})$
0	20	1	21
1	5	4	9
$n(\mathcal{T})$	25	5	30

Tabelle 30.6: Kontingenztabelle bei Unabhängigkeit mit $\hat{n}$

	$\mathcal{T}$		
$\mathcal{Z}$	0	1	$n(\mathcal{Z})$
0	17.5	3.5	21
1	7.5	1.5	9
$n(\mathcal{T})$	25	5	30

$$C^2 = \frac{(20-17.5)^2}{17.5} + \frac{(1-3.5)^2}{3.5} + \frac{(5-7.5)^2}{7.5} + \frac{(4-1.5)^2}{1.5} = 7.1428$$

Die quadratische Kontingenz besitzt für die zweidimensionale Kontingenztabelle den Wertebereich von $0 \leq C^2 \leq n \times \min(k-1, m-1)$ und ist damit nicht gut interpretierbar.

Die **normierte Kontingenz** besitzt den Wertebereich von Null bis Eins.

$$C^* = \sqrt{\frac{C^2}{n \min(k-1, m-1)}}$$

Man bezeichnet die normierte Kontingenz auch als **Cramérsches Kontingenzmaß**.

$$C^* = \sqrt{\frac{7.1428}{30 \times \min(2-1, 2-1)}} = \sqrt{\frac{7.1428}{30 \times 1}} = 0.4879$$

Man spricht von einer starken Abhängigkeit zwischen den Merkmalen ab $C^* > 0.3$. Die Abhängigkeit zwischen den beiden Merkmalen zeigt auch die Abbildung 30.1 durch die unterschiedliche Größe der Kreissegmente an. Wir werden im Folgenden Abschnitt sehen, dass die normierte Kontingenz von $C^* = 0.4879$ einen signifikanten Zusammenhang zwischen den Merkmalen anzeigt.

R-Anweisung

```
> # Berechnung mit chisq.test
> C2 <- chisq.test(tab.taxi,correct=FALSE,
+      simulate.p.value=TRUE)$statistic
> # Kontrolle
> ob <- chisq.test(tab.taxi,correct=FALSE,
+      simulate.p.value=TRUE)$observed
> ex <- chisq.test(tab.taxi,correct=FALSE,
+      simulate.p.value=TRUE)$expected
> (C2 <- sum((ob-ex)^2/ex))

[1] 7.142857

> n <- sum(tab.taxi)
> sqrt(C2/n)

[1] 0.48795
```

SPSS-Anweisung

In dem Menü `Analysieren > Deskriptive Statistiken > Kreuztabellen` existiert unter `Statistiken` die Option `Chi-Quadrat` und `Phi sowie Cramer-V` anzuwählen.

30.6 Unabhängigkeitstest

Bei dem χ^2-Test auf Unabhängigkeit wird überprüft, ob die statistische Abhängigkeit zwischen zwei Merkmalen (Verteilungen) signifikant ist. Die beiden Merkmale stammen aus einer Stichprobe und besitzen k bzw. m Ausprägungen. Zur Überprüfung des Hypothesenpaars

$$H_0: F_{XY}(x,y) = F_X(x)\,F_Y(y) \quad \text{gegen} \quad H_1: F_{XY}(x,y) \neq F_X(x)\,F_Y(y)$$

wird die Teststatistik

$$C^2 = \sum_{i=1}^{k} \sum_{j=1}^{m} \frac{\left(n(x_i, x_j) - \hat{n}(x_i, x_j)\right)^2}{\hat{n}(x_i, x_j)} \dot{\sim} \chi^2\left((k-1)(m-1)\right)$$

verwendet. Die Teststatistik ist approximativ χ^2-verteilt. Viele Statistikprogramme bieten die Option einer Stetigkeitskorrektur, da die χ^2-Verteilung eine stetige Verteilung ist. Auf die Berechnung der Stetigkeitskorrektur wird hier nicht eingegangen.

Die ermittelte quadratische Kontingenz für das Taxi-Beispiel beträgt $C^2 = 7.1428$ und kann nun zur statistischen Überprüfung der Unabhängigkeitshypothese verwendet werden. Für die 2×2 Tabelle ist die quadratische Kontingenz approximativ χ^2-verteilt mit 1 Freiheitsgrad. Das 95 Prozent-Quantil der Verteilung beträgt $\chi^2_{0.95}(1) = 3.8414$. Die Nullhypothese der Unabhängigkeit wird verworfen, da $\chi^2_{0.95}(1) > C^2$ ist. Zeugenaussage und Taxifarbe weisen eine signifikante statistische Abhängigkeit auf.

R-Anweisung

```
> chisq.test(tab.taxi, correct = FALSE, simulate.p.value = TRUE)

        Pearson's Chi-squared test with simulated p-value (based
        on 2000 replicates)

data:  tab.taxi
X-squared = 7.1429, df = NA, p-value = 0.01999

> qchisq(0.95, 1)

[1] 3.841459
```

SPSS-Anweisung

In dem Menü `Analysieren > Deskriptive Statistiken > Kreuztabellen` existiert unter `Statistiken` die Option `Chi-Quadrat` anzuwählen. In der Ausgabe wird in die asymptotische Signifikanz (p-Wert) ausgewiesen.

30.7 Übungen

Übung 30.1. Worin unterscheiden sich kategoriale Daten von metrischen Daten? Kann für kategoriale Daten ein arithmetisches Mittel berechnet werden? Welche Eigenschaft müssen kategoriale Daten aufweisen, damit ein Median berechnet werden kann?

Übung 30.2. Wie ist die statistische Unabhängigkeit definiert? Was wird mit dem odds ratio formuliert?

Übung 30.3. Bei einem medizinischen Experiment wird in zwei Gebieten A_1 und A_2 der Zusammenhang zwischen Behandlung und Heilung untersucht. Die dreidimensionale Tafel (siehe Tab. 30.7) wird durch das Nebeneinanderstellen der bedingten Verteilungen in den Gebieten dargestellt (nicht behandelt = $\overline{\text{beh.}}$, nicht geheilt = $\overline{\text{geh.}}$).

Tabelle 30.7: Heilungserfolg

	Gebiet A_1		Gebiet A_2	
	beh.	$\overline{\text{beh.}}$	beh.	$\overline{\text{beh.}}$
geh.	10	100	100	50
$\overline{\text{geh.}}$	100	730	50	20

Überzeugen Sie sich durch die Berechnung der Heilungsraten und der Maßzahl C^* von der Tatsache, dass in beiden Gebieten die Behandlung wenig Erfolg hatte, jedoch die Heilungsrate in der Gesamtverteilung beider Gebiete durchaus erfolgversprechend erscheint (vgl. [10, Seite 224]).

30.8 Fazit

Die Analyse kategorialer Daten ist ein umfangreiches statistisches Gebiet (vgl. [1]), das für viele ökonomische Untersuchungen genutzt werden kann. Insbesondere in der Marktforschung werden sehr oft kategoriale Daten erhoben. Kategoriale Daten besitzen eine begrenzte Anzahl von Ausprägungen (Kategorien). Daher stehen die statistischen Methoden für metrische Merkmale nur eingeschränkt zur Verfügung. Die lineare Regression wird mit der logistischen Regression zur Analyse von Kontingenztabellen erweitert. Kontingenztabellen sind mehrdimensionale Häufigkeitstabellen, mit denen Zusammenhänge zwischen kategorialen Daten untersucht werden können. Dazu werden die bedingten Verteilungen berechnet und analysiert.

31

Bilanz 4

Aufgabe

Ein Marktforschungsinstitut führt jährliche Untersuchungen zu den monatlichen Lebenshaltungskosten durch. Die Kosten für einen bestimmten Warenkorb belaufen sich in den letzten Jahren auf durchschnittlich 600 Euro. Im Beispieljahr wird in einer Stichprobe von 40 zufällig ausgewählten Kaufhäusern jeweils der aktuelle Preis des Warenkorbs bestimmt. Als Schätzer für den aktuellen Preis des Warenkorbs ergibt sich ein mittlerer Preis von 605 Euro. Die Varianz $\sigma_X^2 = 225$ sei aufgrund langjähriger Erfahrung bekannt.

Verständnisfragen

1. Welche Eigenschaften sollte ein Schätzer besitzen?
2. Was besagt der Hauptsatz der Statistik?
3. Was bedeutet der Hauptsatz der Stichprobentheorie?
4. Ist der zentrale Grenzwertsatz notwendig für den Hauptsatz der Stichprobentheorie?
5. Wie bildet man ein Hypothesenpaar? Werden die Hypothesen gleich behandelt?
6. Warum ist in der Regel mit einer Reduzierung des Fehlers 1. Art ein Anstieg des Fehlers 2. Art verbunden?
7. Warum kann der Fehler 2. Art nicht kontrolliert werden?
8. Was ist der p-Wert?
9. Welche Eigenschaft wird von einem statistischen Test gefordert, damit man der Testentscheidung vertraut?

10. Wodurch unterscheiden sich ein Konfidenzintervall und ein zweiseitiger Test unter der Normalverteilungsannahme?
11. Wie ist ein Konfidenzintervall zu interpretieren?
12. Was wird unter der Varianzanalyse verstanden?
13. Wie kann man die Stärke eines Zusammenhangs zwischen zwei kategorialen Merkmalen messen?
14. Was unterscheidet die logistische Regression von der linearen Regression?

1. Hat sich der Preis des Warenkorbs im Vergleich zu den Vorjahren signifikant zum Niveau $\alpha = 0.01$ erhöht?
2. Berechnen Sie ein Konfidenzintervall zum Niveau $\alpha = 0.05$.
3. Unterstellen Sie, dass die Varianz mit $s_X^2 = 225$ geschätzt wird. Berechnen Sie nun einen Test.
4. Bestimmen Sie den Fehler 2. Art unter der Annahme, dass 610 Euro der tatsächliche aktuelle Preis des Warenkorbs ist.

Teil VI

Anhang

A

Lösungen zu ausgewählten Übungen

Grundlagen

Lösung 4.1 Statistische Einheiten sind abzugrenzen, damit eindeutig beschrieben werden kann, welche statistischen Einheiten untersucht werden.

Lösung 4.2 Das Merkmal ist eine beobachtete Eigenschaft der statistischen Einheit. Der Merkmalswert ist die Beobachtung eines Merkmals. Ist z. B. das Merkmal *Geschlecht* und wird an einer Person die Merkmalsausprägung *weiblich* beobachtet, dann ist *weiblich* der Merkmalswert.

Lösung 4.3 Die repräsentative Stichprobe ist keine Zufallsstichprobe, da Elemente nur so lange ausgewählt werden, bis eine Quote erfüllt ist.

Lösung 4.4 Bei den Aktienkursen handelt es sich um ein metrisches Messniveau.

Lösung 4.5 Metrische Merkmale enthalten eine Abstandsinformation. Man kann z. B. von metrischen Merkmalen eine Differenz berechnen. Ordinale Merkmale hingegen besitzen keine Abstandsinformation, sondern nur eine Ranginformation. Noten lassen sich sortieren, aber ein Abstand zwischen Noten ist nicht definiert. Nominale Merkmale kann man nur der Art nach unterscheiden. Es ist also nur feststellbar, ob eine Eigenschaft vorliegt oder nicht.

Mittelwert

Lösung 7.2 Das getrimmte arithmetische Mittel liegt bei

$$\bar{x}_{0.1} = 33.8984$$

R-Anweisung

```
> mean(s.bmw, trim = 0.1)

[1] 33.89839
```

Es müssen 6 Werte an den beiden Enden der sortierten Daten bei der Mittelwertberechnung entfallen.

Median und Quantile

Lösung 8.1 Die Quartile der BMW Aktie sind:

R-Anweisung

```
> quantile(s.bmw, prob = c(0.25, 0.5, 0.75), type = 1)

  25%   50%   75%
33.45 33.79 34.48
```

Lösung 8.3 Das 10 Prozent Quantil liegt bei 67 Werten bei dem 7-ten Wert der sortierten Differenzen.

R-Anweisung

```
> d.bmw <- sort(diff(s.bmw))
> VaR <- -quantile(d.bmw, prob = 0.1, type = 1)
> cat("VaR =", VaR)

VaR = 0.61
```

In 10 Prozent der Fälle wird ein Verlust 0.61 Euro pro Aktie oder mehr erwartet. Anders herum formuliert: 90 Prozent der beobachteten Werte liegen oberhalb des Verlusts von 0.61 Euro.

Varianz, Standardabweichung und Variationskoeffizient

Lösung 10.1 In R wird die Varianz der ersten 10 Werte der BMW Schlusskurse wie folgt berechnet:

R-Anweisung

```
> x <- s.bmw[1:10]
> var(x)

[1] 0.06433444
```

Lorenzkurve und Ginikoeffizient

Lösung 11.2 Die anteilige Merkmalssumme für die Lorenzkurve ist:

R-Anweisung

```
> x <- c(0.5, 0.7, 0.9, 1, 1.2, 1.3, 1.4, 8, 10, 15,
+      40)
> g <- cumsum(sort(x))/sum(x)
> cat(round(g, 4))

0.0062 0.015 0.0262 0.0388 0.0538 0.07 0.0875 0.1875 0.3125 0.5 1

> n <- length(x)
> (L <- 1 - 2/(n - 1) * sum(g[1:(n - 1)]))

[1] 0.7405
```

Sie wird gegen die empirische Verteilungsfunktion abgetragen (siehe Abb. A.1).

Der Gini-Koeffizient berechnet sich auch aus der anteiligen Merkmalssumme und beträgt $L = 0.7405$.

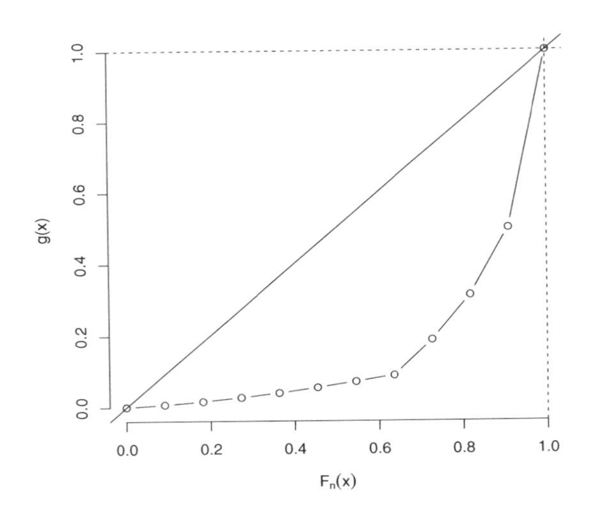

Abb. A.1: Lorenzkurve

Wachstumsraten, Renditeberechnung und geometrisches Mittel

Lösung 12.1 Die Tagesrenditen sind fast symmetrisch verteilt. Wer die Normalverteilung kennt, wird sehen, dass der Verlauf des Histogramms der Kurve einer Normalverteilung ziemlich ähnlich ist (siehe Abb. 12.1). Jedoch werden in der Regel die Enden der Verteilung mehr Wahrscheinlichkeitsmasse als die einer Normalverteilung (fat tail, siehe Abschnitt 22.5) besitzen.

Lösung 12.2 Um das geometrische Mittel zu berechnen, muss die diskrete Tagesrendite berechnet werden. Mit dem letzten Teil der Gl. (12.2) ist die Berechnung nicht sehr aufwendig. Das geometrische Mittel der BMW Tagesrenditen beträgt

$$\bar{r}^*_{geo} = -0.000384$$

R-Anweisung

```
> n.bmw <- length(s.bmw)
> prod(s.bmw[2:n.bmw]/s.bmw[1:(n.bmw - 1)])^(1/(n.bmw -
+     1)) - 1

[1] -0.0005012731
```

Lösung 12.3

1. Es ist das geometrische Mittel zu verwenden, um den Zuwachs in der Basis (Zinseszins) zu berücksichtigen.

$$\bar{x}_{\text{geo}} = \sqrt[4]{1.05 \times 1.1 \times 1.2 \times 1.3} - 1 = 15.8\,\text{Prozent}$$

2. Wenn die relativen Änderungen klein sind, können sie mit der Differenz logarithmierter Werte approximiert werden. Der Vorteil dieser Approximation ist, dass dann die durchschnittliche Änderungsrate mit dem arithmetischen Mittel berechnet werden kann.

Indexzahlen und der DAX

Lösung 13.1 Der Warenkorb wird konstant gehalten. Daher können Warensubstitutionen, die durch Preisänderungen induziert werden, nicht berücksichtigt werden. Dieses Problem lässt sich nicht durch eine Warenkorbanpassung lösen. Denn wenn Warenkorbänderungen zugelassen würden, wäre ein zeitlicher Vergleich nicht mehr möglich. Es würden verschiedene Warenkörbe miteinander verglichen werden.

Lösung 13.2 Der Laspeyres Index besitzt den Wert

$$p_{2000}^{1995} = 96.5517$$

R-Anweisung

```
> q.1995 <- c(3000, 2000, 5000)
> p.1995 <- c(3, 5, 2)
> q.2000 <- c(1000, 4000, 5000)
> p.2000 <- c(2, 6, 2)
> sum(p.2000 * q.1995)/sum(p.1995 * q.1995) * 100

[1] 96.55172
```

Lösung 13.3

1. Die Änderungsraten gegenüber dem Vorjahresquartal sind

R-Anweisung

```
> i.2001 <- c(100, 101, 102, 107)
> i.2002 <- c(108, 109.08, 111, 113)
> delta.rate <- (i.2002 - i.2001)/i.2001 * 100
> cat("Quartalsänderungen =", round(delta.rate, 4))

Quartalsänderungen = 8 8 8.8235 5.6075
```

Die prozentuale Änderung gegenüber dem Vorjahresquartal ist vom 3. auf das 4. Quartal zurückgegangen, obwohl der Index von 111 auf 113 gestiegen ist. Die Zunahme hat sich sogar beschleunigt: von 1.08 Prozentpunkten über 1.92 auf 2 Prozentpunkte gegenüber dem jeweiligen Vorquartal. Dass hier die Änderung gegenüber dem Vorjahresquartal dennoch zurückgeht, liegt am Basiseffekt. Im entsprechenden Vorjahreszeitraum ist der Index nämlich um 5 Prozentpunkte stärker gestiegen.

2. Die annualisierte Änderungsrate berechnet sich aus der hoch gerechneten Quartalsänderungsrate. Es wird dabei unterstellt, dass sich die Quartalsänderung über die nächsten drei Quartale unverändert fortsetzt. Die **annualisierte Wachstumsrate** für das erste Quartal berechnet sich wie folgt

$$r = \left(\frac{108}{107}\right)^4 - 1 = 0.038$$

Die annualisierten Wachstumsraten betragen

R-Anweisung

```
> ann.rate <- ((i.2002/c(i.2001, i.2002)[4:7])^4 -
+     1) * 100
> cat("annualisierte Änderungsraten =", round(ann.rate,
+     4))

annualisierte Änderungsraten = 3.7911 4.0604 7.2288 7.4043
```

Die annualisierten Änderungsraten zeigen den beschleunigten Zuwachs des Index im Jahr 2002. Gleichwohl sind die Werte völlig verschieden, da es sich hier um annualisierte Quartalsraten handelt.

Lineare Regression

Lösung 17.2 $\hat{\beta}_0$ ist der Achsenabschnitt der Regressionsgeraden. Er stellt sicher, dass der Mittelwert der Residuen Null ist.

Lösung 17.3 Die Wirkung einer Wertänderung in der Nähe des Mittelwerts wirkt deutlich geringer auf das Regressionsergebnis wie eine Wertänderung entfernt vom Mittelwert (siehe Abb. A.2). Der Grund liegt in der Hebelwirkung. Sie entsteht durch die Berechnung der quadratischen Abstände vom Mittelwert in der Regressionsrechnung. Dadurch gehen Werte mit größeren Abständen vom Mittelwert überproportional stark in das Regressionsergebnis ein.

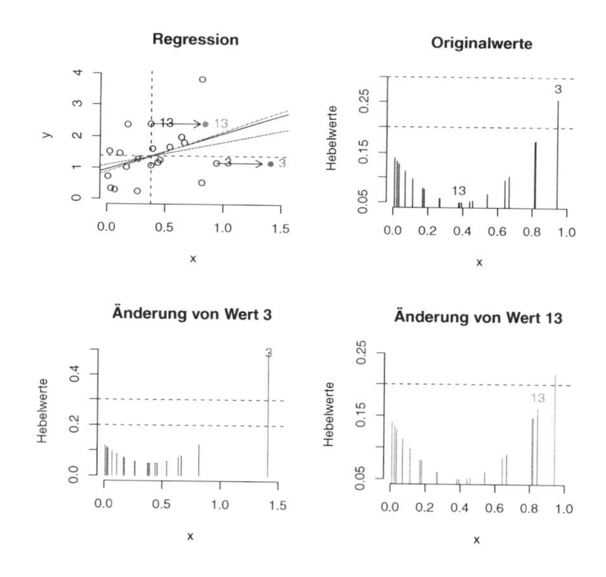

Abb. A.2: Hebelwerte und Einfluss von Wertänderungen auf die Regression

Güte der Regression

Lösung 18.2 Eine additive Änderung der exogenen Variablen bewirkt eine Änderung des Achsenabschnitts. Die Steigung wird nicht beeinflusst. Eine multiplikative Änderung der exogenen Variablen wirkt auf die Steigung (siehe Abb. A.3).

R-Anweisung

```
> reg1 <- lm(r.bmw ~ I(r.dax + 0.02))
> coef(reg1)

    (Intercept) I(r.dax + 0.02)
    -0.02478483      1.12247831

> reg2 <- lm(r.bmw ~ I(r.dax * 2))
> coef(reg2)

  (Intercept) I(r.dax * 2)
-0.002335265  0.561239156
```

$$\begin{aligned} \text{Original:} \quad & \hat{\beta}_0 = -0.0023, \quad \hat{\beta}_1 = 1.1225 \\ \text{Fall a:} \quad & \hat{\beta}_0 = -0.0248, \quad \hat{\beta}_1 = 1.1225 \\ \text{Fall b:} \quad & \hat{\beta}_0 = -0.0023, \quad \hat{\beta}_1 = 0.5612 \end{aligned}$$

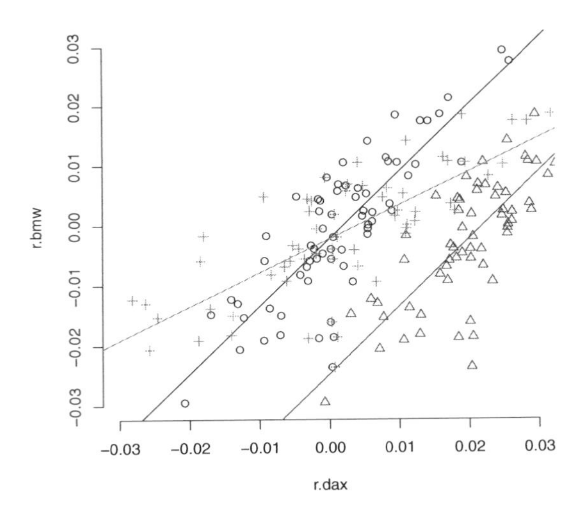

Abb. A.3: Skalierungseinfluss auf die Regression

Lösung 18.3 Für β_0 wird dann der Mittelwert von y geschätzt. Eine additive Änderung von x wirkt nur auf $\hat{\beta}_0$. Daher gilt:

$$\hat{y} = \hat{\beta}_0 + \hat{\beta}_1 x \stackrel{!}{=} \hat{\beta}_0^* + \hat{\beta}_1 (x - \bar{x}) \quad \Rightarrow \hat{\beta}_0^* = \hat{\beta}_0 + \hat{\beta}_1 \bar{x} = \bar{y}$$

Lösung 18.4 Der standardisierte Steigungskoeffizient ändert sich nicht aufgrund der Skalierung der Variablen.

$$\hat{\beta}_1^* = 0.8305$$

R-Anweisung

```
> coef(lm.bmw)[2] * sd(r.dax)/sd(r.bmw)

    r.dax
0.8304735
```

Grundzüge der Wahrscheinlichkeitsberechnung

Lösung 20.1 Es ist die bedingte Wahrscheinlichkeit für ein normgerechtes Werkstück gesucht, das den Test als normgerecht bestanden hat. Sie beträgt

$$\Pr(\text{normgerecht} \mid \text{Test normgerecht}) = 0.9884$$

Lösung 20.2 Die Lösung kann über zwei Wege gefunden werden. Man kann zum einen den Ansatz wählen, dass die Wahrscheinlichkeit für ein normgerechtes Werkstück sich nun auf Pr(normgerecht | Test normgerecht) bezieht.

$$\Pr(\text{normgerecht} \mid (\text{Test normgerecht})^2) = \frac{0.95 \times 0.9884}{0.95 \times 0.9884 + 0.1 \times 0.0116} = 0.9988$$

Der andere Ansatz ist, die zweifache Anwendung des Tests durch das Quadrat der Testwahrscheinlichkeiten direkt zu berechnen.

$$\Pr(\text{normgerecht} \mid (\text{Test normgerecht})^2) = \frac{0.95^2 \times 0.9}{0.95^2 \times 0.9 + 0.1^2 \times 0.1} = 0.9988$$

Lösung 20.3

1. Es ist die bedingte Wahrscheinlichkeit $\Pr(K \mid \overline{B})$ gesucht.

$$\Pr(K \mid \overline{B}) = 0.0029$$

2. Es ist die bedingte Wahrscheinlichkeit $\Pr(\overline{K} \mid B)$ gesucht.

$$\Pr(\overline{K} \mid B) = 0.6667$$

Lösung 20.4

1. Es ist die bedingte Wahrscheinlichkeit Pr(trinkt | ohne Schirm) gesucht.

$$\Pr(\text{trinkt} \mid \text{ohne Schirm}) = 0.9143$$

2. Es ist die bedingte Wahrscheinlichkeit Pr(trinkt nicht | ohne Schirm) gesucht.

$$\Pr(\text{trinkt nicht} \mid \text{ohne Schirm}) = 0.0857$$

Lösung 20.5 Es ist nach der bedingten Wahrscheinlichkeit

$$\Pr(M_2 \mid \text{fehlerhaft})$$

gefragt. In der Aufgabenstellung sind die Wahrscheinlichkeiten

$$\begin{aligned} \Pr(M_1) &= 0.3 \quad \Pr(\text{fehlerhaft} \mid M_1) = 0.1 \\ \Pr(M_2) &= 0.2 \quad \Pr(\text{fehlerhaft} \mid M_2) = 0.05 \\ \Pr(M_3) &= 0.5 \quad \Pr(\text{fehlerhaft} \mid M_3) = 0.17 \end{aligned}$$

gegeben. Zur Berechnung der gesuchten Wahrscheinlichkeit ist der Satz von Bayes anzuwenden.

$$\begin{aligned} \Pr(M_2 \mid \text{fehlerhaft}) &= \frac{\Pr(\text{fehlerhaft} \mid M_2)\Pr(M_2)}{\Pr(\text{fehlerhaft})} \\ &= \frac{\Pr(\text{fehlerhaft} \mid M_2)\Pr(M_2)}{\sum_{i=1}^{3}\Pr(\text{fehlerhaft} \mid M_i)\Pr(M_i)} \\ &= \frac{0.01}{0.125} = 0.08 \end{aligned}$$

Lösung 20.6

1. Die Würfelsumme von 3 oder mehr kann durch die Kombinationen $1+2, 2+1, 2+2, \ldots$ entstehen. Insgesamt können 35 Kombinationen eine Augensumme von mehr als 3 anzeigen. Folglich beträgt die Wahrscheinlichkeit:

$$\Pr(X \geq 3) = 1 - \Pr(X \leq 2) = 1 - \Pr(X = 2) = 1 - \frac{1}{36} = \frac{35}{36}$$

   Es gilt hier $\Pr(X \leq 2) = \Pr(X = 2)$, weil eine Augensumme von Eins nicht gewürfelt werden kann.

2. Gesucht ist: $\Pr(X \leq 4 \mid Y = 2)$

$$\Pr(X \leq 4 \mid Y = 2) = \frac{\Pr(X \leq 4 \cap Y = 2)}{\Pr(Y = 2)}$$
$$\Pr(Y = 2) = \frac{1}{6} = \frac{6}{36}$$

   Zwei Kombinationen (1,2) und (2,2) erfüllen die Eigenschaft, dass ein roter Würfel eine Zwei anzeigt und die Summe aus den beiden Würfen kleiner oder gleich Vier ist.

$$\Pr(X \leq 4 \cap Y = 2) = \frac{2}{36}$$
$$\Pr(X \leq 4 \mid Y = 2) = \frac{\frac{2}{36}}{\frac{6}{36}} = \frac{1}{3}$$

Lösung 20.7

1. Es ist die bedingte Wahrscheinlichkeit $\Pr(K \mid L)$ gesucht. Sie beträgt

$$\Pr(K \mid L) = \frac{\Pr(K, L)}{\Pr(L)} = \frac{0.4}{0.4} = 1.$$

2. Es ist die bedingte Wahrscheinlichkeit $\Pr(K \mid \overline{L})$ gesucht. Sie errechnet sich aus dem Ansatz

$$\Pr(K \mid \overline{L}) = \frac{\Pr(K, \overline{L})}{\Pr(\overline{L})} = \frac{\Pr(\overline{L} \mid K)\Pr(K)}{\Pr(\overline{L})}$$

   Die Wahrscheinlichkeit $\Pr(\overline{L})$ beträgt $1 - \Pr(L) = 0.6$. Die bedingte Wahrscheinlichkeit $\Pr(\overline{L} \mid K)$ ist $1 - \Pr(L \mid K)$.

$$\Pr(L \mid K) = \frac{\Pr(K, L)}{\Pr(K)} = \frac{0.4}{0.5} = 0.8$$

   Somit besitzt $\Pr(\overline{L} \mid K)$ die Wahrscheinlichkeit 0.2. Die gesuchte Wahrscheinlichkeit beträgt damit $\Pr(K \mid \overline{L}) = 0.167$.

Wahrscheinlichkeitsverteilungen

Lösung 21.2 Erwartungswert und Varianz sind

$$E(X) = \int_3^5 0.5\,X\,dX = 4 \qquad \mathrm{Var}(X) = \int_3^5 0.5\,X^2\,dX - 4^2 = 0.3333$$

Lösung 21.3 Die Wahrscheinlichkeit, dass die Zufallsvariable aus 21.2 zwischen 3.5 und 4.5 liegt, beträgt

$$\Pr(3.5 < X < 4.5) = 0.5$$

Lösung 21.4 Aus

$$\Pr\big(\mid X - \mu_X \mid < c\,\sigma_X\big) > 1 - \frac{1}{c^2}$$

ergibt sich, dass

$$c\,\sigma_X = 1 \Rightarrow c = \frac{1}{\sigma_X} = \frac{1}{0.7}$$

gelten muss. Somit beträgt die Wahrscheinlichkeit für die Abweichung vom erwarteten Kurs

$$\Pr\big(\mid X - 30 \mid < 1\big) > 1 - 0.7^2 \Rightarrow \Pr\big(\mid X - 30 \mid > 1\big) < 0.7^2$$

49 Prozent der Kurse werden vom vorgegeben Intervall abweichen.

Normalverteilung

Lösung 22.3 Die Wahrscheinlichkeiten sind

$$\begin{aligned}\Pr(X < 650) &= 0.0062\\ \Pr(800 < X < 1050) &= 0.7745\\ \Pr(X < 800 \vee X > 1200) &= 0.16\end{aligned}$$

R-Anweisung

```
> pnorm(650, 900, 100)

[1] 0.006209665
```

```
> pnorm(1050, 900, 100) - pnorm(800, 900, 100)
[1] 0.7745375
> pnorm(800, 900, 100) + (1 - pnorm(1200, 900, 100))
[1] 0.1600052
```

Lösung 22.4 Die Wahrscheinlichkeiten sind

$$\begin{aligned}\Pr(-1 < X < 1) &= 0.6827\\ \Pr(-2 < X < 2) &= 0.9545\\ \Pr(-3 < X < 3) &= 0.9973\end{aligned}$$

R-Anweisung

```
> pnorm(1) - pnorm(-1)
[1] 0.6826895
> pnorm(2) - pnorm(-2)
[1] 0.9544997
> pnorm(3) - pnorm(-3)
[1] 0.9973002
```

Lösung 22.5 Die Grenzen sind

$$\Pr(-0.9778 < X < 6.9778) = 0.68$$

Lösung 22.6 Die Wahrscheinlichkeit für $\Pr(\bar{X}_n > 4.5)$ beträgt 0.9145. Sie besagt, dass der Durchschnittswert 4.5 in 91.45 Prozent der Fälle überschritten wird. Im Gegensatz dazu besagt die Wahrscheinlichkeit $\Pr(X > 4.5)$, dass ein Einzelwert von 4.5 in 59.87 Prozent der Fälle auftritt.

Lösung 22.7

1. Die Wahrscheinlichkeit beträgt: $\Pr(\bar{X} < 1.8) = 0.0859$.
2. Aufgrund der Normalverteilungsannahme kann auch die Wahrscheinlichkeit für $\Pr(X < 1.8)$ berechnet werden. Sie beträgt $\Pr(X < 1.8) = 0.38$.

Weitere Wahrscheinlichkeitsverteilungen

Lösung 23.1

1. Die Wahrscheinlichkeiten für die fehlerhaften Stücke berechnen sich anhand der Binomialverteilung.

$$\Pr(X = 0) = 0.3277 \qquad \Pr(X = 3) = 0.0512$$

R-Anweisung

```
> dbinom(0, 5, 0.2)
[1] 0.32768
> dbinom(3, 5, 0.2)
[1] 0.0512
```

2. Die Wahrscheinlichkeiten für die einwandfreien Teile berechnen sich mit einer Binomialverteilung und $\theta = 1 - 0.2 = 0.8$.

$$\Pr(X = 0) = 3e - 04 \qquad \Pr(X = 3) = 0.2048$$

R-Anweisung

```
> dbinom(0, 5, 0.8)
[1] 0.00032
> dbinom(3, 5, 0.8)
[1] 0.2048
```

Lösung 23.2 Die Wahrscheinlichkeiten sind mit der Binomialverteilung oder approximativ mit der Poissonverteilung zu berechnen. Die Verteilungsparameter für die Binomialverteilung sind $n = 100$ und $\theta = 0.04$. Wird mit der Poissonverteilung gerechnet, gilt $\nu = 4$.

Binomialvert.	Poissonvert.
$\Pr(X = 4) = 0.1994$	$\Pr(X = 4) = 0.1954$
$\Pr(X > 6) = 0.1064$	$\Pr(X > 6) = 0.1107$
$\Pr(X \leq 8) = 0.981$	$\Pr(X \leq 8) = 0.9786$

R-Anweisung

```
> dbinom(4, 100, 0.04)

[1] 0.1993885

> dpois(4, 4)

[1] 0.1953668

> 1 - pbinom(6, 100, 0.04)

[1] 0.1063923

> 1 - ppois(6, 4)

[1] 0.110674

> pbinom(8, 100, 0.04)

[1] 0.9810081

> ppois(8, 4)

[1] 0.9786366
```

Lösung 23.3

1. Die Wahrscheinlichkeit, dass mindestens 6 Minuten keiner eintrifft, wird mit der Exponentialverteilung berechnet. Der Verteilungsparameter ist $\nu = 0.5$.

$$\Pr(X > 6) = 0.0498$$

R-Anweisung

```
> 1 - pexp(6, 0.5)
[1] 0.04978707
```

2. Die Wahrscheinlichkeit, dass höchstens 2 Kunden innerhalb von 6 Minuten eintreffen, wird mit der Poissonverteilung berechnet. Der Verteilungsparameter ist $\lambda = 3$.

$$\Pr(X \leq 2) = 0.4232$$

R-Anweisung

```
> ppois(2, 3)
[1] 0.4231901
```

3. Die Wahrscheinlichkeit, dass der nächste Kunde innerhalb von zwei Minuten eintrifft, wird mit der Exponentialverteilung berechnet. Der Verteilungsparameter ist $\nu = 0.5$.

$$\Pr(X \leq 2) = 0.6321$$

R-Anweisung

```
> pexp(2, 0.5)
[1] 0.6321206
```

4. Es ist der Erwartungswert einer Exponentialverteilung für einen Kunden angegeben: $\mathrm{E}(X) = \frac{1}{0.5}$. Die durchschnittliche Wartezeit für drei Kunden ist das Dreifache des Erwartungswerts.

$$3\,\mathrm{E}(X) = 6$$

Stichproben und deren Verteilungen

Lösung 26.4

1. Die Wahrscheinlichkeit für $\Pr(\bar{X}_n < 1.8)$ berechnet sich aufgrund des zentralen Grenzwertsatzes mit der Normalverteilung $N\left(1.94, \frac{0.21}{\sqrt{20}}\right)$. Die Wahrscheinlichkeit beträgt $\Pr(\bar{X}_n < 1.8) = 0.0859$.
2. Nein. Die Zufallsvariable X ist rechteckverteilt und nicht normalverteilt.

Konfidenzintervalle

Lösung 27.3

1. Das gesuchte Streuungsintervall besitzt die Grenzen ± 2.

$$\Pr(998 < X < 1002) = 1 - \alpha$$
$$\Pr\left(\frac{998 - 1000}{6} < Z < \frac{1002 - 1000}{6}\right) = 1 - \alpha$$

Aus dem Streuungsintervall ergibt sich, dass

$$F_Z\left(\frac{1}{3}\right) - F_Z\left(\frac{1}{3}\right) = 0.2586$$

ist. Die Füllmenge X wird mit 25.86 Prozent innerhalb der Grenzen 998 ml und 1002 ml liegen.

2. Das 95 Prozent Konfidenzintervall berechnet sich mit den Quantilen der t-Verteilung, da die Varianz aus der Stichprobe geschätzt wird.

$$\Pr(\bar{X} - t_{0.975}\frac{s}{\sqrt{n}} < \mu_X < \bar{X} + t_{0.975}\frac{s}{\sqrt{n}}) = 0.95$$
$$\Pr(997.1082 < \mu_X < 1006.8918) = 0.95$$

Das Konfidenzintervall unterscheidet sich vom obigen Streuungsintervall dadurch, dass im Streuungsintervall die Grenzen fix sind und eine Wahrscheinlichkeit für die Zufallsvariable angegeben wird. Bei einem Konfidenzintervall sind die Grenzen vom Zufall via Stichprobenmittel beeinflusst. Dadurch ändert sich auch die Interpretation: 95 Prozent der Intervalle enthalten den wahren Wert μ_X. Enthält das Konfidenzintervall den Erwartungswert, dann wird er innerhalb der berechneten Grenzen liegen.

Lösung 27.4

1. Die Zufallsvariable X_i ist bernoulliverteilt, da sie eine Folge von unabhängigen $(0,1)$ Ereignissen ist. Das Stichprobenmittel ist daher ein Schätzer für den Anteilswert θ: $\hat{\theta} = \bar{X}_n$. Die Zufallsvariable $Y = n$ ist binomialverteilt mit $\mathrm{E}(Y) = n\,\bar{X}_n$ und $\mathrm{Var}(Y) = n\,\bar{X}_n\,(1 - \bar{X}_n)$. Für große n kann für $\bar{X}_n$ eine Normalverteilung mit $\mu_X = \hat{\theta}$ und $s_X = \sqrt{\hat{\theta}\,(1-\hat{\theta})}$ angenommen werden.
2. Das Konfidenzintervall wird unter der Annahme einer Normalverteilung bestimmt.
$$\Pr\big(0.1467 - 1.6449 \times 0.0204 < \theta < 0.1467 + 1.6449 \times 0.0204\big) = 0.9$$

R-Anweisung

```
> theta.hat <- 0.1467
> alpha <- 0.1
> (sd.theta <- sqrt(theta.hat * (1 - theta.hat)/300))

[1] 0.02042703
```

3. 95 Prozent der Konfidenzintervalle enthalten den wahren Wert von θ. Man nimmt an, dass das berechnete Intervall den wahren Wert θ enthält.

Lösung 27.5 Es handelt sich um eine Stichprobe ohne Zurücklegen. Die Zufallsvariable X ist hypergeometrisch verteilt. Der Anteilswert θ wird mit $\frac{M}{n} = \frac{15}{100}$ geschätzt. Die Varianz von θ, also $\frac{s_X^2}{n}$ beträgt

$$s_\theta^2 = \frac{\hat{\theta}\,(1-\hat{\theta})}{n}\left(1 - \frac{100}{1000}\right) = 0.0011$$

Die Zufallsvariable kann als approximativ normalverteilt angenommen werden, da $0.1 < \hat{\theta} < 0.9$, $n > 30$ und $\frac{n}{N} < 0.1$ gilt. Das approximative Konfidenzintervall besitzt dann die Grenzen:

$$\Pr\big(\hat{\theta} - z_{0.95}\,s_\theta < \theta < \hat{\theta} + z_{0.95}\,s_\theta\big) \approx 0.95$$
$$\Pr\big(0.0836 < \theta < 0.2164\big) \approx 0.9$$

R-Anweisung

```
> theta.hat <- 15/100
> alpha <- 0.05
```

```
> (sd.theta <- sqrt(theta.hat * (1 - theta.hat)/100 *
+     (1 - 100/1000)))

[1] 0.03387477

> (u.grenze <- round(theta.hat + qnorm(alpha/2) * sd.theta,
+     4))

[1] 0.0836

> (o.grenze <- round(theta.hat + qnorm(1 - alpha/2) *
+     sd.theta, 4))

[1] 0.2164
```

Parametrische Tests

Lösung 28.2 Es ist ein zweiseitiger t-Test mit der Nullhypothese $H_0 : \mu_X = 34$ durchzuführen. Das Signifikanzniveau wird auf $\alpha = 0.05$ festgesetzt.

$$T_n = \frac{33.8859 - 34}{0.0943} = -1.2103$$

R-Anweisung

```
> t.test(s.bmw,mu=34,alternative="two.sided",conf.level=0.95)

        One Sample t-test

data:  s.bmw
t = -1.2103, df = 67, p-value = 0.2304
alternative hypothesis: true mean is not equal to 34
95 percent confidence interval:
 33.69767 34.07409
sample estimates:
mean of x
 33.88588
```

```
> # alternativ
> n <- length(s.bmw)
> sm.bmw <- sd(s.bmw)/sqrt(n)
> (T.n <- (mean(s.bmw)-34)/(sm.bmw))

[1] -1.210256

> (t <- qt(0.05/2,n-1))

[1] -1.996008
```

Die Nullhypothese ist beizubehalten ($t_{0.025} = -1.996$). Die Wahrscheinlichkeit H_0 abzulehnen, obwohl H_0 wahr ist, beträgt 23.04 Prozent.

Lösung 28.3

1. Mit einem Gauss-Test kann das Hypothesenpaar überprüft werden. Es handelt sich um einen einseitigen Test. Ist das Stichprobenmittel größer als 103.8447, wird die Nullhypothese abgelehnt.

```
R-Anweisung
[1] 103.8447
```

2. Das Stichprobenmittel ist größer als der kritische Wert, so dass die Nullhypothese abgelehnt wird.
3. Das Konfidenzintervall besitzt folgende Werte

$$\Pr(99.0654 < \mu_X < 108.9346) = 0.9$$

```
R-Anweisung
> x.bar <- 104
> (u.grenze <- x.bar + qnorm(alpha/2) * 15/5)

[1] 99.06544

> (o.grenze <- x.bar + qnorm(1 - alpha/2) * 15/5)

[1] 108.9346
```

Unterschied zum Test: Die Testgrenze ist fix, die Intervallgrenze ist über das Stichprobenmittel $\bar{X}_n$ vom Zufall bestimmt. Vorausgesetzt, das Konfidenzintervall enthält den wahren Wert μ_X und das Konfidenzintervall überdeckt nicht den Wert der Nullhypothese, so bedeutet dies, dass die Testentscheidung zu Gunsten von H_1 ausfällt.

Lösung 28.4 Das zu überprüfende Hypothesenpaar ist

$$H_0 : \delta_0 \leq 1 \qquad \text{gegen} \qquad H_1 : \delta_0 > 1$$

Die Teststatistik

$$T_n = \frac{5.8029 - 4.8848 - 1}{\sqrt{\frac{5.9847}{10} + \frac{0.569}{12}}} = -0.1019$$

Die Teststatistik T_n ist t-verteilt mit FG Freiheitsgraden.

$$c = \frac{\frac{5.9847}{10}}{\frac{5.9847}{10} + \frac{0.569}{12}} = 0.9266 \qquad FG = \frac{1}{\frac{0.9266^2}{10-1} + \frac{(1-0.9266)^2}{12-1}} = 10.4291$$

Das $1-\alpha$-Quantil der t-Verteilung mit 10.4291 Freiheitsgraden beträgt

$$t_{0.95}(10.4291) = 2$$

Näherungsweise kann auch das Quantil mit 10 Freiheitsgraden aus der Tabelle verwendet werden (1.8125). Die Hypothese, dass die Differenz größer als Eins ist, wird nicht bestätigt. Die Nullhypothese wird beibehalten.

R-Anweisung

```
> set.seed(8)
> x <- round(runif(10, 0, 10), 3)
> set.seed(9)
> y <- round(rnorm(12, 5, 1), 3)
> Z <- (mean(x) - mean(y) - 1)/sqrt(var(x)/length(x) +
+     var(y)/length(y))
> (c <- (var(x)/10)/(var(x)/10 + var(y)/12))

[1] 0.9265849

> (fg <- 1/(c^2/9 + (1 - c)^2/11))

[1] 10.42911
```

```
> qt(0.95, fg)

[1] 1.804923

> t.test(x, y, mu = 1, conf.level = 0.95, alternativ = "greater")

        Welch Two Sample t-test

data:  x and y
t = -0.1019, df = 10.429, p-value = 0.5396
alternative hypothesis: true difference in means is greater than 1
95 percent confidence interval:
 -0.5325029        Inf
sample estimates:
mean of x mean of y
 5.802900  4.884833
```

Lösung 28.5 Es ist das Hypothesenpaar

$$H_0 : \theta_1 - \theta_2 \geq 0 \quad \text{gegen} \quad H_1 : \theta_1 - \theta_2 < 0$$

zu testen. Die Anteilswerte aus den beiden Produktionsverfahren betragen:

$$\hat{\theta}_1 = 0.0875 \qquad \hat{\theta}_2 = 0.05$$

R-Anweisung

```
> theta.1 <- 7/80
> theta.2 <- 5/100
> alpha <- 0.05
> (sd.theta <- sqrt(theta.1*(1-theta.1)/80+
+     theta.2*(1-theta.2)/100))

[1] 0.03838029

> (Z <- (theta.2-theta.1)/sd.theta)

[1] -0.9770639

> #qnorm(alpha) # kritischer Wert
>
> # alternativ
> (theta.pool <- (7+5)/(80+100))
```

```
[1] 0.06666667
> (sd.pool <- sqrt(theta.pool*(1-theta.pool)*(1/80+1/100)))
[1] 0.03741657
> (Z.pool <- (theta.2-theta.1)/sd.pool)
[1] -1.00223
```

Der Standardfehler von θ beträgt 0.0384. Die Z_{Wald} Statistik besitzt den Wert -0.9771. Das linksseitige Quantil beträgt -1.6449. Somit ist die Nullhypothese beizubehalten. Das neue Produktionsverfahren ist nicht besser.

Alternativ kann auch mit einem gepoolten Standardfehler gearbeitet werden: 0.0374. Der Wert der Teststatistik beträgt dann: -1.0022. Die Nullhypothese ist auch in diesem Fall beizubehalten.

Lösung 28.8 Es ist die Gütefunktion an der Stelle $\mu_X = 105$ zu berechnen. Zu beachten ist, dass hier ein rechtsseitiger Test vorliegt und die Gütefunktion somit

$$g(\mu_X) = 1 - F_{Z_n}\left(z_{1-\alpha} - \frac{\mu_X - \mu_0}{\frac{\sigma_X}{\sqrt{n}}}\right) = F_{Z_n}\left(z_\alpha + \frac{\mu_X - \mu_0}{\frac{\sigma_X}{\sqrt{n}}}\right)$$

ist.

$$g(\mu_X = 105) = 1 - F_{Z_n}\left(1.2816 - \frac{105 - 100}{\frac{15}{\sqrt{25}}}\right) = 0.6499$$

Der Fehler 2. Art beträgt $1 - g(105) = 0.3501$.

R-Anweisung

```
> (g.105 <- 1 - pnorm(qnorm(0.9) - (105 - 100)/3))
[1] 0.6499239
> (beta <- 1 - g.105)
[1] 0.3500761
```

Lösung 28.9

1. Es wird das Hypothesenpaar $H_0 : \mu_X = 1000$ gegen die Alternative $H_1 : \mu_X \neq 1000$ geprüft. Aus den Angaben errechnet sich ein Wert der t-Statistik von
$$T_n = 0.943$$
Der kritische Wert der t-Verteilung bei $n - 1 = 8$ Freiheitsgraden und einem Signifikanzniveau von 0.05 beträgt:
$$t(8)_{0.975} = 2.306$$
Die Nullhypothese wird beibehalten.

R-Anweisung

```
> z <- 2/6
> alpha2 <- pnorm(z)
> alpha <- 2 * (1 - alpha2)
> x <- c(1002, 1006, 992, 1007, 1011, 1005, 997, 1004,
+      994)
> n <- length(x)
> (T.n <- (mean(x) - 1000)/(sd(x)/sqrt(n)))

[1] 0.942809
```

2. Bei einem Test können der Fehler 1. Art und der Fehler 2. Art auftreten. Der Fehler 1. Art ist die Ablehnung der Nullhypothese, obwohl diese wahr ist. Der Fehler 2. Art ist die Beibehaltung der Nullhypothese, obwohl die Alternativhypothese wahr ist. Ein statistischer Test wird unter der Nullhypothese durchgeführt.

Lösung 28.10

1. Es ist ein t-Test durchzuführen. Eine Preiserhöhung wird mit dem folgenden Hypothesenpaar überprüft: $H_0 : \mu_X \leq 60.45$ gegen $H_1 : \mu_X > 60.45$. Der Wert der Teststatistik beträgt: $T_n = 52.7336$. Der kritische Wert beträgt: $t(34)_{0.95} = 1.6909$. Die Nullhypothese wird somit klar verworfen.

2. Das Konfidenzintervall ist:
$$\Pr\left(90.42 - t(34)_{0.95}\sqrt{\frac{11.30490}{35}} < \mu_X < \infty\right) = 0.95$$
$$\Pr(89.459 < \mu_X < \infty) = 0.95$$

μ_X ist unter H_0 rechts begrenzt. Also liegt für ein Intervall von μ_X links eine Grenze vor. Daher wird für μ_X aus der Stichprobe ein Intervall berechnet, das links beschränkt ist. Liegt μ_0 im Intervall, also oberhalb der unteren Grenze, wird H_0 beibehalten. Im vorliegenden Fall liegt μ_0 nicht im Intervall. H_0 wird verworfen.

Lösung 28.11 Der Poissonprozess besitzt eine Poissonverteilung mit $\lambda = 0.5$.

1. Es ist die Wahrscheinlichkeit $\Pr(X < 10)$ gesucht. Der Verteilungsparameter besitzt den Wert $\lambda = 0.5 \times 20$.

$$\Pr(X < 10) = 0.583$$

In rund 60 Prozent der Fälle werden höchstens 10 Kunden innerhalb von 20 Minuten an der Warteschlange eintreffen.

2. Es ist ein zweiseitiger Test mit dem Hypothesenpaar $H_0 : \lambda_0 = 10$ gegen $H_1 : \lambda_0 \neq 10$ durchzuführen.

$$Z_n = \frac{9 - 10}{\sqrt{\frac{9}{36}}} = -2$$

Der kritische Wert beträgt: 1.96. Die Nullhypothese wird bei dem vorgegebenen Signifikanzniveau abgelehnt.

3. Ein Test wird immer unter der Nullhypothese durchgeführt.

Lösung 28.12 Es wird das Hypothesenpaar $H_0 : \theta = 0.5$ gegen $H_1 : \theta \neq 0.5$ überprüft. Die Teststatistik besitzt den Wert

$$Z_n = \frac{0.625 - 0.5}{\sqrt{0.01465}} = 1.0328$$

Der kritische Wert der Normalverteilung zum Niveau 0.9 beträgt 1.6449. Die Nullhypothese wird beibehalten.

Varianzanalyse

Lösung 29.3

R-Anweisung
Mit den folgenden Anweisungen wird die Varianzanalyse des BMW Volumens durchgeführt.

```
> v.bmw <- bmw$Volumen
> v.bmw <- v.bmw[length(v.bmw):1]
> tag <- list('Mo','Di','Mi','Do','Fr')
> w.tag <- factor(weekdays(datum,abbreviate=TRUE),levels=tag)
> df.tag <- data.frame(wtag=w.tag,vol=v.bmw)
> reg <- lm(vol~wtag,contrasts=list(wtag='contr.sum'),
+     data=df.tag)
> (coef <- coef(summary(reg)))

               Estimate Std. Error    t value     Pr(>|t|)
(Intercept) 2122688.67   106826.7 19.8703946 7.917714e-29
wtag1        -257815.74   205037.3 -1.2574089 2.132469e-01
wtag2        -214510.14   205037.3 -1.0462005 2.994660e-01
wtag3          48250.42   230603.3  0.2092356 8.349394e-01
wtag4         106579.33   216222.9  0.4929141 6.237870e-01

> # Mittelwerte
> (mu<-coef[1]+c(coef[2:4],-sum(coef[2:5])))

[1] 1864873 1908179 2170939 2440185

> # Test auf Gleichheit der Mittelwert
> anova(reg)

Analysis of Variance Table

Response: vol
          Df     Sum Sq    Mean Sq F value Pr(>F)
wtag       4 3.2641e+12 8.1602e+11  1.0657  0.381
Residuals 63 4.8240e+13 7.6571e+11

> # Test der Einzeleffekte
> T <- coef[11:15]
> T[6] <- -sum(coef[2:5])/sqrt(sum(coef[7:10]^2))
> T

[1] 19.8703946 -1.2574089 -1.0462005  0.2092356  0.4929141
[6]  0.7401448
```

Das Handelsvolumen der BMW Aktie unterscheidet sich bei einem $\alpha = 0.05$ nicht signifikant an den Wochentagen.

Analyse kategorialer Daten

Lösung 30.3 Um die Wirksamkeit der Behandlung zu beurteilen, werden die Heilungsraten $f(\text{geheilt} \mid \text{behandelt})$ und $f(\text{geheilt} \mid \text{nicht behandelt})$ berechnet. Für die beiden Gebiete A_1, A_2 und $A = A_1 + A_2$ stehen die Raten in Tab. A.1.

Tabelle A.1: Heilungsraten

	A_1		A_2		A	
	beh.	$\overline{\text{beh.}}$	beh.	$\overline{\text{beh.}}$	beh.	$\overline{\text{beh.}}$
geh.	10	100	100	50	110	150
$\overline{\text{geh.}}$	100	730	50	20	150	750
$\sum$	110	830	150	70	260	900
Heilungsrate	9.09%	12.05%	66.67%	71.43%	42.31%	16.67%

Die Heilungsrate in den Teilgebieten ist bei den nicht behandelten Patienten größer, woraus auf die Unwirksamkeit der Behandlung geschlossen werden könnte. Wird die Heilungsrate im Gesamtgebiet betrachtet, so ist sie bei den behandelten Patienten höher, woraus auf die Wirksamkeit der Behandlung geschlossen werden könnte, wenngleich eine Rate von 42.3 Prozent nicht gerade überzeugend wirkt. Die Ursache der Umkehrung liegt am hohen Anteil der behandelten Patienten im Gebiet A_2 und der nicht behandelten Patienten in A_1.

Um das Phänomen zu erklären, muss man dieser Ursache nachgehen. Beispielsweise könnte A_1 ein ländliches Gebiet sein, und A_2 eine Stadt, wodurch jeweils der Anteil der behandelten zu den nicht behandelten Personen erklärt werden könnte. Ferner könnte damit eventuell auch erklärt werden, warum der Behandlungserfolg im Gebiet A_1 so gering ist; die Personen gehen vielleicht wegen der schlechteren ärztlichen Versorgung auf dem Land erst in einem fortgeschrittenen Stadium der Erkrankung zum Arzt.

$$0.1667 = 0.1205\,\frac{830}{900} + 0.7143\,\frac{70}{900}$$
$$0.4231 = 0.0909\,\frac{110}{260} + 0.6667\,\frac{150}{260}$$

Die Berechnung des Cramérschen Kontingenzkoeffizienten zeigt für die Teilgebiete einen sehr niedrigen Zusammenhang an: $C^*_{A_1} = 0.0296$, $C^*_{A_2} = 0.0476$. Hingegen wird für das Gesamtgebiet ein deutlich höherer Wert ausgewiesen ($C^*_A = 0.2564$), obwohl der Zusammenhang zwischen Heilung und Behandlung als eher schwach einzustufen ist. Das hier beschriebene Phänomen wird als **Simpson Paradoxon** bezeichnet.

B

Tabellen

B.1 Normalverteilung

Tabelle B.1: Standardnormalverteilung $F_Z(z)$

z	0.00	0.01	0.02	0.03	0.04	0.05	0.06	0.07	0.08	0.09
0.0	0.5000	0.5040	0.5080	0.5120	0.5160	0.5199	0.5239	0.5279	0.5319	0.5359
0.1	0.5398	0.5438	0.5478	0.5517	0.5557	0.5596	0.5636	0.5675	0.5714	0.5753
0.2	0.5793	0.5832	0.5871	0.5910	0.5948	0.5987	0.6026	0.6064	0.6103	0.6141
0.3	0.6179	0.6217	0.6255	0.6293	0.6331	0.6368	0.6406	0.6443	0.6480	0.6517
0.4	0.6554	0.6591	0.6628	0.6664	0.6700	0.6736	0.6772	0.6808	0.6844	0.6879
0.5	0.6915	0.6950	0.6985	0.7019	0.7054	0.7088	0.7123	0.7157	0.7190	0.7224
0.6	0.7257	0.7291	0.7324	0.7357	0.7389	0.7422	0.7454	0.7486	0.7517	0.7549
0.7	0.7580	0.7611	0.7642	0.7673	0.7704	0.7734	0.7764	0.7794	0.7823	0.7852
0.8	0.7881	0.7910	0.7939	0.7967	0.7995	0.8023	0.8051	0.8078	0.8106	0.8133
0.9	0.8159	0.8186	0.8212	0.8238	0.8264	0.8289	0.8315	0.8340	0.8365	0.8389
1.0	0.8413	0.8438	0.8461	0.8485	0.8508	0.8531	0.8554	0.8577	0.8599	0.8621
1.1	0.8643	0.8665	0.8686	0.8708	0.8729	0.8749	0.8770	0.8790	0.8810	0.8830
1.2	0.8849	0.8869	0.8888	0.8907	0.8925	0.8944	0.8962	0.8980	0.8997	0.9015
1.3	0.9032	0.9049	0.9066	0.9082	0.9099	0.9115	0.9131	0.9147	0.9162	0.9177
1.4	0.9192	0.9207	0.9222	0.9236	0.9251	0.9265	0.9279	0.9292	0.9306	0.9319
1.5	0.9332	0.9345	0.9357	0.9370	0.9382	0.9394	0.9406	0.9418	0.9429	0.9441
1.6	0.9452	0.9463	0.9474	0.9484	0.9495	0.9505	0.9515	0.9525	0.9535	0.9545
1.7	0.9554	0.9564	0.9573	0.9582	0.9591	0.9599	0.9608	0.9616	0.9625	0.9633
1.8	0.9641	0.9649	0.9656	0.9664	0.9671	0.9678	0.9686	0.9693	0.9699	0.9706
1.9	0.9713	0.9719	0.9726	0.9732	0.9738	0.9744	0.9750	0.9756	0.9761	0.9767
2.0	0.9772	0.9778	0.9783	0.9788	0.9793	0.9798	0.9803	0.9808	0.9812	0.9817
2.1	0.9821	0.9826	0.9830	0.9834	0.9838	0.9842	0.9846	0.9850	0.9854	0.9857
2.2	0.9861	0.9864	0.9868	0.9871	0.9875	0.9878	0.9881	0.9884	0.9887	0.9890
2.3	0.9893	0.9896	0.9898	0.9901	0.9904	0.9906	0.9909	0.9911	0.9913	0.9916
2.4	0.9918	0.9920	0.9922	0.9925	0.9927	0.9929	0.9931	0.9932	0.9934	0.9936
2.5	0.9938	0.9940	0.9941	0.9943	0.9945	0.9946	0.9948	0.9949	0.9951	0.9952
2.6	0.9953	0.9955	0.9956	0.9957	0.9959	0.9960	0.9961	0.9962	0.9963	0.9964
2.7	0.9965	0.9966	0.9967	0.9968	0.9969	0.9970	0.9971	0.9972	0.9973	0.9974
2.8	0.9974	0.9975	0.9976	0.9977	0.9977	0.9978	0.9979	0.9979	0.9980	0.9981
2.9	0.9981	0.9982	0.9982	0.9983	0.9984	0.9984	0.9985	0.9985	0.9986	0.9986
3.0	0.9987	0.9987	0.9987	0.9988	0.9988	0.9989	0.9989	0.9989	0.9990	0.9990
3.1	0.9990	0.9991	0.9991	0.9991	0.9992	0.9992	0.9992	0.9992	0.9993	0.9993

B.2 t-Verteilung

Tabelle B.2: Quantile der t-Verteilung $t_{1-\alpha}(FG)$

FG	$t_{0.6}$	$t_{0.75}$	$t_{0.8}$	$t_{0.9}$	$t_{0.95}$	$t_{0.975}$	$t_{0.99}$	$t_{0.995}$
1	0.3249	1.0000	1.3764	3.0777	6.3138	12.7062	31.8205	63.6567
2	0.2887	0.8165	1.0607	1.8856	2.9200	4.3027	6.9646	9.9248
3	0.2767	0.7649	0.9785	1.6377	2.3534	3.1824	4.5407	5.8409
4	0.2707	0.7407	0.9410	1.5332	2.1318	2.7764	3.7469	4.6041
5	0.2672	0.7267	0.9195	1.4759	2.0150	2.5706	3.3649	4.0321
6	0.2648	0.7176	0.9057	1.4398	1.9432	2.4469	3.1427	3.7074
7	0.2632	0.7111	0.8960	1.4149	1.8946	2.3646	2.9980	3.4995
8	0.2619	0.7064	0.8889	1.3968	1.8595	2.3060	2.8965	3.3554
9	0.2610	0.7027	0.8834	1.3830	1.8331	2.2622	2.8214	3.2498
10	0.2602	0.6998	0.8791	1.3722	1.8125	2.2281	2.7638	3.1693
11	0.2596	0.6974	0.8755	1.3634	1.7959	2.2010	2.7181	3.1058
12	0.2590	0.6955	0.8726	1.3562	1.7823	2.1788	2.6810	3.0545
13	0.2586	0.6938	0.8702	1.3502	1.7709	2.1604	2.6503	3.0123
14	0.2582	0.6924	0.8681	1.3450	1.7613	2.1448	2.6245	2.9768
15	0.2579	0.6912	0.8662	1.3406	1.7531	2.1314	2.6025	2.9467
16	0.2576	0.6901	0.8647	1.3368	1.7459	2.1199	2.5835	2.9208
17	0.2573	0.6892	0.8633	1.3334	1.7396	2.1098	2.5669	2.8982
18	0.2571	0.6884	0.8620	1.3304	1.7341	2.1009	2.5524	2.8784
19	0.2569	0.6876	0.8610	1.3277	1.7291	2.0930	2.5395	2.8609
20	0.2567	0.6870	0.8600	1.3253	1.7247	2.0860	2.5280	2.8453
21	0.2566	0.6864	0.8591	1.3232	1.7207	2.0796	2.5176	2.8314
22	0.2564	0.6858	0.8583	1.3212	1.7171	2.0739	2.5083	2.8188
23	0.2563	0.6853	0.8575	1.3195	1.7139	2.0687	2.4999	2.8073
24	0.2562	0.6848	0.8569	1.3178	1.7109	2.0639	2.4922	2.7969
25	0.2561	0.6844	0.8562	1.3163	1.7081	2.0595	2.4851	2.7874
26	0.2560	0.6840	0.8557	1.3150	1.7056	2.0555	2.4786	2.7787
27	0.2559	0.6837	0.8551	1.3137	1.7033	2.0518	2.4727	2.7707
28	0.2558	0.6834	0.8546	1.3125	1.7011	2.0484	2.4671	2.7633
29	0.2557	0.6830	0.8542	1.3114	1.6991	2.0452	2.4620	2.7564
30	0.2556	0.6828	0.8538	1.3104	1.6973	2.0423	2.4573	2.7500
40	0.2550	0.6807	0.8507	1.3031	1.6839	2.0211	2.4233	2.7045
60	0.2545	0.6786	0.8477	1.2958	1.6706	2.0003	2.3901	2.6603
120	0.2539	0.6765	0.8446	1.2886	1.6577	1.9799	2.3578	2.6174

B.3 χ^2-Verteilung

Tabelle B.3: Quantile der χ^2-Verteilung $\chi^2_{1-\alpha}(FG)$

FG	$u_{0,01}$	$u_{0,025}$	$u_{0,05}$	$u_{0,1}$	$u_{0,9}$	$u_{0,95}$	$u_{0,975}$	$u_{0,99}$
1	0.0002	0.0010	0.0039	0.0158	2.7055	3.8415	5.0239	6.6349
2	0.0201	0.0506	0.1026	0.2107	4.6052	5.9915	7.3778	9.2103
3	0.1148	0.2158	0.3518	0.5844	6.2514	7.8147	9.3484	11.3449
4	0.2971	0.4844	0.7107	1.0636	7.7794	9.4877	11.1433	13.2767
5	0.5543	0.8312	1.1455	1.6103	9.2364	11.0705	12.8325	15.0863
6	0.8721	1.2373	1.6354	2.2041	10.6446	12.5916	14.4494	16.8119
7	1.2390	1.6899	2.1673	2.8331	12.0170	14.0671	16.0128	18.4753
8	1.6465	2.1797	2.7326	3.4895	13.3616	15.5073	17.5345	20.0902
9	2.0879	2.7004	3.3251	4.1682	14.6837	16.9190	19.0228	21.6660
10	2.5582	3.2470	3.9403	4.8652	15.9872	18.3070	20.4832	23.2093
11	3.0535	3.8157	4.5748	5.5778	17.2750	19.6751	21.9200	24.7250
12	3.5706	4.4038	5.2260	6.3038	18.5493	21.0261	23.3367	26.2170
13	4.1069	5.0088	5.8919	7.0415	19.8119	22.3620	24.7356	27.6882
14	4.6604	5.6287	6.5706	7.7895	21.0641	23.6848	26.1189	29.1412
15	5.2293	6.2621	7.2609	8.5468	22.3071	24.9958	27.4884	30.5779
16	5.8122	6.9077	7.9616	9.3122	23.5418	26.2962	28.8454	31.9999
17	6.4078	7.5642	8.6718	10.0852	24.7690	27.5871	30.1910	33.4087
18	7.0149	8.2307	9.3905	10.8649	25.9894	28.8693	31.5264	34.8053
19	7.6327	8.9065	10.1170	11.6509	27.2036	30.1435	32.8523	36.1909
20	8.2604	9.5908	10.8508	12.4426	28.4120	31.4104	34.1696	37.5662
21	8.8972	10.2829	11.5913	13.2396	29.6151	32.6706	35.4789	38.9322
22	9.5425	10.9823	12.3380	14.0415	30.8133	33.9244	36.7807	40.2894
23	10.1957	11.6886	13.0905	14.8480	32.0069	35.1725	38.0756	41.6384
24	10.8564	12.4012	13.8484	15.6587	33.1962	36.4150	39.3641	42.9798
25	11.5240	13.1197	14.6114	16.4734	34.3816	37.6525	40.6465	44.3141
26	12.1981	13.8439	15.3792	17.2919	35.5632	38.8851	41.9232	45.6417
27	12.8785	14.5734	16.1514	18.1139	36.7412	40.1133	43.1945	46.9629
28	13.5647	15.3079	16.9279	18.9392	37.9159	41.3371	44.4608	48.2782
29	14.2565	16.0471	17.7084	19.7677	39.0875	42.5570	45.7223	49.5879
30	14.9535	16.7908	18.4927	20.5992	40.2560	43.7730	46.9792	50.8922
40	22.1643	24.4330	26.5093	29.0505	51.8051	55.7585	59.3417	63.6907
60	37.4849	40.4817	43.1880	46.4589	74.3970	79.0819	83.2977	88.3794
120	86.9233	91.5726	95.7046	100.6236	140.2326	146.5674	152.2114	158.9502

B.4 F-Verteilung

Tabelle B.4: Quantile der F-Verteilung $F_{0.90}(FG_1, FG_2)$

FG_2	FG_1									
	1	2	3	4	5	6	7	8	9	10
1	39.864	49.500	53.593	55.833	57.240	58.204	58.906	59.439	59.858	60.195
2	8.5263	9.0000	9.1618	9.2434	9.2926	9.3255	9.3491	9.3668	9.3805	9.3916
3	5.5383	5.4624	5.3908	5.3426	5.3092	5.2847	5.2662	5.2517	5.2400	5.2304
4	4.5448	4.3246	4.1909	4.1072	4.0506	4.0097	3.9790	3.9549	3.9357	3.9199
5	4.0604	3.7797	3.6195	3.5202	3.4530	3.4045	3.3679	3.3393	3.3163	3.2974
6	3.7759	3.4633	3.2888	3.1808	3.1075	3.0546	3.0145	2.9830	2.9577	2.9369
7	3.5894	3.2574	3.0741	2.9605	2.8833	2.8274	2.7849	2.7516	2.7247	2.7025
8	3.4579	3.1131	2.9238	2.8064	2.7264	2.6683	2.6241	2.5893	2.5612	2.5380
9	3.3603	3.0065	2.8129	2.6927	2.6106	2.5509	2.5053	2.4694	2.4403	2.4163
10	3.2850	2.9245	2.7277	2.6053	2.5216	2.4606	2.4140	2.3772	2.3473	2.3226
12	3.1765	2.8068	2.6055	2.4801	2.3940	2.3310	2.2828	2.2446	2.2135	2.1878
15	3.0732	2.6952	2.4898	2.3614	2.2730	2.2081	2.1582	2.1185	2.0862	2.0593
20	2.9747	2.5893	2.3801	2.2489	2.1582	2.0913	2.0397	1.9985	1.9649	1.9367
30	2.8807	2.4887	2.2761	2.1422	2.0492	1.9803	1.9269	1.8841	1.8490	1.8195
40	2.8354	2.4404	2.2261	2.0909	1.9968	1.9269	1.8725	1.8289	1.7929	1.7627
50	2.8087	2.4120	2.1967	2.0608	1.9660	1.8954	1.8405	1.7963	1.7598	1.7291
60	2.7911	2.3933	2.1774	2.0410	1.9457	1.8747	1.8194	1.7748	1.7380	1.7070
100	2.7564	2.3564	2.1394	2.0019	1.9057	1.8339	1.7778	1.7324	1.6949	1.6632
120	2.7478	2.3473	2.1300	1.9923	1.8959	1.8238	1.7675	1.7220	1.6842	1.6524
200	2.7308	2.3293	2.1114	1.9732	1.8763	1.8038	1.7470	1.7011	1.6630	1.6308

FG_2	12	15	20	30	40	50	60	100	120	200
1	60.705	61.220	61.740	62.265	62.529	62.688	62.794	63.007	63.061	63.168
2	9.4081	9.4247	9.4413	9.4579	9.4662	9.4712	9.4746	9.4812	9.4829	9.4862
3	5.2156	5.2003	5.1845	5.1681	5.1597	5.1546	5.1512	5.1443	5.1425	5.1390
4	3.8955	3.8704	3.8443	3.8174	3.8036	3.7952	3.7896	3.7782	3.7753	3.7695
5	3.2682	3.2380	3.2067	3.1741	3.1573	3.1471	3.1402	3.1263	3.1228	3.1157
6	2.9047	2.8712	2.8363	2.8000	2.7812	2.7697	2.7620	2.7463	2.7423	2.7343
7	2.6681	2.6322	2.5947	2.5555	2.5351	2.5226	2.5142	2.4971	2.4928	2.4841
8	2.5020	2.4642	2.4246	2.3830	2.3614	2.3481	2.3391	2.3208	2.3162	2.3068
9	2.3789	2.3396	2.2983	2.2547	2.2320	2.2180	2.2085	2.1892	2.1843	2.1744
10	2.2841	2.2435	2.2007	2.1554	2.1317	2.1171	2.1072	2.0869	2.0818	2.0713
12	2.1474	2.1049	2.0597	2.0115	1.9861	1.9704	1.9597	1.9379	1.9323	1.9210
15	2.0171	1.9722	1.9243	1.8728	1.8454	1.8284	1.8168	1.7929	1.7867	1.7743
20	1.8924	1.8449	1.7938	1.7382	1.7083	1.6896	1.6768	1.6501	1.6433	1.6292
30	1.7727	1.7223	1.6673	1.6065	1.5732	1.5522	1.5376	1.5069	1.4989	1.4824
40	1.7146	1.6624	1.6052	1.5411	1.5056	1.4830	1.4672	1.4336	1.4248	1.4064
50	1.6802	1.6269	1.5681	1.5018	1.4648	1.4409	1.4242	1.3885	1.3789	1.3590
60	1.6574	1.6034	1.5435	1.4755	1.4373	1.4126	1.3952	1.3576	1.3476	1.3264
100	1.6124	1.5566	1.4943	1.4227	1.3817	1.3548	1.3356	1.2934	1.2819	1.2571
120	1.6012	1.5450	1.4821	1.4094	1.3676	1.3400	1.3203	1.2767	1.2646	1.2385
200	1.5789	1.5218	1.4575	1.3826	1.3390	1.3100	1.2891	1.2418	1.2285	1.1991

Tabelle B.5: Quantile der F-Verteilung $F_{0.95}(FG_1, FG_2)$

FG_2	FG_1									
	1	2	3	4	5	6	7	8	9	10
1	161.45	199.50	215.71	224.58	230.16	233.99	236.77	238.88	240.54	241.88
2	18.513	19.000	19.164	19.247	19.296	19.330	19.353	19.371	19.385	19.396
3	10.128	9.5521	9.2766	9.1172	9.0135	8.9406	8.8867	8.8452	8.8123	8.7855
4	7.7086	6.9443	6.5914	6.3882	6.2561	6.1631	6.0942	6.0410	5.9988	5.9644
5	6.6079	5.7861	5.4095	5.1922	5.0503	4.9503	4.8759	4.8183	4.7725	4.7351
6	5.9874	5.1433	4.7571	4.5337	4.3874	4.2839	4.2067	4.1468	4.0990	4.0600
7	5.5914	4.7374	4.3468	4.1203	3.9715	3.8660	3.7870	3.7257	3.6767	3.6365
8	5.3177	4.4590	4.0662	3.8379	3.6875	3.5806	3.5005	3.4381	3.3881	3.3472
9	5.1174	4.2565	3.8625	3.6331	3.4817	3.3738	3.2927	3.2296	3.1789	3.1373
10	4.9646	4.1028	3.7083	3.4780	3.3258	3.2172	3.1355	3.0717	3.0204	2.9782
12	4.7472	3.8853	3.4903	3.2592	3.1059	2.9961	2.9134	2.8486	2.7964	2.7534
15	4.5431	3.6823	3.2874	3.0556	2.9013	2.7905	2.7066	2.6408	2.5876	2.5437
20	4.3512	3.4928	3.0984	2.8661	2.7109	2.5990	2.5140	2.4471	2.3928	2.3479
30	4.1709	3.3158	2.9223	2.6896	2.5336	2.4205	2.3343	2.2662	2.2107	2.1646
40	4.0847	3.2317	2.8387	2.6060	2.4495	2.3359	2.2490	2.1802	2.1240	2.0772
50	4.0343	3.1826	2.7900	2.5572	2.4004	2.2864	2.1992	2.1299	2.0734	2.0261
60	4.0012	3.1504	2.7581	2.5252	2.3683	2.2541	2.1665	2.0970	2.0401	1.9926
100	3.9361	3.0873	2.6955	2.4626	2.3053	2.1906	2.1025	2.0323	1.9748	1.9267
120	3.9201	3.0718	2.6802	2.4472	2.2899	2.1750	2.0868	2.0164	1.9588	1.9105
200	3.8884	3.0411	2.6498	2.4168	2.2592	2.1441	2.0556	1.9849	1.9269	1.8783
	12	15	20	30	40	50	60	100	120	200
1	243.91	245.95	248.01	250.10	251.14	251.77	252.20	253.04	253.25	253.68
2	19.413	19.429	19.446	19.462	19.471	19.476	19.479	19.486	19.487	19.491
3	8.7446	8.7029	8.6602	8.6166	8.5944	8.5810	8.5720	8.5539	8.5494	8.5402
4	5.9117	5.8578	5.8025	5.7459	5.7170	5.6995	5.6877	5.6641	5.6581	5.6461
5	4.6777	4.6188	4.5581	4.4957	4.4638	4.4444	4.4314	4.4051	4.3985	4.3851
6	3.9999	3.9381	3.8742	3.8082	3.7743	3.7537	3.7398	3.7117	3.7047	3.6904
7	3.5747	3.5107	3.4445	3.3758	3.3404	3.3189	3.3043	3.2749	3.2674	3.2525
8	3.2839	3.2184	3.1503	3.0794	3.0428	3.0204	3.0053	2.9747	2.9669	2.9513
9	3.0729	3.0061	2.9365	2.8637	2.8259	2.8028	2.7872	2.7556	2.7475	2.7313
10	2.9130	2.8450	2.7740	2.6996	2.6609	2.6371	2.6211	2.5884	2.5801	2.5634
12	2.6866	2.6169	2.5436	2.4663	2.4259	2.4010	2.3842	2.3498	2.3410	2.3233
15	2.4753	2.4034	2.3275	2.2468	2.2043	2.1780	2.1601	2.1234	2.1141	2.0950
20	2.2776	2.2033	2.1242	2.0391	1.9938	1.9656	1.9464	1.9066	1.8963	1.8755
30	2.0921	2.0148	1.9317	1.8409	1.7918	1.7609	1.7396	1.6950	1.6835	1.6597
40	2.0035	1.9245	1.8389	1.7444	1.6928	1.6600	1.6373	1.5892	1.5766	1.5505
50	1.9515	1.8714	1.7841	1.6872	1.6337	1.5995	1.5757	1.5249	1.5115	1.4835
60	1.9174	1.8364	1.7480	1.6491	1.5943	1.5590	1.5343	1.4814	1.4673	1.4377
100	1.8503	1.7675	1.6764	1.5733	1.5151	1.4772	1.4504	1.3917	1.3757	1.3416
120	1.8337	1.7505	1.6587	1.5543	1.4952	1.4565	1.4290	1.3685	1.3519	1.3162
200	1.8008	1.7166	1.6233	1.5164	1.4551	1.4146	1.3856	1.3206	1.3024	1.2626

Tabelle B.6: Quantile der F-Verteilung $F_{0.975}(FG_1, FG_2)$

FG_2	FG_1									
	1	2	3	4	5	6	7	8	9	10
1	647.79	799.50	864.16	899.58	921.85	937.11	948.22	956.66	963.28	968.63
2	38.506	39.000	39.166	39.248	39.298	39.332	39.355	39.373	39.387	39.398
3	17.443	16.044	15.439	15.101	14.885	14.735	14.624	14.540	14.473	14.419
4	12.218	10.649	9.9792	9.6045	9.3645	9.1973	9.0741	8.9796	8.9047	8.8439
5	10.007	8.4336	7.7636	7.3879	7.1464	6.9777	6.8531	6.7572	6.6811	6.6192
6	8.8131	7.2599	6.5988	6.2272	5.9876	5.8198	5.6955	5.5996	5.5234	5.4613
7	8.0727	6.5415	5.8898	5.5226	5.2852	5.1186	4.9949	4.8993	4.8232	4.7611
8	7.5709	6.0595	5.4160	5.0526	4.8173	4.6517	4.5286	4.4333	4.3572	4.2951
9	7.2093	5.7147	5.0781	4.7181	4.4844	4.3197	4.1970	4.1020	4.0260	3.9639
10	6.9367	5.4564	4.8256	4.4683	4.2361	4.0721	3.9498	3.8549	3.7790	3.7168
12	6.5538	5.0959	4.4742	4.1212	3.8911	3.7283	3.6065	3.5118	3.4358	3.3736
15	6.1995	4.7650	4.1528	3.8043	3.5764	3.4147	3.2934	3.1987	3.1227	3.0602
20	5.8715	4.4613	3.8587	3.5147	3.2891	3.1283	3.0074	2.9128	2.8365	2.7737
30	5.5675	4.1821	3.5894	3.2499	3.0265	2.8667	2.7460	2.6513	2.5746	2.5112
40	5.4239	4.0510	3.4633	3.1261	2.9037	2.7444	2.6238	2.5289	2.4519	2.3882
50	5.3403	3.9749	3.3902	3.0544	2.8327	2.6736	2.5530	2.4579	2.3808	2.3168
60	5.2856	3.9253	3.3425	3.0077	2.7863	2.6274	2.5068	2.4117	2.3344	2.2702
100	5.1786	3.8284	3.2496	2.9166	2.6961	2.5374	2.4168	2.3215	2.2439	2.1793
120	5.1523	3.8046	3.2269	2.8943	2.6740	2.5154	2.3948	2.2994	2.2217	2.1570
200	5.1004	3.7578	3.1820	2.8503	2.6304	2.4720	2.3513	2.2558	2.1780	2.1130
	12	15	20	30	40	50	60	100	120	200
1	976.71	984.87	993.10	1001.4	1005.6	1008.1	1009.8	1013.2	1014.0	1015.7
2	39.415	39.431	39.448	39.465	39.473	39.478	39.481	39.488	39.490	39.493
3	14.337	14.253	14.167	14.081	14.037	14.010	13.992	13.956	13.947	13.929
4	8.7512	8.6565	8.5599	8.4613	8.4111	8.3808	8.3604	8.3195	8.3092	8.2885
5	6.5245	6.4277	6.3286	6.2269	6.1750	6.1436	6.1225	6.0800	6.0693	6.0478
6	5.3662	5.2687	5.1684	5.0652	5.0125	4.9804	4.9589	4.9154	4.9044	4.8824
7	4.6658	4.5678	4.4667	4.3624	4.3089	4.2763	4.2544	4.2101	4.1989	4.1764
8	4.1997	4.1012	3.9995	3.8940	3.8398	3.8067	3.7844	3.7393	3.7279	3.7050
9	3.8682	3.7694	3.6669	3.5604	3.5055	3.4719	3.4493	3.4034	3.3918	3.3684
10	3.6209	3.5217	3.4185	3.3110	3.2554	3.2214	3.1984	3.1517	3.1399	3.1161
12	3.2773	3.1772	3.0728	2.9633	2.9063	2.8714	2.8478	2.7996	2.7874	2.7626
15	2.9633	2.8621	2.7559	2.6437	2.5850	2.5488	2.5242	2.4739	2.4611	2.4352
20	2.6758	2.5731	2.4645	2.3486	2.2873	2.2493	2.2234	2.1699	2.1562	2.1284
30	2.4120	2.3072	2.1952	2.0739	2.0089	1.9681	1.9400	1.8816	1.8664	1.8354
40	2.2882	2.1819	2.0677	1.9429	1.8752	1.8324	1.8028	1.7405	1.7242	1.6906
50	2.2162	2.1090	1.9933	1.8659	1.7963	1.7520	1.7211	1.6558	1.6386	1.6029
60	2.1692	2.0613	1.9445	1.8152	1.7440	1.6985	1.6668	1.5990	1.5810	1.5435
100	2.0773	1.9679	1.8486	1.7148	1.6401	1.5917	1.5575	1.4833	1.4631	1.4203
120	2.0548	1.9450	1.8249	1.6899	1.6141	1.5649	1.5299	1.4536	1.4327	1.3880
200	2.0103	1.8996	1.7780	1.6403	1.5621	1.5108	1.4742	1.3927	1.3700	1.3204

Tabelle B.7: Quantile der F-Verteilung $F_{0.99}(FG_1, FG_2)$

FG_2	FG_1									
	1	2	3	4	5	6	7	8	9	10
1	4052.2	4999.5	5403.4	5624.6	5763.6	5859.0	5928.4	5981.1	6022.5	6055.8
2	98.503	99.000	99.166	99.249	99.299	99.333	99.356	99.374	99.388	99.399
3	34.116	30.817	29.457	28.710	28.237	27.911	27.672	27.489	27.345	27.229
4	21.198	18.000	16.694	15.977	15.522	15.207	14.976	14.799	14.659	14.546
5	16.258	13.274	12.060	11.392	10.967	10.672	10.456	10.289	10.158	10.051
6	13.745	10.925	9.7795	9.1483	8.7459	8.4661	8.2600	8.1017	7.9761	7.8741
7	12.246	9.5466	8.4513	7.8466	7.4604	7.1914	6.9928	6.8400	6.7188	6.6201
8	11.259	8.6491	7.5910	7.0061	6.6318	6.3707	6.1776	6.0289	5.9106	5.8143
9	10.561	8.0215	6.9919	6.4221	6.0569	5.8018	5.6129	5.4671	5.3511	5.2565
10	10.044	7.5594	6.5523	5.9943	5.6363	5.3858	5.2001	5.0567	4.9424	4.8491
12	9.3302	6.9266	5.9525	5.4120	5.0643	4.8206	4.6395	4.4994	4.3875	4.2961
15	8.6831	6.3589	5.4170	4.8932	4.5556	4.3183	4.1415	4.0045	3.8948	3.8049
20	8.0960	5.8489	4.9382	4.4307	4.1027	3.8714	3.6987	3.5644	3.4567	3.3682
30	7.5625	5.3903	4.5097	4.0179	3.6990	3.4735	3.3045	3.1726	3.0665	2.9791
40	7.3141	5.1785	4.3126	3.8283	3.5138	3.2910	3.1238	2.9930	2.8876	2.8005
50	7.1706	5.0566	4.1993	3.7195	3.4077	3.1864	3.0202	2.8900	2.7850	2.6981
60	7.0771	4.9774	4.1259	3.6490	3.3389	3.1187	2.9530	2.8233	2.7185	2.6318
100	6.8953	4.8239	3.9837	3.5127	3.2059	2.9877	2.8233	2.6943	2.5898	2.5033
120	6.8509	4.7865	3.9491	3.4795	3.1735	2.9559	2.7918	2.6629	2.5586	2.4721
200	6.7633	4.7129	3.8810	3.4143	3.1100	2.8933	2.7298	2.6012	2.4971	2.4106
	12	15	20	30	40	50	60	100	120	200
1	6106.3	6157.3	6208.7	6260.6	6286.8	6302.5	6313.0	6334.1	6339.4	6350.0
2	99.416	99.433	99.449	99.466	99.474	99.479	99.483	99.489	99.491	99.494
3	27.052	26.872	26.690	26.505	26.412	26.354	26.316	26.240	26.221	26.183
4	14.374	14.198	14.020	13.838	13.745	13.690	13.652	13.577	13.558	13.520
5	9.8883	9.7222	9.5526	9.3793	9.2912	9.2378	9.2020	9.1299	9.1118	9.0754
6	7.7183	7.5590	7.3958	7.2285	7.1432	7.0915	7.0567	6.9867	6.9690	6.9336
7	6.4691	6.3143	6.1554	5.9920	5.9084	5.8577	5.8236	5.7547	5.7373	5.7024
8	5.6667	5.5151	5.3591	5.1981	5.1156	5.0654	5.0316	4.9633	4.9461	4.9114
9	5.1114	4.9621	4.8080	4.6486	4.5666	4.5167	4.4831	4.4150	4.3978	4.3631
10	4.7059	4.5581	4.4054	4.2469	4.1653	4.1155	4.0819	4.0137	3.9965	3.9617
12	4.1553	4.0096	3.8584	3.7008	3.6192	3.5692	3.5355	3.4668	3.4494	3.4143
15	3.6662	3.5222	3.3719	3.2141	3.1319	3.0814	3.0471	2.9772	2.9595	2.9235
20	3.2311	3.0880	2.9377	2.7785	2.6947	2.6430	2.6077	2.5353	2.5168	2.4792
30	2.8431	2.7002	2.5487	2.3860	2.2992	2.2450	2.2079	2.1307	2.1108	2.0700
40	2.6648	2.5216	2.3689	2.2034	2.1142	2.0581	2.0194	1.9383	1.9172	1.8737
50	2.5625	2.4190	2.2652	2.0976	2.0066	1.9490	1.9090	1.8248	1.8026	1.7567
60	2.4961	2.3523	2.1978	2.0285	1.9360	1.8772	1.8363	1.7493	1.7263	1.6784
100	2.3676	2.2230	2.0666	1.8933	1.7972	1.7353	1.6918	1.5977	1.5723	1.5184
120	2.3363	2.1915	2.0346	1.8600	1.7628	1.7000	1.6557	1.5592	1.5330	1.4770
200	2.2747	2.1294	1.9713	1.7941	1.6945	1.6295	1.5833	1.4811	1.4527	1.3912

Literaturverzeichnis

1. Alan Agresti. An Introduction to Categorical Data Analysis. Second Edition. John & Sons. New York. 2002.
2. Hans-Peter Beck-Bornholdt, Hans-Hermann Dubben. Der Schein der Weisen. Irrtümer und Fehlurteile im täglichen Denken. 2. Auflage. Hoffmann und Campe. Hamburg. 2001.
3. Manfred Brill. Mathematik für Informatiker. 2. Auflage. Hanser. München. 2005.
4. Jacob Cohen, Patricia Cohen, Stephen G. West und Leona S. Aiken. Applied Multiple Regression / Correlation Analysis for the Behavioral Sciences. 3. Ed. Lawrence Erlbaum Associates. Mahwah New Jersey, London. 2003.
5. Peter Dalgaard. Introductory Statistics with R. Springer. New York, Berlin, Heidelberg. 2002.
6. Hans Magnus Enzensberger. Fortuna und Kalkül. Zwei mathematische Belustigunen. Edition Unseld 22. Suhrkamp. Frankfurt am Main. 2009.
7. Elena Esposito. Die Fiktion der wahrscheinlichen Realität. Edition Suhrkamp 2485. Suhrkamp. Frankfurt am Main. 2007
8. Ludwig Fahrmeir, Alfred Hamerle. Multivariate statistische Verfahren. de Gruyter. Berlin, New York. 1984.
9. Ludwig Fahrmeir, Thomas Kneib, Stefan Lang. Regression. Modelle, Methoden und Anwendungen. 2. Auflage. Springer. Heidelberg. 2009.
10. Franz Ferschl. Deskriptive Statistik. Physica, Würzburg, Wien, 3., korrigierte Auflage, 1985.
11. John Fox. Applied Regression Analysis and General Linear Models. 2. Edition. Sage Publications. Los Angels, London. 2008.
12. Norbert Henze. Stochastik für Einsteiger. Eine Einführung in die faszinierende Welt des Zufalls. 8. Auflage. Vieweg + Teubner. Wiesbaden. 2010.
13. Jack Johnston, John Dinardo. Econometric Methods. 4. Ed. reprint with corrections. McGraw-Hill. New York, St. Louis, Brisbane. 1997.
14. Wolfgang Kohn. Statistik. Datenanalyse und Wahrscheinlichkeitsrechnung. Springer. Heidelberg. 2005.

15. Wolfgang Kohn, Riza Öztürk. Mathematik für Ökonomen. Ökonomische Anwendungen der linearen Algebra und Analysis mit `scilab`. Springer. Heidelberg. 2009.
16. Friedrich Leisch. Sweave. Dynamic generation of statistical reports using literate data analysis. In: Wolfgang Härdle and Bernd Rönz. Editors. Compstat. 2002 – Proceedings in Computional Statistics. Seite 575-580. Physica Verlag. Heidelberg. 2002.
17. John A. Rice. Mathematical Statistics and Data Analysis. Second Edition. Duxbury Press. Belmont, California. 1995.
18. Peter Naeve. Stochastik für Informatik. Oldenbourg. München, Wien. 1995.
19. Horst Rinne, Hans-Joachim Mittag. Statistische Methoden der Qualitätssicherung. 3. überarb. Aufl. Carl Hanser. München, Wien. 1995.
20. David Ruppert. Statistics and Finance. An Introduction. Springer. New York, Berlin, Heidelberg. 2004.
21. Friedrich Schmid, Mark Trede. Finanzmarktstatistik. Springer. Berlin, Heidelberg. 2006.
22. W. N. Venables, D. M. Smith and the R Development Core Team. An Introduction to R. Version 2.11.1. `cran.r-project.org`. 2010.
23. Hans Peter Wolf. Ein wiederbelebbares Buch zur Statistik. Manuskript. Statistik und Informatik Fakultät für Wirtschaftswissenschaften. Universität Bielefeld. 2004. `www.wiwi.uni-bielefeld.de/~wolf/software/revbook/revbook.ps`
24. Hans Peter Wolf, Peter Naeve, Veith Tiemann. Statistik. Aktiv mit R. UVK Verlagsgemeinschaft. Konstanz. 2006.

C

Glossar

Die wichtigsten Symbole und Abkürzung für statistische Begriffe, die wir im Skript verwenden.

$A, B, \ldots$	Ereignisse, auch mit $A_1, A_2, \ldots$ bezeichnet
$\overline{A}$	Komplement der Menge oder des Ereignisses A
$A \cup B$	Vereinigung der Mengen oder der Ereignisse A und B
$A \cap B$	Durchschnitt der Mengen oder der Ereignisse A und B
$A \setminus B$	Differenz der Mengen oder der Ereignisse A und B
$\mathcal{A}$	Sigma-Algebra
α, β	Fehler 1. Art, Fehler 2. Art
$\beta_0, \beta_1, \ldots$	Regressionsparameter
C^*, C^2	normierte Kontingenz, quadratische Kontingenz
δ_0	Differenz der Erwartungswerte unter der Nullhypothese
$\mathrm{E}(X)$	Erwartungswert
$f(x)$	relative Häufigkeit
$f_X(x)$	Dichtefunktion
$f^*(x)$	Dichte im Histogramm
$F(x)$	empirische Verteilungsfunktion
$F_X(x)$	Verteilungsfunktion
$F_X^{-1}(1-\alpha)$	$1-\alpha$ Prozent-Quantil der Verteilungsfunktion, siehe auch $x_{1-\alpha}$
F_{n_1,n_2}	Statistik der F-Verteilung

$F_\alpha(n_1, n_2)$	Quantil der F-Verteilung
$g(\mu_X)$	Gütefunktion
$G(\vec{x}), g(\vec{x})$	Merkmalssumme, anteilige Merkmalssumme
i, j	Index
h_i	Hebelwerte
H_0, H_1	Nullhypothese, Alternativhypothese
θ	allgemein: Parameter einer Wahrscheinlichkeitsverteilung, speziell: Anteilswert in der Binomialverteilung, geometrischen und hypergeometrischen Verteilung
L	Gini-Koeffizient
λ	Parameter der Poissonverteilung
m	Anzahl der unterscheidbaren Werte oder Anzahl der Klassen, je nach Kontext
M	Anzahl von Elementen mit einer gewünschten Eigenschaft in der Grundgesamtheit
n	Anzahl der Beobachtungen / Werte
N	Anzahl der Elemente in der Grundgesamtheit
$n(x)$	absolute Häufigkeit
$P_t^{t'}$	Laspeyres Preisindex
$\Pr(A)$	Wahrscheinlichkeit des Ereignisses A
$\Pr(A \mid B)$	bedingte Wahrscheinlichkeit von A
$r_i^*, r_{0,n}^*$	diskrete einperiodige Rendite, n-periodige Rendite
$r_i, r_{0,n}$	stetige einperiodige Rendite, n-periodige Rendite
R^2	Bestimmtheitsmaß
s^2, s	Stichprobenvarianz, Standardabweichung
s_X^2	Varianz aus den Realisationen einer Zufallsvariable
t, t'	Berichtszeitpunkt, Basiszeitpunkt
T_n	Statistik der t-Verteilung
$t_{1-\alpha}(n-1)$	Quantil der t-Verteilung
u_i	Residuum

u_i^*	standardisiertes Residuum
U_n	Statistik der χ^2 Verteilung
μ_X, σ_X^2	Erwartungswert und Varianz der Normalverteilung
μ_0	Erwartungswert unter H_0
v, v^*	Variationskoeffizient, normierter Variationskoeffizient
ν	Intensitätsrate in Poissonverteilung, Parameter der Exponentialverteilung
$\text{Var}(X)$	Varianz
ω	statistische Einheit oder Elementarereignis je nach Kontext
Ω, Ω_n	Grundgesamtheit oder Ereignismenge je nach Kontext, Stichprobe
x, y	Merkmalswerte
$\vec{x}$	aufsteigend sortierte Merkmalswerte
x_{j-1}, x_j	Klassengrenzen der j-ten Klasse
Δx_j	Klassenbreite der j-ten Klasse
$\bar{x}, \bar{x}_\alpha$	arithmetisches Mittel, getrimmter arithmetischer Mittelwert
$x_{0.5}, x_\alpha$	Median, α Prozent-Quantil
$x_{1-\alpha}$	$1-\alpha$ Prozent-Quantil einer Verteilung, siehe auch $F_X^{-1}(1-\alpha)$
X, Y	Merkmal, Zufallsvariable
$\bar{X}_n$	Stichprobenmittel, arithmetisches Mittel aus den Realisationen der Zufallsvariablen X_i
Z	Zufallsvariable einer Standardnormalverteilung
Z_n	Statistik der Standardnormalverteilung
$z_\alpha, z_{1-\alpha}$	Quantil der Standardnormalverteilung

D

Liste der verwendeten R-Befehle

Im Folgenden werden die R-Befehle aufgelistet, die im Text verwendet werden. In der Regel wird die erstmalige Verwendung angegeben. Wird der Befehl mit mehr Optionen oder bei einer anderen statistischen Analyse angewendet wird auch diese Stelle angeben. Die Hilfefunktion in R erläurtert den Befehl ausführlich. Natürlich existieren eine Vielzahl weiterer Befehle in R.

Elementare Funktionen in R

		Seite
`choose()`	Binomialkoeffizient	146
`cumsum()`	Kumulative Summe eines Vektors	58
`diff()`	Differenzen einer Zahlenfolge	50
`exp()`	Exponentialfunkion zur Basis e	315
`factorial()`	Fakultät einer Zahl	216
`gamma()`	Gammafunktion	234
`length()`	Ermittelt die Länge eines Vektors	12
`max()`	Größter Wert einer Zahlenfolge	246
`min()`	Kleinster Wert einer Zahlenfolge	246
`log()`	Natürlicher Logarithmus einer Zahl	84]
`order()`	Erzeugt den Index einer Sortierung	77
`rev()`	Kehrt die Reihenfolge eines Vektors um	12
`round()`	Rundet Zahlen	32

`prod()`	Produkt einer Zahlenfolge	83
`rep()`	Wiederholt ein Element	299
`sort()`	Sortiert eine Zahlenfolge	37
`seq()`	Erzeugt eine reguläre Zahlen Folge	26
`sqrt()`	Quadratwurzel einer Zahl	71
`sum()`	Summe einer Zahlenfolge	28
`which()`	Indizes einer zutreffenden logischen Aussage	114

Datenfunktionen

`$`	Listenelement	12
`[...]`	Indexzugriff	12
`[[...]]`	Listenzugriff	155
`as.numeric()`	Wandelt Argumente in Zahlen	26, 216
`as.vector()`	Wandelt Argumente in einen Vektor	299
`attach()`	Datentabelle anschließen	12
`c()`	Elemente aneinanderfügen	4
`cat()`	Ausgabe auf der Konsole	82
`cbind()`	Fügt Spalten zusammen	155
`colnames()`	Spaltennamen einer Matrix ermitteln	148
`data.frame()`	Erzeugt eine Datentabelle	77
`detach()`	Datentabelle abhängen	12
`dim()`	Dimension eines Objekts	311
`dimnames()`	Zeigt oder setzt Dimensionsnamen	155
`list()`	Erzeugt eine List	77
`names()`	Ermittelt die Namen eines Elements, Objekts	12
`matrix()`	Matrix erstellen	148
`paste()`	Fügt Funktionswerte als Textzeichen aneinander	114
`read.table()`	Datentablle einlesen	12
`weekdays()`	Extrahiert den Wochentag aus einem Datum	77

Statistische Funktionen

`anova()`	Berchnet eine Varianzanlayse	298
`chisq.test()`	χ^2-Test	317
`coef()`	Extrahiert die Koeffizienten eines Modells	112, 297
`contrasts()`	Setzt oder zeigt Kontraste	297
`contr.sum()`	Setzt Summe der Kontraste auf Null	297
`cooks.distance()`	Cooks Distanzen	126
`cor()`	Korrelationskoeffizienten	107
`cov()`	Kovarianz	104
`cut()`	Teilt einen Zahlenvektor in Klassen ein	18
`ecdf()`	Empirische Verteilungsfunktion	58, 221
`density()`	Dichtespur	50
`factor()`	Kodiert einen Zahlenvektor	18
`fitted()`	Geschätzte Werte eines Modells, z. B. vom `lm()`	124
`glm()`	Schätzt allegmeine linerare Modelle	315
`hatvalues()`	Hebelwerte einer Regression	114
`levels()`	Weist einer Kodierung Bezeichnungen zu	77
`lm()`	Schätzt linerare Modelle	112, 297
`margin.table()`	Randverteilung der Häufigkeitstabelle	307
`mean()`	Arithmetisches Mittel	36
`median()`	Interpolierter Median	45
`predict()`	Prognose eines Modells, z. B. von `lm()`	118
`prop.table()`	Relative Häufigkeiten von `table()`	32
`quantile()`	Quantile	45
`range()`	Minimum und Maximum einer Zahlenfolge	114
`resid()`	Residuen eines Modells, z. B. von `lm()`	124
`rstandard()`	Standardisierte Residuen	126
`sample()`	Erzeugt eine Zufallsstichprobe	139, 142

`sd()`	Standardabweichung	69
`summary()`	Berechnet Statistiken z. B. von `lm()`	130, 277, 299
`table()`	Häufigkeitstabelle	28
`t.test()`	*t*-Test	273, 281
`unique()`	Entfernt wiederholende Elemente aus einer Folge	221
`var()`	Varianz	68
`var.test()`	Test auf Varianzgleichheit	284

Funktionen statistischer Verteilungen

`dbinom()`	Dichtefunktion der Binomialverteilung	196
`dhyper()`	Dichtefunktion der hypergeometrischen Vert.	203
`dpois()`	Dichtefunktion der Poisson-Verteilung	213
`dnorm()`	Dichtefunktion der Normalverteilung	181
`dt()`	Dichtefunktion der t-Verteilung	247
`dunif()`	Dichtefunktion der Gleichverteilung	167
`pbinom()`	Verteilungsfunktion der Binomialverteilung	197
`pexp()`	Verteilungsfunktion der Exponentialfunktion	219
`pgeom()`	Verteilungsfunktion der geometrischen Vert.	210
`phyper()`	Verteilungsfunktion der hypergeom. Vert.	204
`pnorm()`	Verteilungsfunktion der Normalverteilung	184
`ppoints()`	Erzeugt eine Folge von Zufallspunkten	199
`pt()`	Verteilungsfunktion der t-Verteilung	247
`punif()`	Verteilungsfunktion der Gleichverteilung	167
`qchisq()`	Quantilsfunktion der χ^2-Verteilung	256
`qf()`	Quantilsfunktion der F-Verteilung	283
`qhyper()`	Quantilsfunktion der hypergeometrischen Vert.	206
`qnorm()`	Quantilsfunktion der Normalverteilung	187
`qpois()`	Quantilsfunktion der Poisson-Verteilung	216
`qt()`	Quantilsfunktion der t-Verteilung	245
`rnorm()`	Normalverteilte Zufallszahlen	238
`runif()`	Gleichverteilte Zufallszahlen	167

Grafische Befehle

abline()	Zeichnet eine Gerade in einer Grafik	114, 221
as.Date()	Konvertiert Angaben in Kalenderdaten	26
axis()	Fügt eine Achse an die aktuelle Grafik	26
barplot()	Balkengrafik	30
boxplot()	Boxplot	55, 296
curve()	Zeichnen einer mathematischen Funktion	181
expression()	hier: mathematische Symbole in der Grafik	114
fourfoldplot()	«Vierfelder»-Grafik	306
hist()	Histogramm	62
legend()	Legende in einer Grafik	77
lines()	Zeichnet Linien	124
par()	Setzt und zeigt Grafikparameter	126
plot()	Allgemeiner Grafikbefehl	26
points()	Zeichnet Punkte in einer Grafik	114
qqline()	Zeichnet eine Linie in einer QQ-Grafik	99, 276, 199
qqnorm()	QQ-Norm-Grafik	276
qqplot()	QQ-Grafik	99, 199
rug()	Zeichnet einen «Teppich» in einer Grafik	55
smooth.spline()	Passt eine kubische Funktion an Daten an	124
text()	Fügt Text in eine Grafik ein	114

Programmierfunktionen

for()	for-Schleife	148
function()	Definieren einer Funktion	148
if()	if-Abfrage	155
ifelse()	ifelse-Abfrage	199
is.na()	Überprüft ob NA vorhanden	314
NULL	Initialisert ein Null-Objekt	181
return()	Beendet Funktion	311

Spezielle Befehle

Befehl	Beschreibung	Seite
`bootstrap()`	Bootstrap-Verfahren, in `library(bootstrap)`	246
`I()`	Sperrt die Umwandlung eines Objekts	120
`%in%`	Ermittelt ob Elemente im Vektor auftreten	149
`index()`	Extraktion des Index, in `library(zoo)`	221
`glht()`	Test linearer Hypoth., in `library(multcomp)`	277, 299
`library()`	Lädt Bibliothek	26
`library(bootstrap)`	Methoden für Bootstrap-Verfahren	246
`library(multcomp)`	Test linearer Hypothesen	277
`library(zoo)`	Methoden für indexierte Beobachtungen	26
`rollapply()`	Generische Funktion zur gleitennden Anwendung einer Funktion, in `library(zoo)`	215
`rollmean()`	Gleitender Mittelwert, in `library(zoo)`	40
`set.seed()`	Setzt den Zufallsgenerator auf einen Startwert	141
`zoo()`	Erzeugt indexierte Vektoren, in `library(zoo)`	26

Sachverzeichnis

A

Additionssatz . . . 151
Anzahl der Werte . . . 13
Anzahl unterscheidbarer Elemente . . . 27

B

Balkendiagramm . . . 30
Basiseffekt . . . 91
Basiszeitpunkt . . . 89
Beobachtungswert . . . 16
Berichtszeitpunkt . . . 89
Bernoulliexperiment . . . 195
Bernoulliverteilung . . . 312
Bestimmtheitsmaß . . . 128
Binomialkoeffizient . . . 145
Binomialverteilung . . . 195, 254, 278
Bonferoni Korrektur . . . 300
bootstrap . . . 242
Boxplot . . . 53

C

Chebyschewsche Ungleichung . . . 174
Chiquadrat-Test . . . 317
Chiquadrat-Verteilung . . . 243, 318
Cook Distanz . . . 125

D

Daten
  kategoriale . . . 30
Datenschutz . . . 17
DAX . . . 92
Dichte . . . 60
Dichtefunktion . . . 165
Dichtespur . . . 50
Differenzereignis . . . 141
Durchschnittsereignis . . . 140

E

Effekt-Kodierung . . . 294
Effekte . . . 294
Effizienz . . . 230
Elastizität . . . 113
Elementarereignis . . . 139
Ereignisoperation . . . 140
Ereignisse . . . 139
  disjunkte . . . 140
Ergebnis . . . 139
Ergebnismenge . . . 139
Erwartungstreue eines Schätzers . . . 229
Erwartungswert . . . 168
  Schätzung . . . 230
Exponentialverteilung . . . 217

F

F-Verteilung . . . 298
Faktoren . . . 293
Fakultät . . . 143
Fehler 1. Art, 2. Art . . . 260, 285
Fisher $\mathcal{Z}$ Transformation . . . 107

G

Gütefunktion . . . 284
Gauss-Test . . . 269
Geometrische Verteilung . . . 207
Gini-Koeffizient . . . 75, 77
Grundgesamtheit . . . 16

H

Häufigkeit

absolute . . . 27
relative . . . 31
Häufigkeitsdiagramm . . . 30
Häufigkeitstabelle . . . 28, 29, 59
Hauptsatz der Statistik . . . 58, 239
Hauptsatz der Stichprobentheorie . . . 243
Hebelwerte . . . 113
Histogramm . . . 59
Homoskedastizität . . . 123
hypergeometrische Verteilung . . 203, 255
Hypergeometrische Verteilung . . . 278

I

Indexzahlen . . . 89
Irrtumswahrscheinlichkeit . . . 159, 260

K

Kategorie . . . 18, 30
Klassen . . . 29, 59
Klassenbreite . . . 60
Klassengrenzen . . . 29
Kolmogorovsche Axiome . . . 150
Kombination . . . 143
mit Zurücklegen . . . 144
ohne Zurücklegen . . . 145
Kombinatorik . . . 143
Komplementärereignis . . . 140
Konfidenzintervall
Anteilswert . . . 254
einseitige . . . 265, 272
Erwartungswert . . . 249, 252, 254
Prognose . . . 117
Test . . . 264
Konsistenz . . . 230
Kontingenz
normierte (auch Cramér) . . . 316
quadratische . . . 315
Kontingenztabelle . . . 304
Kontraste . . . 300
Konzentrationsmessung
absolute . . . 71, 75
relative . . . 75
Korrelationskoeffizient . . . 105
Kovarianz . . . 103

L

Link Function . . . 313
Logistische Funktion . . . 312
Logistische Regression . . . 312
Logit . . . 313
Lorenzkurve . . . 74, 75

M

Median . . . 43
Mengenoperation *siehe* Ereignisoperation
Merkmal . . . 16
extensiv . . . 73
intensiv . . . 73
Merkmalsausprägung . . . 16
Merkmalssumme . . . 74
anteilige . . . 74
Merkmalswert . . . 16
Messniveau . . . 18
Methode der Kleinsten Quadrate . . . 110
Mittelwert
arithmetischer . . . 35
geometrischer . . . 82
getrimmter arithmetischer . . . 37
gleitender . . . 39
Multiplikationssatz . . . 153

N

Normalgleichungen . . . 111
Normalverteilung . . . 179, 241, 243

O

Odds . . . 149, 310
Odds Ratio . . . 310, 314

P

p-Wert . . . 272, 273, 288
Permutation . . . 143
Poissonverteilung . . . 212
Preisindex der Lebenshaltung . . . 89
Preisindex nach Laspeyres . . . 90
Primärstatistik . . . 17
Prognoseintervall . . . 117
Punktschätzer . . . 230

Q

Quantil-Quantil Grafik . . . 99
Quantile . . . 46
Normalverteilung . . . 186
Quartile . . . 47
Quintilsverhältnis . . . 48
Quoten . . . 17

R

Randverteilung . . . 306

Rechteckverteilung 166
Regression 273
lineare 109, 118
logistische 312
multiple 120
Regressionskoeffizienten 111
standardsierte 129
Test 273
Rendite
diskrete einperiodige 81
stetige einperiodige 83
Reproduktivität 192, 238
Residuen 110
standardisierte 125, 275

S

S80/S20-Verhältnis 48
Satz der totalen Wahrscheinlichkeit . 153, 154
Satz von Bayes 154
Schwaches Gesetz d. gr. Zahlen 238
Schwankungsintervall 251
Sekundärstatistik 17
Sigma-Additivität 151
Sigma-Algebra der Borelmengen 165
Simpson Paradoxon 351
Standardabweichung 69, 170
Standardisierung 182
Standardnormalverteilung 182
statistische Einheit 15
Stetigkeitskorrektur 202, 207, 217
Stichprobe 15
einfache 17
gepoolte 282
mit Zurücklegen 195
nicht zufällige 17
ohne Zurücklegen 203
repräsentative 17
zufällige 17
Stichprobenmittel 180
standardisiert 242
Stichprobentheorie 243
Stichprobenvarianz 67
Streuungsintervall 186
Streuungszerlegung 128

T

t-Test 270, 299
Welch 280
t-Verteilung 243
Tagesrendite 81
Test
Anteilswert 278
Differenz zweier Anteilswerte 281
Erwartungswert 269, 270
Gleichheit zweier Varianzen 283
Mittelwertdifferenz 279, 280
Mittelwertvergleich 293
Regressionskoeffizienten 273
Unabhängigkeit 317
unverfälschter 266, 285
Wald 278
Testentscheidung 266
Theorem von Bernoulli 238, 239

U

Überschreitungswahrscheinlichkeit . 272, 273, 288
Unabhängigkeit
statistische 153, 171, 308
Urnenmodell 17

V

Value at Risk 48, 189, 242
Variable
endogene 109
exogene 109
Varianz 169
Konfidenzintervall 255
Schätzung 232
Stichprobe 67
Stichprobenmittel 234
Varianzanalyse 128, 293
Varianzverschiebungssatz 169
Variation 143
mit Zurücklegen 143
ohne Zurücklegen 144
Variationskoeffizient 70, 75
normierter 70
Vereinigungsereignis 140
Verlaufsgrafik 25
Verteilung
bedingte 307
linkssteile 45, 55
rechtssteile 45
Verteilungsfunktion 165, 166
empirische 56
Vierfeldertabelle 304

Volatilität 85

W

Wachstumsrate 81
  annualisierte 330
Wahrscheinlichkeit
  a posteriori 155
  a priori 268
  bedingte 152
  Laplace 143
  subjektive 149
  von Mises 146
Wahrscheinlichkeitsfunktion 164
Wahrscheinlichkeitsraum . . 142, 151, 165
Welch *t*-Test 280
Wettchance 149, 310
Wettverhältnis 310
Whisker 53

Z

Zentraler Grenzwertsatz 241
Zufallsstichprobe 17, 141
  mit Zurücklegen 143
  ohne Zurücklegen 144
Zufallsvariable 163
  diskrete 163
  stetige 165

Druck: KN Digital Printforce GmbH · Schockenriedstraße 37 · 70565 Stuttgart